水質流出解析

海老瀬 潜一 著

技報堂出版

書籍のコピー，スキャン，デジタル化等による複製は，
著作権法上での例外を除き禁じられています。

まえがき

　雨や雪は大気汚染物質を取り込んで地表に達し，植生や土壌・岩盤あるいは構造物との接触を経て，降水から陸水へと変わる。それらが集まり流れるみずみち・水路・河川でも，各種の作用を受けて時間的に，場所的に変化を続ける。農業や工場の生産活動と人の生活活動の影響を受け，水質変化を続けながら海に注ぐ。その流れを追って，降水から渓流水，霞ヶ浦流域や琵琶湖流域および大阪平野周縁部の山地河川，農地河川，市街地河川の中小河川から，桂川・宇治川・木津川，それらが合流した淀川の大河川までの水質変化現象を，定期調査や降雨時流出のフィールド調査の実測例を示すことでわかりやすく解説する。

　著者はダム貯水池や河川河口部での密度成層状態における水質の拡散・分散・反応等の変化機構の模型実験と数値解析から研究に入った。水質水理学の趣りであった。模型実験からの応用として，実際の貯水池の温度密度流状態下での水質調査でフィールドに出てみた。流入河川調査で，30分間に60 mmの豪雨出水に遭遇し，目の前の自然堤防と水田が浸食され，土壌流出により濁水がダム貯水池に流入した。この出水でダム貯水池内の水質分布が一変した。ダム貯水池の水質は流入河川の短期の水質変化に支配されることを実感した。それで，河川の水質変化，とくに，降雨時流出に注目して，流量観測が実施可能な小規模河川から調査を始めた。それは水質水文学での水文素過程の追跡でもあった。

　川の流れは古くから一過性の水質変化としてとらえられていた。沈殿や吸着で流れからはずれた堆積物や抑留物は降雨時に再流出するが，人目につきにくく短期で計算外の流出として扱われてきた。富栄養化が顕在化してはじめて水質負荷量が重要視され，汚濁負荷削減対策が必要となり，物質収支に目が向き始めたのである。著者はそれ以前から河川水質調査にかかわってきた。かつて，盆と正月は工場・商店が休み，家庭でも洗濯や炊事を控えて家族団欒の数日間で，ふだんは排水で汚れる川もここまできれいになるのかという水質の特異日であった。このような特別な現象や労多くして苦の多い降雨時流出の実測調査に注目した。降

雨時流出では，多種の水質汚濁物質が多様に，かつ，大量に流出する。降雨時流出との対比のためにも，晴天時24時間調査や高頻度定時調査もないがしろにできない。

扱う水質項目は，COD や TOC の有機物質，T-N や T-P の栄養塩，SS やクロロフィル a にとどまらず，合成洗剤，重金属，農薬と多岐にわたっているのも特徴である。河川水質への流量変化の影響は大きく，降水量や流量の水文条件との関係での解析を重視したので，河川水質調査では，自前の流量測定を原則とした。大規模河川では他から流量データの提供を受けたが，水質を濃度だけでなく物質量として扱った。濃度だけでなく水質負荷量変化を，流量変化との関係に注目して解析し，行政での水質汚濁対策への基礎資料になることを目指した結果である。

特異な流域形状での河川群の水質比較にも注目した。年間降水量の平年値が4 400 mm を超える円錐形状高山島の屋久島渓流河川の水質分布と，1 600 m を超え冬季に冠雪する独立峰の岩木山・鳥海山・大山に，608 m 以下の山しかない円形島の隠岐道後などの放射状流下渓流を加えて，水質方位分布の違いを解説する。

示した調査例は，著者が京都・大津に 8 年間，筑波に 16 年間，大阪淀川河畔に 19 年間の勤務地を中心に，多くの河川・湖沼・ダム湖の水質調査を重ねるとともに，20 年間屋久島の渓流河川水質調査を行ってきた実測例である。水質の研究者や水行政の担当者には，フィールドに出て，水質変化の実態を知ってもらいたく，水質調査方法も具体的に理解してもらえるような解説を心がけたつもりである。それは，桂川上流の川傍に育って洪水を体験し，淀川下流の大学で河川水質の研究を続け，姓名に水扁の漢字を三つも持つ著者のこだわりかもしれない。

降雨時調査は濡れるし，外は暗くて，足下が危険である。連続調査や渓流調査は暗いうちからの活動で眠くて，川への上り下りは体にきつく，沢渡りは滑るので怖い。このような悪条件にもかかわらず，調査に加わって頂いた方々へ，御労苦をおかけしたことをまずお詫び致し，深甚の感謝を申し上げます。ありがとうございました。本書の刊行でお世話になった技報堂出版(株)の石井洋平氏をはじめ皆様方に厚く感謝申し上げる次第です。

2014 年 1 月

海老瀬　潜一

目　　次

第1章　降水と水質 ―――――――――――――――――――――1

1.1　降水と降水中の成分 ―――――――――――――――――1
1.2　降水の流出成分 ―――――――――――――――――――3
1.3　降水負荷 ―――――――――――――――――――――――5
1.4　酸性雨と降雨時流出 ―――――――――――――――――8

第2章　渓流河川・山地河川と水質流出 ――――――――――13

2.1　渓流河川・山地河川の特徴 ――――――――――――――13
2.2　土壌成分・有機物質の流出 ――――――――――――――15
2.3　栄養塩の流出 ――――――――――――――――――――16
2.4　渓流河川・山地河川の水質流出特性 ――――――――――18
2.5　卓越風による酸性雨や海塩の影響分布 ―――――――――21

第3章　田園地河川と流出水質 ―――――――――――――――25

3.1　田園地河川の特徴 ――――――――――――――――――25
3.2　田園地河川の水質流出特性 ――――――――――――――26
3.3　農業排水路等の特徴 ―――――――――――――――――30
3.4　農薬流出 ――――――――――――――――――――――30

第4章　市街地河川と流出水質 ——————————————————— 35

- 4.1　市街地河川の特徴 ————————————————————— 35
- 4.2　市街地河川の水質流出特性 ——————————————— 36
- 4.3　地表面上の堆積負荷の先行晴天期間中の変化 ————— 39
- 4.4　重金属の流出特性 ——————————————————— 42
- 4.5　合成洗剤 LAS の流出特性 ——————————————— 46

第5章　河川流下過程での水質変化 ————————————————— 49

- 5.1　流下過程や滞留中の水質変化 —————————————— 49
- 5.2　自浄係数 ———————————————————————— 52
- 5.3　流下過程の水質変化 —————————————————— 54
- 5.4　合流による水質の混合と変化 —————————————— 58
- 5.5　途中からの流入負荷量が無視できる流下区間の水質変化 ———— 61

第6章　ダム湖の水質変化 —————————————————————— 67

- 6.1　ダム貯水池と流入河川・流出水質 ———————————— 67
- 6.2　流入河川水質と湖内の流動 ——————————————— 68
- 6.3　流入河川の水質変化と湖水との交換 ——————————— 72
- 6.4　取水停止となった貯水池 ———————————————— 78
- 6.5　ダム貯留水の水質変化 ————————————————— 80

第7章　湖沼と流入河川水質 ———————————————————— 85

- 7.1　流入河川と負荷量 ——————————————————— 85
- 7.2　流入負荷量の算定と原単位法の問題点 —————————— 86
- 7.3　霞ヶ浦流入河川の調査 ————————————————— 88
- 7.4　琵琶湖流入河川と調査 ————————————————— 92

| 7.5 | 流入負荷の制御と対策，水際作戦 | 96 |

第8章　内湾・内海と流入河川―――――――――――――103

8.1	閉鎖性海域と流入河川	103
8.2	大阪湾・瀬戸内海	105
8.3	大阪湾への流入河川	108
8.4	淀川での水質変化	109
8.5	淀川の支川：桂川・宇治川・木津川の水質変化	114

第9章　水質トレーサー――――――――――――――――117

9.1	水の挙動とトレーサー	117
9.2	塩化物イオン（Cl^-）	118
9.3	自然の水質トレーサー	121
9.4	染料・色素トレーサー	129
9.5	重金属と農薬	130
9.6	同位体トレーサー	134

第10章　特異な海域や特異な条件としての
フィールド調査の選択――――――――――――137

10.1	特異な地域と特異な気象・水文条件（場と時）	137
10.2	並はずれた豪雨流出	138
10.3	円錐形状高山の放射状流下渓流の水質方位分布	144
10.4	四周の山地から盆地に流下する凹地形状河川群の水質方位分布	156
10.5	流域の形状や立地方位の差異による水質分布の違い	159
10.6	円形島の隠岐島後の放射状流下渓流の水質方位分布	162
10.7	特異地形の海塩影響とNa^+/Cl^-モル比	165

第11章　水質変化解析：統計解析と水質予測モデル —— 169

- 11.1　経時変化の追跡 —— 169
- 11.2　時系列解析 —— 176
- 11.3　流出解析 —— 183
- 11.4　降雨時流出水質負荷量の経時変化と重回帰式 —— 187
- 11.5　物質収支 —— 190
- 11.6　年間負荷量，周期変化，頻度分布 —— 191
- 11.7　降雨時総流出負荷量，汚濁負荷ポテンシャルモデル —— 194
- 11.8　河床付着微生物膜の増殖と剥離 —— 199
- 11.9　多変量解析による水質評価 —— 204
- 11.10　調査頻度と総流出負荷量評価 —— 208

第1章　降水と水質

1.1 降水と降水中の成分

　降水は,大気から流域(catchment area, river basin)地表への水分の入力(input)であり,湿性沈着物あるいは湿性降下物(wet deposition；降雨,降雪,霧,露,霜など)ともいわれる。この水分の中には多くの大気中のガス態物質や粒子態物質が取り込まれている。一般に,上空から降下する降下物だけでなく,横からの吹き付けや下方からの吹き上げなどによって植生や土壌・岩盤上に沈着することもあるので,沈着物という呼称が用いられる。また,これとは区別される乾性沈着物あるいは乾性降下物(dry deposition)は,降下塵とも称され,降水とは別に晴天時に地表に沈着する物質である。ガス・エアロゾル・粒子状物質などから構成される。地表に降下・沈着した水分は,蒸発や蒸散で大気中に失われたものを除いて,主に重力に従って流下や浸透して集まり,みずみちや地下水を経て河川に流出し,流域からの出力(output)となる。

　降水は,大気中のガス状物質や粒子状物質を雨滴生成時に取り込むレインアウト(rain out)や,雨滴が降下中にそれらを取り込むウォッシュアウト(wash out)によって種々の物質を含んで地表に沈着する。とくに,大気中では自然現象としての気液接触作用で大気汚染物質を多く取り込んで降下するので,大気洗浄の役割(シャワー効果)を果たしている。水滴径は小さくても表面積の大きい霧雨や,さらに表面積の大きい結晶状の雪は降下時間が長いこともあって,その取り込んだ大気汚染物質濃度は通常の降水よりも高い。もちろん,晴天が長期間

継続して無降雨期間の長い場合は，大気中の汚染物質濃度は高く，その直後の降水中の大気汚染物質の濃度も高くなる。したがって，近隣からの人為的な大気汚染物質の排出がなければ，降水継続の時間経過とともに降水中に含まれる各種の成分濃度は低下して行くことになる。

一般に，降水が化石燃料の燃焼や火山噴火などによって大気中のイオウ酸化物や窒素酸化物を取り込んで，炭酸ガスのみで飽和したpH（5.6）の状態より低いpHを示した場合に，その降雨を酸性雨（acid rain），降雪を酸性雪（acid snow）という。また，冬季に高山の樹木上に形成される樹氷も酸性を示すことが多い[1),2)]。かつては石炭燃焼によるイオウ酸化物による酸性雨が注目されていたが，近年は自動車の排ガス等石油や天然ガス等にも由来する窒素酸化物も含めた形での酸性雨となっている。とくに，山地渓流水等でもNO_3^-濃度の上昇が見られ，上流側で沈着物以外に人為汚染源のない山地流域等のバックグラウンド流域で窒素が飽和状態に達して高濃度で流出している窒素飽和の現象が生じている[3)]。

降水中には硝酸イオンとアンモニウムイオンが窒素量としてほぼ同程度の濃度レベルで含まれていることが多い。このアンモニウムイオンは降水中ではアルカリ性でpHを上昇させるが，沈着した地表の樹木・草本の植生上や土壌表層などで比較的短時間で硝酸化される。したがって，他の人為汚染がなければ，一般に低濃度で，後述の表面流出が卓越する降雨時流出の流量ピーク時前後には低濃度で検出されるが，晴天継続時には検出されないほど低いことが多い。近年，大気汚染物質や化学肥料による負荷の増加で，NO_3^-に加えてNH_4^+等も含めたバックグラウンドとしての窒素濃度の上昇が注目されている。

一方，降下物中には，海水の蒸発過程でわずかに取り込まれたり，飛沫が気流に取り込まれて輸送されて，海塩成分が含まれる。一般に，海上からの海塩の影響を受けた気流が陸地にぶつかる海岸部や海岸に近い高地部でも，海塩の主要成分Na^+，Cl^-をはじめMg^{2+}，SO_4^{2-}などが沈着物中で高い濃度を呈するが，海岸からの距離や高度の増加とともに影響は小さくなる。

降水をはじめとする沈着物は流域への入力であり，山地の森林のように施肥されない場合には，植物にとっては貴重な外部からの栄養塩等の供給となる。この入力は，水量と沈着物負荷量として流域へのベースあるいはバックグラウンドの水量や負荷量となり，流域の流出応答としての出力である流出流量や流出負荷量

を左右し，水文収支や物質収支を評価する基本量である．沈着物負荷量の方も，降水による負荷量（降水負荷量）のみでベースあるいはバックグラウンド負荷量とすれば，流域からの流出負荷量との対比がしやすいことが多い．ただ，成分によっては植生・土壌等の寄与により地域的・時期的に乾性沈着物量が湿性沈着物量に近いウエイトを有することがある[3]．

　森林内では，樹木の樹冠下での降水量を林内雨（throughfall），樹木の葉・枝・幹などを経て幹を流下する降水量を樹幹流（stemflow）と称し，樹林の外側で樹木による降水の遮断を受けない降水量を林外雨（incident precipitation）という．とくに，林内雨や樹幹流は，これら植物の表面に沈着した物質や植物からの溶出物を取り込んで流出する．すなわち，降水が洗い流すので，その無機物質や有機物質とも水質濃度が林外雨に比べて高くなる．

1.2　降水の流出成分

　地表に到達した降水は，植生が存在すれば林内雨として樹木や草の葉や枝・茎上の沈着物や溶出物を洗い落とし，樹幹流としてさらに枝や幹上の溶出物や沈着物を洗い流す．これら間接的に地表に到達した降水と，林外雨として直接地表に到達した降水は，土壌層中に浸透して行く浸透水と，地表面の土壌や岩盤上の堆積物を洗い流したり，土壌・岩盤を浸食してその一部や分解物を運搬しながら表面流出水（表面流出成分，surface runoff）にわかれて流出する．少ないながら，みずみちや流路上に直接到達した降水は，直接降水としてただちに流水の一部として流出する．

　降水が地表部を経て渓流水として流出する間で，降水水質から渓流水水質に変わる機構にとくに注目して，降水から陸水への水質変換と称している．降水が地表に到達した後に地表流として流出するまでにたどる流出経路によって，したがって，流出に要する滞留時間の早遅によって，水文学的には図-1.2.1 のように降水流出成分を分離して扱う[4]．実際の河川では，図-1.2.1 のように必ずしも明瞭にわかれることは少ないが，経由した流出経路の中での滞留時間から見て，主たる降雨流出成分を分ければ理解しやすい．降水のこの流出経路とそこでの滞留時間，あるいは，浸透速度が水質変化を左右する．

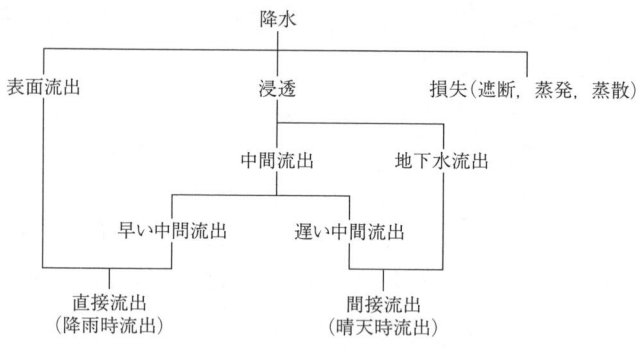

図-1.2.1　降水流出成分の分離

　降水が地表の土壌表面に達した後，地表面を流下する成分が表面流出成分である。地表面下の浅い層を降下浸透（鉛直方向の浸透，percolation）と側方浸透（横方向の浸透，throughflow）を繰り返して短時間でふたたび地表面に出て，みずみちを流下する成分を早い中間流出成分（prompt subsurface runoff）という。地表面下のさらに深い層まで降下浸透と側方浸透を繰り返し，かなり長時間を経てふたたび地表面に出てみずみちを流下する成分が遅い中間流出成分（delayed subsurface runoff）である[5]。さらに地表面下深くに浸透して地下水帯を経て降雨に大きく影響を受けず長時間後に水域の水面下に流出する基底流出の主たる成分を地下水流出成分（groungwater runoff）という。実際には，表面流出成分と早い中間流出成分を併せた流出期間を降雨時流出，高水流出（洪水流出）といい，遅い中間流出成分と地下水流出成分を併せた流出期間を晴天時流出あるいは低水流出（基底流出）と扱うと都合がよい。

　実際のフィールドでは，**図-1.2.2** の右上図のように土壌層の構成や基盤岩層の節理など地表部は一様な状態ばかりでなく，上述の分類からはみ出す流出経路も存在して，さらに複雑なものになる。土壌層中には，樹木根や土壌動物の活動跡，ブレークスルー（breakthrough）による孔隙，基盤岩層の亀裂や節理などの短絡路も多く存在するため，これらの流出経路をとる降水の流下時間は短くなり，土壌や基盤岩層との接触時間も少ないため，途中での水質変化が少なく比較的早い流出となる。

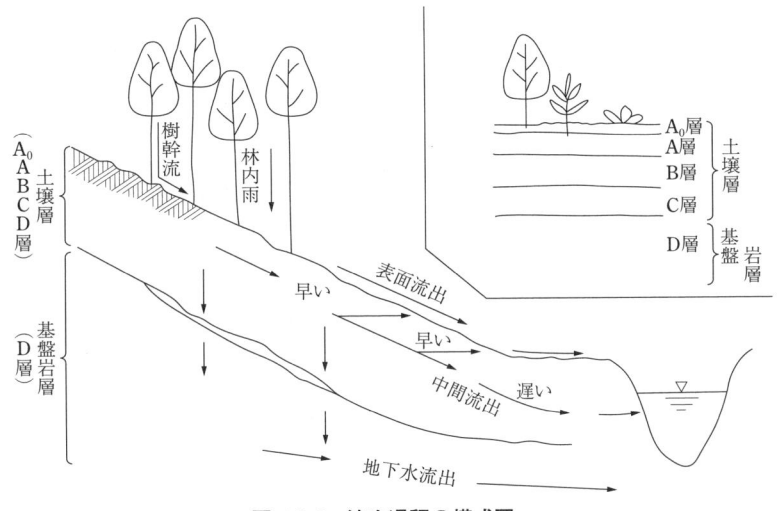

図-1.2.2 流出過程の模式図

1.3 降水負荷

　降水（湿性沈着物）や乾性沈着物の負荷は，集水域へのベース負荷，植物へのバックグラウンド負荷，湖沼・海域等への直接負荷としての意味があり，近年の湖沼の富栄養化や酸性雨の影響評価のため，各地で連続的に観測されている。この負荷は，近隣からあるいは長距離輸送される大気汚染物質や海塩の影響を受けて，地域ごとに特徴が見られる。大気汚染は，大都市域では工場の排煙や自動車排ガスの人為的要因が大きく，地域によっては火山の噴火の自然要因もある。とくに，噴煙の卓越風による風下側への硫黄酸化物の負荷は無視し得ないほどの大きさになることがある。

　日本では，中国大陸方面から硫黄酸化物を多く含んだ大気汚染物質が偏西風で長距離輸送されて，主に西日本の東シナ海や日本海側に，とくに，冬季に酸性雨や酸性雪として負荷される特徴がある。また，春先には，中国の黄土高原やモンゴルから，粒子状物質の塩基性の黄砂が東シナ海を越えて九州から本州，さらに北海道まで，広く長距離輸送されて，地表に沈着することが多くなりつつある。一般に，窒素酸化物の大気中での滞留時間は硫黄酸化物に比べて短いため，局地型の大気汚染が多く，長距離輸送される量は少ないと考えられている[5]。一般に，

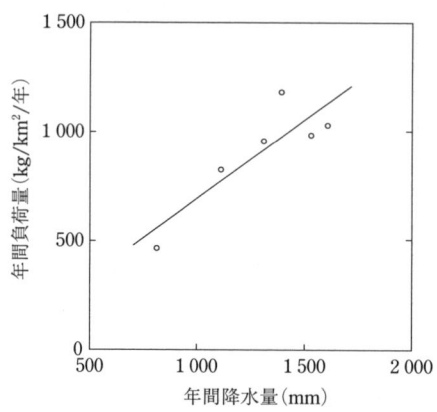

図-1.3.1　全無機態窒素の年間降水負荷量と年間降水量の関係

図-1.3.1 に示すように降水量が多いほど無機態窒素沈着量は増大する[7]。リン酸態リン成分はその多くが大気中の粒子態成分に吸着されるため乾性沈着量が多く，降水すなわち湿性沈着量は少なくて変動が大きい[8]。

降水負荷はその水質濃度と降水量の積で定義され，大気中のガス態および粒子態成分の沈着物でもあることから，一般的には，降水量が多ければ濃度は低い。長い晴天続きの後の，降り始めの降水は多くの成分濃度が高いし，降雨の継続とともに濃度が減少して行くことが明らかになっている[9]。このような経時的な変化は理解し易いが，地域的な分布の特徴では，人為的な負荷や局地風などの影響も絡んで複雑な様相も呈する。

日本国内には，気象台・測候所のほかアメダス（AMeDAS；Autometed Meteorological Data Aquisition System）の降水量等の気象観測網がある。気象台や測候所の年間降水量の平年値では，1 000 mm 未満の長野や網走の地点もあれば，観測の歴史は比較的短いが，屋久島測候所のように 4 000 mm を超え，三重県の尾鷲を抜いて日本一と推定される地点もある。屋久島測候所は，海岸部の標高約 37 m の空港隣接地の平地に移設されてすでに 30 年以上経過したが，平年値で約 4 400 mm の年間降水量であり，1999 年には実に 6 294 mm の値を記録している。

最近十数年の間に酸性降下物の国や都道府県の観測網が全国的に敷かれる中で，屋久島北部の一湊でも，2 年間の連続調査の後，少しおいて，国設の酸性雨測定所で自動観測が続けられている。ここでの年間加重平均 pH は，中国大陸の上海から 800 km 西方に位置するため，北西の卓越風の影響を受けて，日本の平均 pH とほとんど変わらぬ 4.7 前後で推移している[10]。

集水域の地表面に到達して，物質を溶解させたり懸濁させたりして輸送する前の段階ですでに持っている負荷が，その集水域への外部からのベース負荷である。農地や林地では内部における物質循環を除けば，最低限の栄養塩や有機物質の養

分供給量であり，農学では古くから土壌の有する地力とともに関心が払われていた。ベース負荷あるいはバックグラウンド負荷は，植物の基礎生産への入力であり，面源負荷の基礎負荷量ともなり，湖面や海面への直接負荷でもある。湿性沈着物中には，Na^+，K^+，Mg^{2+}，Ca^{2+}，NH_4^+，H^+，Cl^-，NO_3^-，SO_4^{2-} が含まれるが，海岸部に近い地域ではその海岸から距離に応じて海塩の影響を受けて Na^+，Ca^{2+}，Cl^-，SO_4^{2-}，が高くなる傾向がある。湿性沈着物中の全無機態窒素濃度は図-1.3.1 のように期間降水量が大きいほど高負荷量となる傾向があり，リン負

表-1.3.1　国設酸性雨測定所の平均濃度（μmol/l）と降水量（mm）（2010 年度，（欠測あり））[10]

地点	降水量	pH	nss-SO_4^{2-}	NO_3^-	NH_4^+	nss-Ca^{2+}	H^+
利尻	1 016	4.75	14.8	15.6	17.5	4.1	17.9
札幌	1 298	4.86	12.8	13.9	18.9	5.1	13.7
落石岬	1 038	4.81	8.5	9.5	9.9	2.7	15.5
竜飛崎	1 363	4.68	12.6	16.2	13.2	4.5	20.7
八幡平	(2 213)	(4.94)	(9.9)	(12.2)	(14.5)	(3.5)	(11.4)
やの岳	1 383	4.95	8.0	10.6	12.1	2.0	11.3
赤城	1 249	4.82	11.5	17.9	17.5	2.2	15.2
小笠原	1 727	5.22	2.7	3.4	5.6	1.4	6.1
佐賀関岬	1 305	4.70	13.7	20.7	13.2	6.9	20.0
新潟巻	1 789	4.68	15.8	21.8	24.0	4.9	20.7
八方尾根	2 322	5.07	6.5	7.3	6.3	2.8	8.5
越前岬	2 366	4.59	14.0	19.4	15.9	3.7	25.5
伊自良湖	3 533	4.78	9.4	14.0	11.4	1.6	16.5
潮岬	(2 925)	(4.86)	(8.4)	(10.1)	(9.4)	(3.2)	(13.9)
京都八幡	1 661	4.73	9.1	13.1	12.0	2.4	18.5
尼崎	1 294	4.84	10.7	12.6	12.8	3.5	14.5
隠岐	1 353	4.66	16.8	26.0	19.5	7.5	21.8
蟠竜湖	1 388	4.69	14.5	25.0	19.3	5.1	20.5
檮原	2 198	4.83	8.3	8.3	6.1	1.6	14.9
筑後小郡	2 212	4.80	11.4	13.4	17.4	3.8	15.9
大分久住	1 860	4.66	13.4	10.8	12.6	2.4	22.1
対馬	1 570	4.77	12.0	13.0	13.1	2.9	16.8
えびの	3 405	(4.72)	(13.6)	(9.7)	(11.0)	(4.9)	(19.2)
屋久島	3 570	4.66	12.0	11.2	10.4	1.7	21.7
辺戸岬	2 411	5.21	5.5	5.3	6.4	1.8	6.2
東京	1 560	4.95	9.5	15.3	18.7	3.2	11.2

荷量は乾性沈着物としてほとんど負荷されている[10]。

降水負荷の観測には，約 18 m の屋上でも小さな昆虫や花粉に加えて鳥の糞が入ることもあり，容器の縁に鳥のとまらぬ障害物を巡らすような工夫も必要であり，長期間の観測は決して容易ではない。感雨器付きで一定降雨強度以上で自動開閉する電動型採雨器は，時には作動不調等で大事な降雨を見逃すこともあるので，人為採水で補完するようなことも必要である。**表-1.3.1** に国設酸性雨測定所の最近の降水濃度の観測値を参考までに示しておく[10]。年間総降水量のような水文量は経年変化をするので，観測年や観測地点によって異なってくるので，5〜10 年くらいの観測期間の平均値を参照することが望ましい。つくば市の国立環境研究所 3 階屋上で口径約 26 cm のステンレス製の深い円筒容器で降水のたびに試水を回収した降水の年間平均濃度と年間降水負荷量の経年変化の例を**図-1.3.2** と**図-1.3.3** に示す[7]。

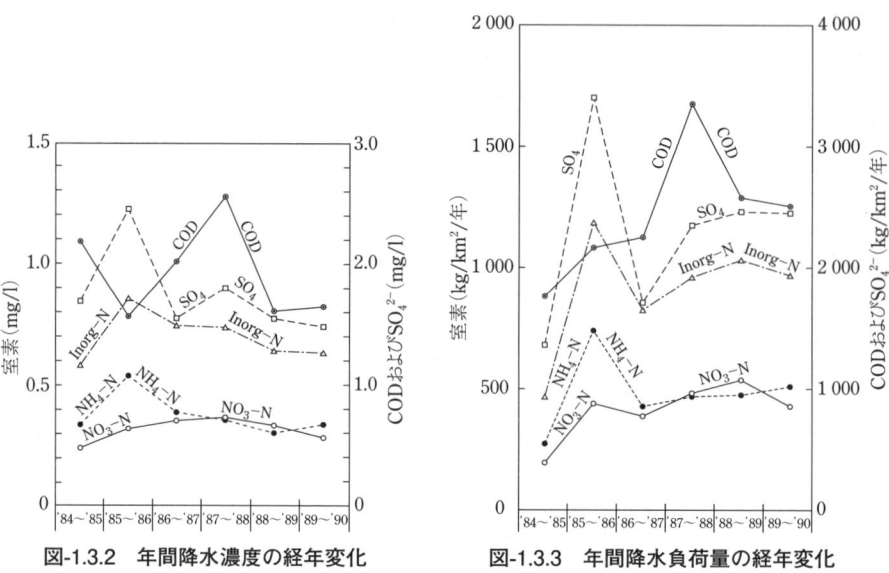

図-1.3.2　年間降水濃度の経年変化　　図-1.3.3　年間降水負荷量の経年変化

1.4　酸性雨と降雨時流出

酸性雨は大気汚染の歴史とともに始まり，被害は累積的影響として植生・土

壌・陸水・生態系・文化財・構造物へと拡大している。原因は近隣からの工場排煙や自動車排ガスにとどまらず，遠方の国からの国境を越えた大気汚染物質の長距離輸送も原因で，近年は国際問題化している。日本の日本海側や東シナ海側では，北欧・北米の酸性雨濃度レベルに近い酸性の雨が降っている。北欧・北米では，酸性雨被害が早くから顕在化して，森林の衰退に加えて土壌・湖沼の酸性化で，魚の棲まない湖，サケの遡らない河川が続出して，石灰散布による中和を行っている事例も多い。

日本では平均的にpH4.7〜4.8の酸性雨が降り，その被害は北欧・北米ほど深刻ではないが，銅や石灰石製の像，銅板屋根・金属製構造物への影響が見られている。これまでの研究成果によれば，日本の土壌は酸性雨に対する酸を中和する能力（緩衝能）が小さい土壌から大きな土壌までが，広くランダムに分布して存在しているが，現在のところ緩衝能の消滅は見られていない。土壌には，H^+とCa^{2+}・Mg^{2+}・K^+・Na^+の陽イオン交換や一次鉱物の化学的風化のほか，土壌によっては硫酸イオンの土壌吸着や炭酸塩の溶解による酸の中和機構が存在する[12]。植生や土壌・基盤岩層で降水から陸水への水質変換されて，降水や土壌水・地下水から陸水として流出する。高山の急傾斜地に存在する池沼で，植生が乏しくて岩盤や土壌が露出した狭い集水域の場合，酸性の降水が十分な中和を受けないで貯留されることになり，降水に近い酸性レベルであることが多い。

降雨による流出で，降雨強度の大きい豪雨の場合，表層土壌の浸透速度を上回れば表面流出が生じて，地表面での十分な中和を受けずに流出する降水が増え，流量ピーク前後のpH低下現象が見られる。日本でも低いpHの酸性雨が日本の年間平均降水量の2.5倍以上の降水量のある屋久島において，渓流河川の宮之浦川下流でのpHと水位変化の調査例を図-1.4.1に示す。また，筑波山系の山地河川での降雨時流出でのpHと流量の変化を図-1.4.2に示す。いずれの場合も，流量や水位増大時の明らかなpH低下が見られている[7]。

日本では水環境への著しい酸性雨影響は顕在化していないが，火山・温泉による酸性湖沼や酸性河川は多く存在する。火山の火口湖の多くは酸性湖である。北海道の屈斜路湖，青森県下北半島の恐山にある宇曽利山湖，秋田県の玉川と田沢湖，福島県の長瀬川と猪苗代湖，群馬県草津温泉や白根山下流の吾妻川支川の湯川（大沢川・谷沢川も）などが有名である。このうち，玉川や湯川等では石灰注

第1章　降水と水質

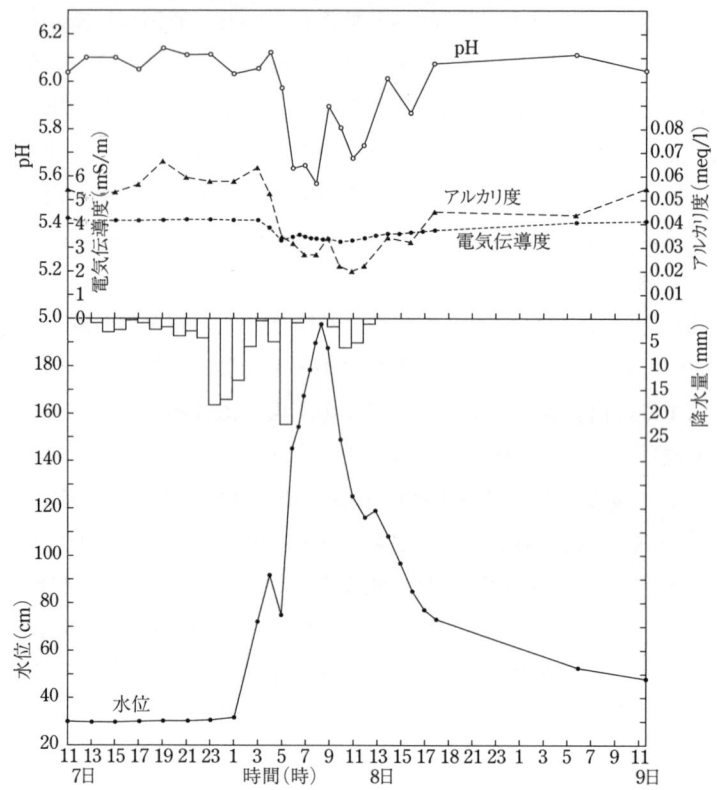

図-1.4.1　水位変化と，pH・アルカリ度・電気伝導度の変化（宮之浦川）

入での中和処理施設が稼働している。

　また，鉱山の鉱山排（廃）水や旧鉱山跡から流出する鉱山廃水で酸性化した川としては，岩手県松尾（硫黄）鉱山下流の北上川支川の赤川が酸性河川であり，石灰注入による中和処理が行われている。これが中和処理の最初のモデル事業となった。このような酸性の水環境における種々の水質影響については，これまでに多くの研究の蓄積があり，酸性雨の陸水影響研究の参考になる。

1.4 酸性雨と降雨時流出

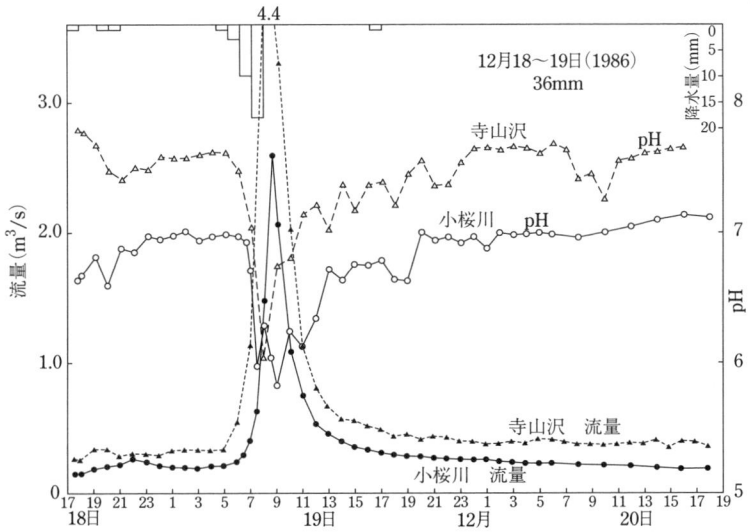

図-1.4.2 同一降雨の降雨時流出におけるpHの低下

◎文　献

1) 永淵修, 田上四郎, 石橋哲也, 村上光一, 須田隆一 (1993)：樹氷中の溶解成分による大気環境評価の試み, 地球化学, 27, 65-72。
2) 永淵修 (2000)：樹氷の調査と資料分析, 酸性雨研究と環境試料分析 (佐竹研一編, 愛智出版, p.291), 51-69。
3) 全国環境研協議会 (2010)：第4次酸性雨全国調査報告書 (平成20年度), 季刊全国環境研会誌, 35, 88-138。
4) 海老瀬潜一 (1982)：流入出汚濁負荷調査, 湖沼環境調査指針 (日本水質汚濁研究協会編, 公害対策技術同友会, p.257), 57-67。
5) Chow, V.T. (1964)：Hand book oh Applied Hydrology, 14-3, McGraw-Hill。
6) 岡本博司 (2000)：ガスと大気環境, 大気圏の環境 (有田正光編著, 東京電気大学出版局, p.264), 83-135。
7) 海老瀬潜一 (1991)：酸性雨と降雨時流出河川水質, 京都大学防災研究所水資源研究センター研究報告, 33-44。
8) 安部喜也 (1984)：霞ヶ浦流域における大気中からの栄養塩の降下量及びその経年変動について, 国立公害研究所研究報告, 50, 1-10。
9) 古明地哲人ほか (1976)：雨水の汚染とそのメカニズムに関する研究, 東京都公害研究所年報, 7。
10) 環境省 (2012)：越境大気汚染・酸性雨長期モニタリング (平成20～22年度) 中間報告, p.114。
11) 海老瀬潜一 (1999)：酸性雨影響と研究の展開 (巻頭言), 水環境学会誌, 22, p.167。
12) 佐藤一男 (1999)：酸性雨の土壌および水環境への影響, 水環境学会誌, 22, 177-180。

第2章　渓流河川・山地河川と水質流出

2.1　渓流河川・山地河川の特徴

　降水から陸水への水質変換の場として，上流側で人為的な影響の多くが排除できる最も基本的な自然の場が山地である。山地は，水文学としての流出の素過程を説明できる基本構造を備えた場であり，その流出路が渓流河川で，流出水が渓流水である。一般に，一定の高度を有する傾斜地の集水域を流下するのが渓流河川である。南北に長い日本列島では緯度によって森林限界の高度は大きく異なるが，多くは植生を有する森林域の河川，山地河川である。大都市近辺等での工場の排煙や幹線道路で自動車の排ガス等の人為的な大気汚染の影響が大きい山地河川は，ここで扱う対象とはしない。

　渓流河川では，降水が樹木の有無と降下経路で，林内雨，林外雨，樹幹流に分けられて取り扱われる。当然ながら霧の発生・通過の多い樹林内では林内雨や樹幹流が多くなる。降水の水分および湿性沈着物は，接触した樹木の枝葉・幹等の植生表面上の物質を溶出させたり，それらに付着していた物質を洗い流すため，林内雨や樹幹流に含まれる各種物質濃度は林外雨より高くなり，林外と林内では土壌表面に到達する沈着物の水量や水質に違いがある。

　渓流河川の水質には，湿性沈着物および乾性沈着物の寄与をベースに，植生および土壌層・基盤岩層からの寄与が加わるが，含有物質の濃度は比較的低く，降水の濃度に近い濃度レベルであることが多い。降雨時流出で流量が増大した段階でも，植生に覆われていて裸地浸食や崩壊による土壌の流出がなければ，濁りは

少なく，晴天時流出では人為汚濁のない環境条件での清澄な水質となる。

　基盤岩層が露出でもしていなければ，地表面が浸透性の土壌層で覆われており，蒸発だけでなく，樹木による降雨の遮断や植物による土壌層からの水分の摂取により流出水量はロスすることになる。土壌層の厚さにも左右されるが，樹木や草本の枝葉の現存量や生長量には季節変化があること，樹種による違いや，樹齢等による生長期と平衡期・衰退期での摂取水量の違いがあり，蒸散量には季節差や地域差がある。

　流出は，降雨強度の大きい雨が続けばみずみち近辺等凹地部あるいは低地部の表面流出が出現しやすい場から部分的に生じ，多くは降下浸透と側方浸透を繰り返して流出する早いあるいは遅い中間流出や地下水流出になる。このため，降雨初期に降雨強度の大きな降雨でもなければ，降雨による流出流量や水質の変化が生じるには時間を要する。すなわち，降雨に対する流出の応答には，時間遅れがある。この時間遅れは土壌層の厚さや斜面勾配の大きさの影響を受ける。したがって，高山の山頂部や，基盤岩が露出したり，崩壊した尾根など急傾斜部で，樹木がなく貧弱な草本だけの場などでは，表面流出が比較的早く発生し，降雨に対する流出変化の応答が早い。

　また，積雪地帯では融雪出水があり，気温変化と連動した融雪流出が見られる。北海道・東北地方等の高山を抱える流域では春季に見られる現象である。積雪の融雪部位や融雪過程により，雪塊中に含まれる物質や積雪下の基盤部やみずみちでの水質変化も加わったものとなる。冬季に降雪する山地流域を流下する筑波山系の山地河川で降雨時流出調査を実施していたところ，早春であったが夕刻から急激に気温低下して雨が雪に変わり，河川流量が増加から減少を始めた。流域は南側斜面に面していたため，翌朝の晴天の日照によって，融雪による流量増加を呈したが降雪量が多くなかったこともあり，水質は水温変化のみが顕著で，他の水質の濃度や負荷量変化は小さなものであった。この結果からも推測できるが，山地河川の晴天時流出における周日の水質濃度変化は水温を主とした変化で，水温を除くと濃度変化は検知でき難い程度である。

2.2 土壌成分・有機物質の流出

降水すなわち湿性沈着物や乾性沈着物は地表に到達すると，植生表面や土壌中の細菌類により NH_4^+ はかなり短時間に NO_2^- を経て NO_3^- まで硝化反応で酸化されたり，樹木や草本により保持・摂取される。有機物質も土壌表面や土壌中で一部分解されたり，植生や土壌・岩石からの溶出物が加わったりして，水質の構成内容や成分量に変化が見られる。山地河川の流出水質の特徴は，降水水質ほどではなくてもほとんどすべての水質項目で濃度が低く，とくに有機物質濃度の低いのが特徴である。

植生由来の有機物質は主として地表面や土壌表層で分解されて流出するが，山地河川では傾斜地での土壌層の薄さや反応を促進する温度の低さ等もあって，市街地や田園地河川に比べて低い濃度となることが多い。同様に，岩石や土壌の風化や有機物質の分解等による栄養塩濃度も低いのが通常である。

地表面が植生で覆われている場合，通常の降雨規模では表土の浸食を生じるほどの降雨時流出はほとんどないが，降雨強度の大きい降雨が継続すれば，傾斜の急なみずみち付近や浸透水の湧出口近くの表土は浸食を受けて流出し始める。むろん，みずみちや流路の路床の浸食や，裸地崩壊斜面等の浸食による土壌流出は，降雨の継続による流速増加によって引き起こされる。こうした土壌の多くは生物起源の有機物質や鉱物の固相で構成されているので，降雨によって粒子態（懸濁態）成分での流出が増大することになる。とくに，傾斜地の急勾配河川で豪雨があれば，流域内の地表面や河道側面や河床の浸食によって SS や粒子態有機物質が高濃度かつ高負荷量で流出する[1]。

土壌層には，土壌（固相），水分（液相），ガス（気相）の三相が存在し，微生物による生物反応や化学反応に加えて，風化も生じて，ここを通過する前後で水質や水量が変化する。土壌層を浸透して流出する溶存物質の流出を，その水質変化としては土壌からの溶出（dissolution）といい，溶出速度は降水に由来する浸透水分の滞留時間，地温などの影響を受ける。土壌層下の基盤岩層に達した浸透水は岩石の風化に伴う溶出物を含みながら，遅い中間流出や地下水流出成分として流出している。

樹木や草本の葉・枝・幹・茎等の植生表面には，乾性沈着物や湿性沈着物が付着しているだけでなく，植物体からの溶出物も降水に洗い流されて流出するので[2]，植生からの滴下水や流下水は，それぞれの樹種による差違があり，生産活動の活発な季節によってはかなりの大きさの溶出負荷量を呈することもある。

有機物質の水質項目としてはBOD，COD，TOCがあるが，山地上流部の渓谷を流下する流れの渓流河川では一般に有機物質濃度が低く，BOD濃度では1 mg/l未満の値になる。したがって，低濃度の有機物質をBODで測定するのは適当ではなく，CODやTOCでの測定が望ましい。さらに，近年は湖沼や内海・内湾等での有機物質中の難分解性有機物質のシェアの増加とCODやTOCの下げ止まり現象が注目されるようになり，バックグラウンドの自然負荷としての山地河川の有機物質の濃度レベルとその構成成分の流出特性の研究も行われている[3]。

2.3　栄養塩の流出

山地河川の流出負荷量は，自然負荷と称され，後述の田園地河川や市街地河川に比べると小さいことが特徴である。渓流河川水中には大気からの沈着物にも含まれる花粉や，リターフォール（litterfall，落葉落枝），土壌層の生物遺骸の分解物などの有機物質，大気汚染物質や海塩成分等の大気からの沈着物，植生や土壌から溶出する無機イオンなどが含まれる。下流側に閉鎖性水域が存在すれば富栄養化に対して，流入負荷の削減対策が必要とされるが，人為的な負荷の増加は伐採や林道などに起因するぐらいであり，有効な汚濁負荷削減対策が取り難い流域である。

森林を構成する樹種や樹齢による栄養塩の摂取量に違いがみられるが，近年は大気汚染によるNO_3^-やNH_4^+の負荷の森林土壌中での蓄積が進み，近年の国内材の木材需要では伐採も少なく，十分生長した人工林の土壌層では窒素飽和となり，土壌に吸着され難いNO_3^-の渓流水中の流出濃度や負荷量の増加が顕在化してきた。NO_3^-やNH_4^+は主に降水（湿性沈着物）や有機物質の分解によって供給される。PO_4^{3-}は降水より乾性沈着物や有機物質の分解によって供給されるが，その量は前者に比べて少ない上に，土壌に吸着されやすいので流出濃度は低い。

2.3 栄養塩の流出

　植物は光合成により無機物質を取り込んで有機物質を合成する。有機物質の多くは炭素，水素，酸素の主要構成三元素に加えて窒素やリンの元素も必要とされ，C，H，O，N，Pは土壌中にも多量に存在する多量元素であるが，NやPは陸水や海水中には一般に少ない。植物，とくに，作物の生長の必須元素で，土壌からの供給で不足しやすいN，P，Kは肥料の三要素とされ，肥料として施肥されるぐらいであり，水中ではNとPの化合物をとくに栄養塩と称する。K^+は渓流河川でもNやPに比べて多いのが通常であり，NやPより注目度は低い。

　植物体はCO_2とH_2Oから光合成で有機物質として簡略化した形の（CH_2O）で，主としてCとHとOからなる元素構成として表されたりする。

$$CO_2 + H_2O \rightarrow CH_2O + O_2 \tag{2.1}$$

さらに，栄養塩のNやPを加えた簡略化の形で，Richardsの式に従うと，

$$106CO_2 + 106H_2O + 16NH_3 + H_3PO_4 \rightarrow (CH_2O)_{106}(NH_3)_{16}(H_3PO_4) + 106O_2 \tag{2.2}$$

藻類は，$(CH_2O)_{106}(NH_3)_{16}(H_3PO_4)$で表される[4]。

　この例のようなおおまかな元素比で表現される有機物質は，水中では微生物等による分解を受けて，易分解性の炭素系の部分から分解され，遅れて窒素系の分解が生じる。さらに，腐植と称する難分解性の有機物質は長期間分解されがたい。

　湖沼（ダム湖を含む）や内湾・内海等海域の閉鎖的な水域では，栄養塩濃度が高くなると，水域は水温と日照条件によって浮遊藻類（植物プランクトン）が大量に増殖する富栄養化の現象が生じる。ただ，河川の中・下流部でも河床付着藻類が現存し，栄養塩等の一時貯留を行っている。

　近年，珪藻の増殖に必要なケイ酸の流出が少なくなっている[5]。手入れされない林地の荒廃やダム造成による堆砂などで上流部からの供給が少なくなって，沿岸部の魚介類の生育に必要な珪藻が減少する磯焼け現象も指摘されている。ケイ酸は岩石の風化によって供給され，ケイ素は地殻中で酸素に次いで多い元素である。しかし，年間を通した連続的な観測データが乏しいのが現状である。ケイ酸は，溶性ケイ酸・溶性シリカあるいは溶存ケイ酸として吸光光度法やICP-AES法で測定される。霞ヶ浦流入河川で，溶存ケイ酸を毎週1度の定期調査で2年間継続して測定した例があるが[6]，山地河川や渓流河川では散発的な調査あるだけである[5]。

2.4 渓流河川・山地河川の水質流出特性

　山地は，切り立った崖のような例外もあるが，一般的には傾斜地がほとんどで，高度の高い地点では傾斜が急で土壌層厚が薄く，高度の低い地点では傾斜が緩くて土壌層厚が厚い。高度の低い地点では植生の現存量や生産活動が高度の高い地点よりも大きく，植生や土壌での物質循環量も多くなる。したがって，積雪等の場合を除けば，高度の低い地点では降水の入力から陸水としての出力までの滞留時間が大きくなり，各種の接触・反応等の時間も長くて，出力された渓流水質は高度の高い地点よりも多くの水質成分濃度が高くなる。屋久島の安房川流域（高度600〜1 600 m）と宮之浦川（高度100〜800 m）の渓流水質濃度の高度分布を示した例が**図-2.4.1**と**図-2.4.2**である[7]。実際に，両図のように高度が低くなるとともに，無機イオン濃度は上昇する分布となる。

　渓流河川は降雨時流出によって水量や水質濃度・負荷量が変化する。豪雨によ

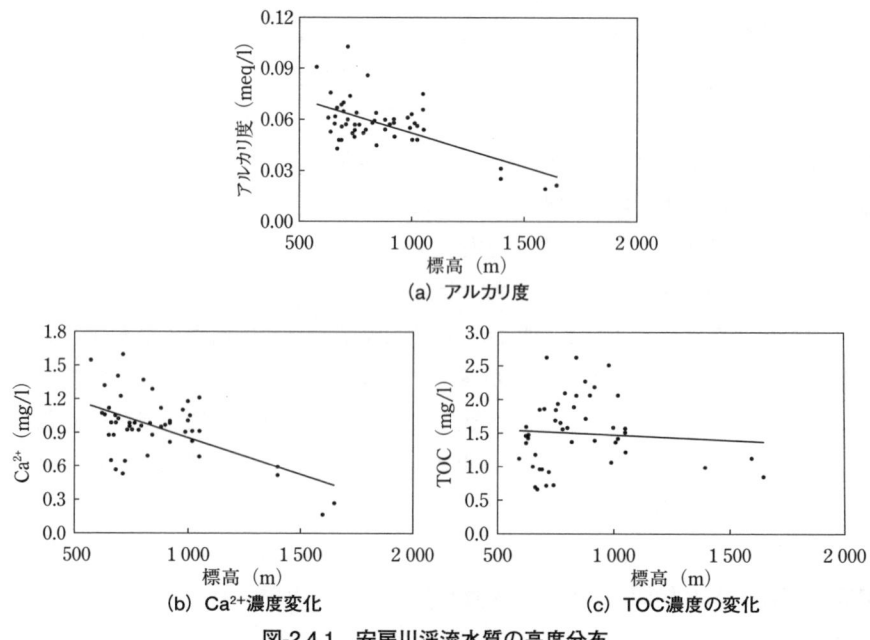

図-2.4.1　安房川渓流水質の高度分布

2.4 渓流河川・山地河川の水質流出特性

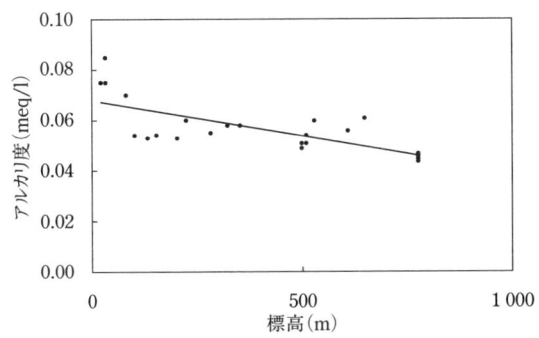

図-2.4.2 宮之浦川渓流水質の高度分布

る鹿児島県屋久島の宮之浦川の渓流河川下流部の水質変化の例を図-2.4.3 に示す[8]。また，茨城県霞ヶ浦への流入河川上流部で筑波山系山地小河川の小桜川の強雨による水質変化の例を図-2.4.4 に示す[9]。同一降雨を山地からの流出端の上流部（流域面積 2.4 km^2），水田が加わった中流部（同 8.0 km^2）およびさらに水田面積の増えた下流部（流域面積 12.4 km^2）の 3 地点で調査した例である。屋久島渓流河川では陽イオンの例を，筑波山系の渓流河川では粒子態物質の SS 負荷量変化の例を示している。高木や低木等の植生に覆われた山地では，降り始めの降雨強度が大きくなければ，植生で遮断されたり，土壌層に浸透してからの流出となるため，河川としての流出の応答は遅く，降雨のピークより時間遅れの流出ピークになることが多い。上流部の山地河川と下流部の田園地河川とでは流出負荷量の大きさの違いと降雨時流出の期間の長さが明らかとなる。なお，標高 1 400 m の高地で約 700 mm の豪雨での渓流水質変化調査結果は 10.2 に詳述する。

　SS や有機物質等の汚濁物質の濃度ピークは流量ピークと同じ時期か，その前後に出現することが多い。ただ，土壌層中に保持・貯留されたり，浅い土壌層から溶出することが多い NO_3^- は早い中間流出によって流出する部分が多いため，数日間の先行晴天期間があれば，流量ピーク時より遅れて水質濃度ピークが出現する。また，Cl^- や Na^+ のイオンは海塩等の影響が主で，土壌層中には吸着保持され難いため，流量増加とともに減少して，流量の低減とともに降雨流出前の濃度レベルにゆっくり戻って行く。豪雨になると，みずみちの一部を浸食するなどして土壌を主とした SS や有機物質が主となって流出する。

第2章 渓流河川・山地河川と水質流出

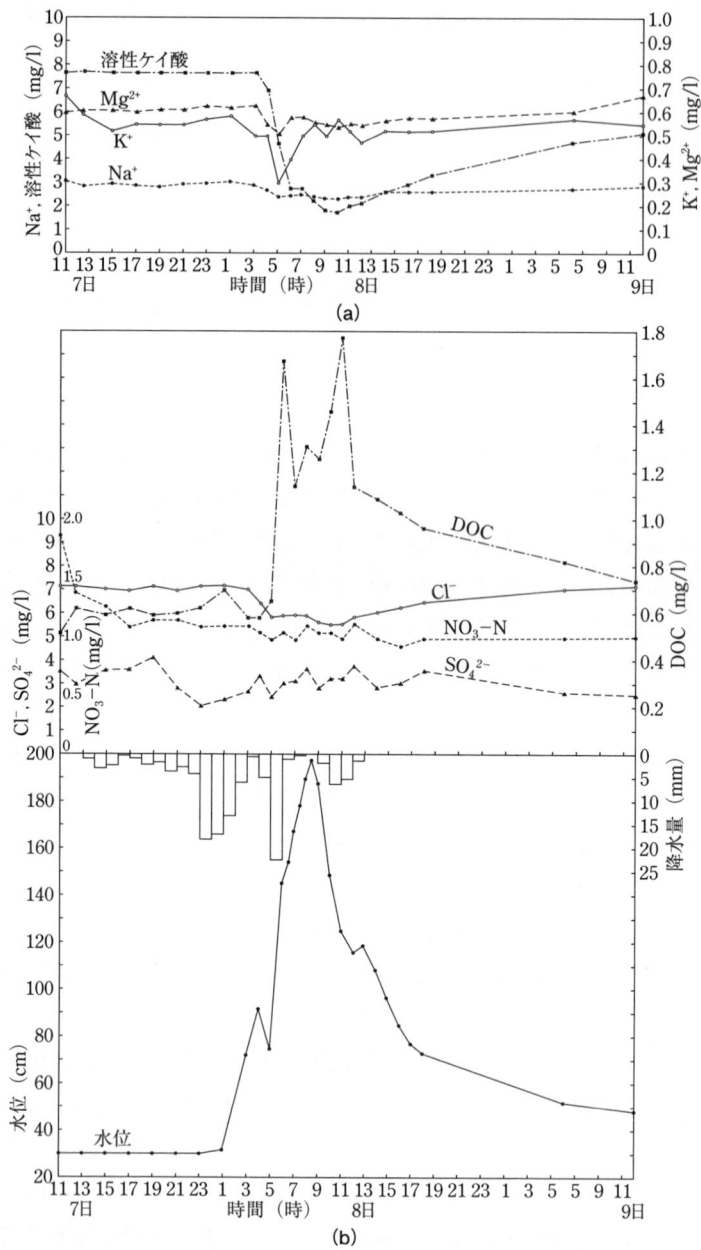

図-2.4.3 宮之浦川の降雨時流出の水位および水質濃度変化

2.5 卓越風による酸性雨や海塩の影響分布

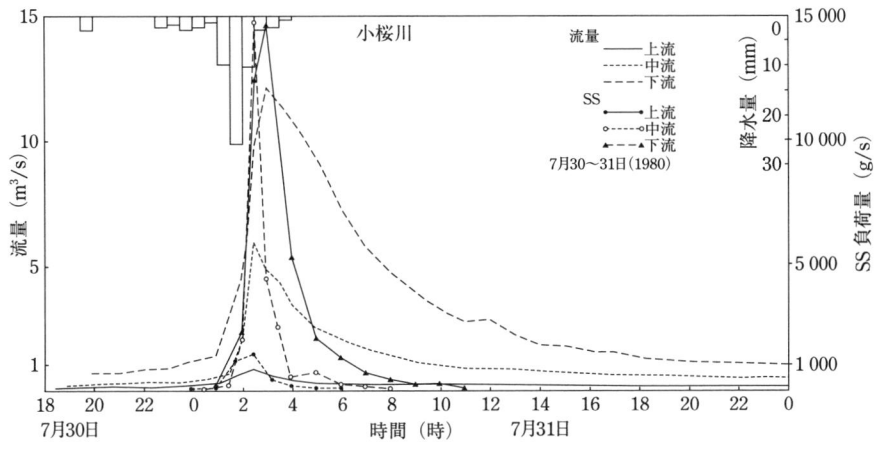

図-2.4.4　小桜川の降雨時流出負荷量の流下方向における変化

　両流域では，年間降水量の大きな違いのほか，河道の平均勾配が宮之浦川で大きく，筑波山系で小さいほか，土壌層の厚さが後者が前者よりで大きいことや，人為汚染の有無による乾性沈着物や湿性沈着物の量と質の構成に大きな違いがあり，水質濃度レベルが違っている。

2.5　卓越風による酸性雨や海塩の影響分布

　日本列島の東シナ海や日本海側への酸性物質の長距離輸送の影響の大きさは，1.4 酸性雨と降雨時流出の節で述べた。日本列島上空は偏西風帯に属しており，年間を通した卓越風の風向は西あるいは西北西が多く，とくに冬季は偏西風も強くて酸性物質の負荷が大きいのが特徴である。また，日本列島の南西から北東に延びる脊梁山地の多くは西方向で海に面している。したがって，東シナ海や日本海に近い山地の渓流河川では，酸性雨や海塩の影響が比較的強く現れることが多い。四周が海の島で，冬季に冠雪するほどの高山島の屋久島では，両者の影響の方位分布に特徴的に見られる。

　屋久島中央部の1 800 mを超える7つの高峰が南北に壁となって存在するため，その東側渓流河川安房川の上流部では，卓越風の西風に対する北側斜面（北沢）の渓流群と南東側斜面（南沢）の渓流群の平均濃度が異なっている。もちろん，

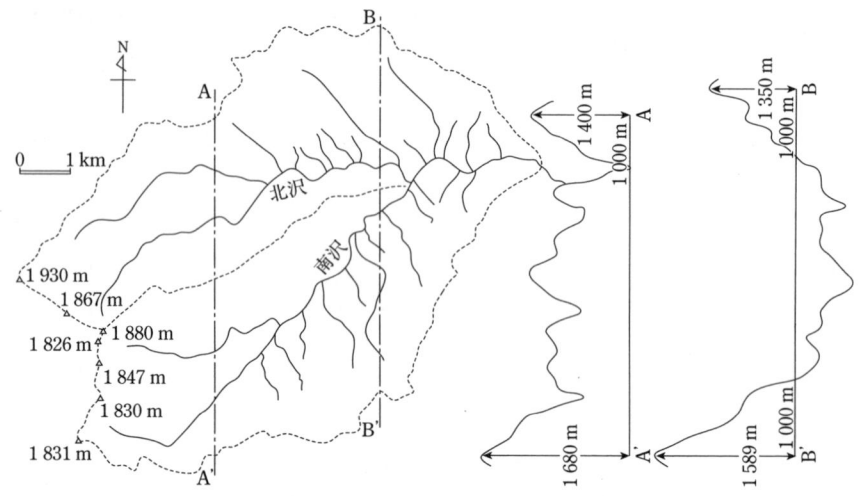

図-2.5.1 安房川上流の流域図と2つの鉛直断面図

表-2.5.1 安房川上流の北沢渓流（n=20）と南沢渓流の水質濃度
（EC（電気伝導度）：mS/m, Alk（アルカリ度）：meq/l）

	北沢（$n = 20$)			南沢（$n = 27$)		
	EC	pH	Alk.	EC	pH	Alk.
3月	2.91	5.38	0.031	3.08	5.92	0.050
7月	2.70	5.54	0.037	2.75	6.07	0.055
9月	2.75	5.61	0.042	2.95	6.12	0.060
11月	2.81	5.76	0.052	2.96	6.06	0.061

日照や気温等の条件の差違による植生にも多少の差違は存在することも考えられるが，偏西風が強く酸化物質の負荷の大きい季節には渓流水質に酸性物質や海塩の影響が見られる。この流域図と高低断面図を図-2.5.1 に，渓流群の水質濃度の平均値を表-2.5.1 に示す[9),10)]。夏季の7月を含めて，北側斜面は障壁となる峰が低く，高い峰に遮られた南東側斜面斜面と比べて，EC, pH およびアルカリ度の平均値が低いことが明らかである。

◎文　献

1) 海老瀬潜一（1981）：小河川における豪雨による浮遊物質流出量の定量化，第 25 回水理講演会（土木学会），25，473-479．

2) 柴田英昭, 中尾登志雄, 蔵治光一郎 (1998) : 林内雨・樹幹流の測定法と問題点, 特集—酸性雨研究と分析化学, ぶんせき, 10, 758-761.
3) 芳賀弘和, 西田継, 坂本康 (2007) : 水の流出経路が森林河川の溶存有機炭素濃度に及ぼす影響, 水環境学会誌, 30, 573-578.
4) 宗宮功・津野洋 (1999) : 環境水質学, コロナ社, p.230.
5) 古米弘明 (2012) : 栄養塩類としてのケイ酸, ケイ酸—その由来と行方—(古米弘明・山本晃一・佐藤和明編著, p.181), 技報堂出版, 1-6.
6) 海老瀬潜一 (1984) : 霞ヶ浦流入河川の水質調査データ, 国立公害研究所研究報告, 50, 119-133.
7) 海老瀬潜一 (1996) : 屋久島渓流河川水質の流出特性と酸性雨影響, 陸水学会誌, 63, 1-10.
8) 海老瀬潜一 (1996) : 屋久島渓流河川の晴天時・洪水時水質への酸性雨影響, 環境科学会誌, 9, 377-391.
9) Ebise,S. & O. Nagafuchi (2006) : Influence distributions of acid deposition in mountainous streams on a tallcone-shaped islan, Yakushima, J.water & Environ.Technol., 3, 169-174.
10) 海老瀬潜一 (2001) : 酸性雨の陸水影響, 環境技術, 30, 840-845.

第3章 田園地河川と流出水質

3.1 田園地河川の特徴

　田園地は，上流側山地の森林部，緩傾斜部の樹園地・畑地に続き，低平地部の水田といった地形連鎖の土地利用形態となっていることが多い。とくに，水田は灌漑用水の必要性から，その百倍以上の山地等の水源地を背後に必要としている。樹園地と畑地は特別な場合を除いて灌漑用水を必要としないので同様に扱えるが，水田は灌漑期間の水田状態と非灌漑期間の畑地状態との両方が存在し，排水経路や排水水質に大きな違いがある。近年，水稲栽培の減反政策によって，水田を畑地に転換して耕作されることも多くなったほか，日照・水利等の条件で効率の悪い水田は耕作放棄田になることも多い。したがって，このように一部に山地や農耕地を含み，農家も存在する流域の河川を一体的に扱う場合，田園地河川あるいは農耕地河川といい，山地や農家の存在が無視できる流域の河川を農地河川と呼ぶことにする。

　とくに，降水量の少ない地域では自流域の河川水のみでは用水が不足し，水稲栽培期間のみ灌漑用水として，上流側のため池や他流域からの灌漑用水路を通じての用水を供給する。また，近くの湖沼水をポンプ揚水して循環灌漑する農地も存在する。

　田園地河川は，面源負荷の農耕地の栄養塩や有機物質の負荷のウエイトが大きい流域であり，施肥や土壌改良材等の農業資材投入による負荷の流出や，農薬流出が特徴となる。水田は灌漑期間の湛水状態での排水，水尻（流出口）からの越

流水，畦畔からの漏水，暗渠をはじめとする浸透流出水などで構成される。これらに田面水や水稲の蒸発散を加えて水田の減水深が構成される。水口（用水取り入れ口）からの用水補給，降雨による田面水水深の増加や，風による風下側への田面水の吹き寄せや，人為的な排水操作による流出があるため，流入水の水田内

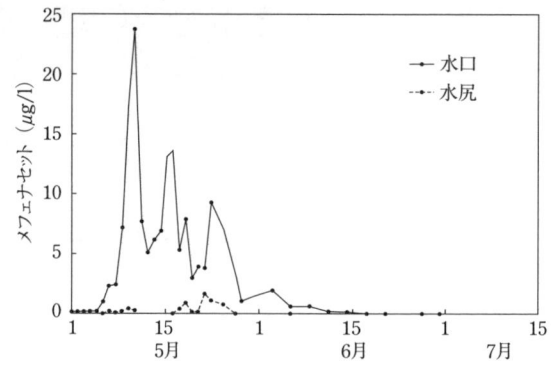

図-3.1.1　灌漑用水として水口に流入したメフェナセットの水尻での濃度変化（霞ヶ浦流域の水田）

での滞留時間の違いによって異なった水質変化状況での流出となる。たとえば，規模の大きい水田では通常の用排水管理での田面水の流出はあまりなく，人為的な排出や豪雨でもないかぎり大量の田面水の流出はない。常時少量の河川水を取水している水田の水口と水尻での農薬濃度変化を図-3.1.1に示す[1]。上流側から排出された用水の比較的低い濃度の農薬が流入した場合，この水田にその農薬が施用されなければほぼ検出限界以下の濃度まで減少する。しかし，その農薬がこの水田に施用されれば一部は排出され，下流側に加算的に影響を及ぼすことになる。

　湛水中の水田では水稲以外に水草や藻類等も存在するので，栄養分を摂取し，収穫物に夾雑物として紛れ込むので，水草や藻類には除草剤が散布される。湛水中や土壌や植物体表面で増殖する藻類や水草は完全に除去し難く，越流等で流出すれば下流への負荷になるほか，下流部の淀みや湛水域での再増殖の供給源となることがある。

3.2　田園地河川の水質流出特性

　田園地河川では，灌漑期と非灌漑期で流量と水質濃度，したがって，水質負荷量に大きな違いが見られる。流域内の水稲栽培には大量の灌漑用水を必要とするため，灌漑用水としてダムやため池などの貯水池から人為的水量操作に基づく流

3.2 田園地河川の水質流出特性

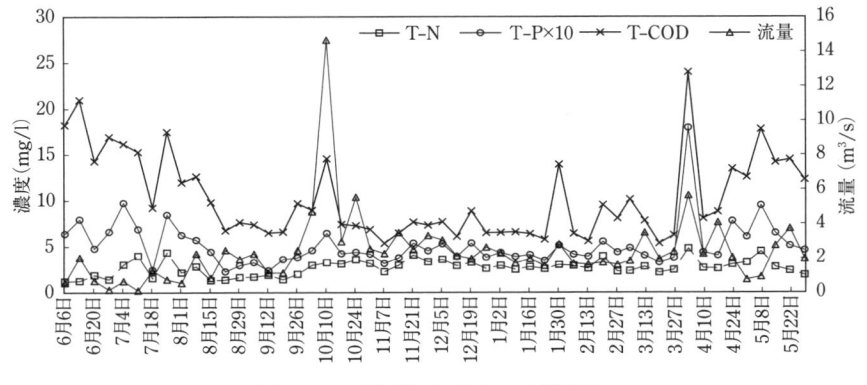

図-3.2.1　恋瀬川での年間の水質変化

量の補給があったり，灌漑用水として上流で大量に取水されて，本川の流量が大きく減少するなどの変化が見られることが多い。

また，降水があっても，それまでの先行晴天期間で水田の湛水水深が減少状態であれば，降水は水田内の貯留に利用されて，降水による流出の応答が鈍いことがある。しかし，田園地内の道路や屋根からの排水，水路等への直接降水によって，山地河川に比べて流量や水質濃度に変化が比較的早く現れる。降水量が多かったり，強風を伴うと，田面水は風下側の水尻から越流して，流出量が大きくなる。図-3.2.1 に一例として茨城県の恋瀬川での毎週定時で1年間の調査結果を示す[2]。恋瀬川は流域面積が約 147 km^2 と比較的大きいことと，1週間に1度の調査頻度のため，全体的には気象条件を反映した大きな変化を呈していて，水稲移植作業時の栄養塩や有機物質の高濃度現象は明確には現れていない。

水稲栽培の水田地帯を流下する河川の水質変化は，当然ながら農作業の人為的活動の影響と気象の自然影響とが合わさって現れる。水稲の育苗は委託や共同でなされることが多いことから，水稲移植期が地域ごとに比較的短い期間に限定されて，地域的に時期的に水稲移植を初め，農事暦（カレンダー）に沿った農作業が集中して一斉に行われることになる。とくに，兼業農家の多い地域では，土・日曜日や祝日をまじえた休日に農作業が集中する。しかも，いったん水田に水を張って漏水防止や代掻き等の作業後に，田植機で水稲移植をするための水位調整によって，多量の黄濁した栄養分・有機物の多い田面水が排水路に排出されて，

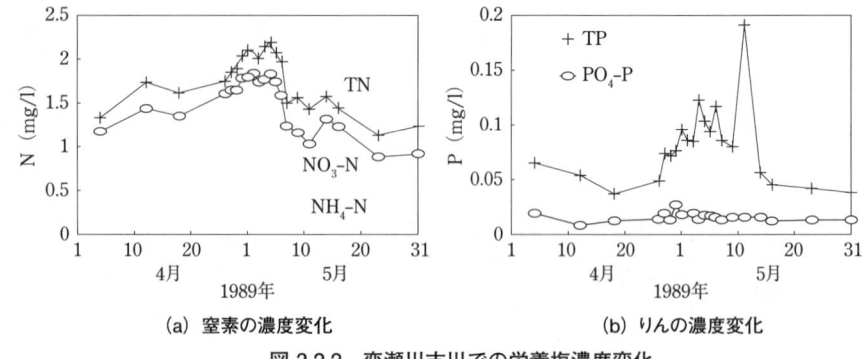

(a) 窒素の濃度変化　　　　　　　　(b) りんの濃度変化
図-3.2.2　恋瀬川支川での栄養塩濃度変化

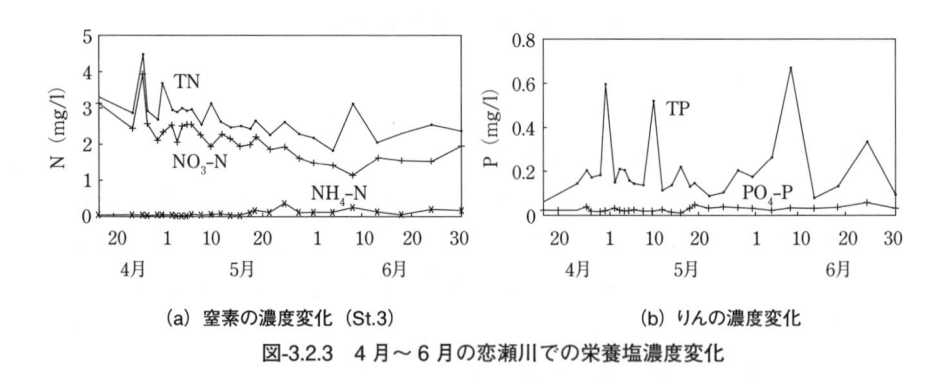

(a) 窒素の濃度変化（St.3）　　　　(b) りんの濃度変化
図-3.2.3　4月～6月の恋瀬川での栄養塩濃度変化

農地河川は年間でも最悪の汚濁状態を呈する。

　したがって，この短期間の数日を調査でとらえるかどうかで，水質濃度の変化範囲や期間総流出負荷量の大きさが異なってくる。流出負荷量調査には気象条件に加えて，農作業日程を考慮しなければならない。**図-3.2.2**に，霞ヶ浦流入河川の恋瀬川本支川で1989年4月末から5月上旬の水稲移植作業の集中期を中心に毎日調査を含む高頻度定時調査をした例を示す[3),4)]。この水稲移植作業時期に田面水位調整のための排水によって，SSやT-CODの高いことは明らかであるが，T-NおよびT-Pが高濃度かつ高負荷量で流出している実態がわかる。水稲移植前後だけでなく，さらにその後の灌漑期間を含めてT-NおよびT-Pの長期濃度変化を示したのが**図-3.2.3**である[5)]。この1992年の調査例では，前年の1991年よりもT-NおよびT-Pが高濃度となり，4月中旬から6月末にかけてT-NとNO_3^--N濃度は低下傾向を示していた。

3.2 田園地河川の水質流出特性

粒子態（懸濁態）物質や溶存態物質は，降雨時流出における流量ピーク時付近で濃度ピークを呈し，比較的変動は少ない。田園地河川でも，市街地河川ほど顕著ではないが，降雨初期の比較的早い流出段階で，先行晴天期間に地表面上に堆積したり，水路内に残留していた汚濁物質が流出して，濃度や負荷量の高くなるファーストフラッシュ現象が見られる。図-3.2.4 は，上流

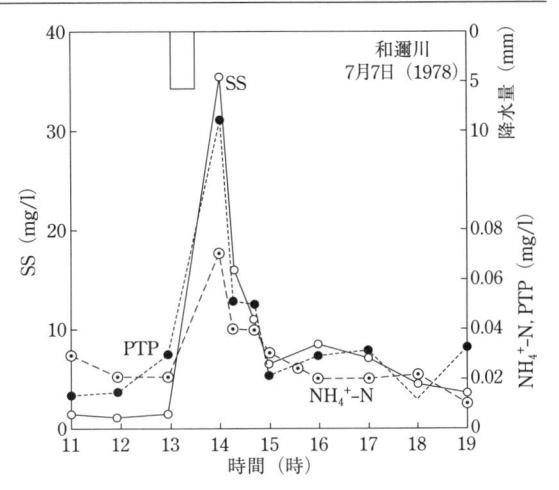

図-3.2.4 田園地河川の和邇川での降雨時流出の水質変化

側に山地があって水田地帯を流下する琵琶湖流入河川で，田園地河川の和邇川での降雨時流出調査の例である。わずか 7 mm の降雨であるが，降雨強度の大きい夕立における水質変化の例を示している[6]。

田園地河川のファーストフラッシュ現象は，後述の市街地河川ほど著しくはないため，調査頻度を粗くすると見逃されやすい。湛水中の水田では，肥料成分に富んだ田面水の越流や畦畔の土竜孔・亀裂からの流出，比較的栄養塩の多い地下浸透水も加わって溶存態成分は山地河川よりは高濃度のことが多い。

非灌漑期の水田は，植生の存在する畑地や，収穫後は植生のない畑地としての流出となり，弱い降雨強度では浸透を主として，強い降雨強度が続けば表面流出も併せた流出となる。ただ，水田も収穫後や水稲移植前に耕起された畑地状態では流出水量は少ないと推定される。したがって，水田からの粒子態成分の流出は代掻き後の強制排水や漏れによる場合が大きいが，畑地は傾斜地形の中に存在することが多いため，大きな降雨強度が継続するような降雨時流出では，表面流出による土壌の浸食や流去による負荷量が大きい。

なお，畑地への施肥量は一般に水田より多い。とくに，野菜等の特産地では地域的かつ時期的に施肥時期も集中することが多いため，その下流側の田園地河川への水質影響が大きい。とくに，キャベツ・白菜・レタス等の葉菜類の栽培地域

や茶畑の集中する地域は窒素肥料の投入量が非常に多いため，伏流水を含む河川水だけでなく，地下水の高濃度窒素汚染を招くことがある。窒素汚染は，牛や豚の畜舎排水が十分な処理がされなかったり，排水が漏れたりして生じることがあるほか，山際の耕作放棄農地等に牛糞が野積みされている場合は，降雨時流出によって窒素や有機物質が高濃度で流出することもある。

3.3 農業排水路等の特徴

近年，水田等農地の圃場整備が進み，農業用水と農業排水の分離（用排水の分離）が行われて，水田の乾田化等だけでなく，潅漑排水は滞留することもなく速やかに排除されるシステムの整備が行われた。とくに，用水と排水の水路はU字溝をはじめコンクリート等による三面張り化，直線化がなされた。したがって，排水路での底泥の堆積も少なくなり，水草等の水生植物をはじめ，水生動物等の存在も激減した。その結果，水田群からの排水と潅漑用水路での水質の形態変化も含めて，田園地流域からの各種排水の下流部への流達では，滞留期間の微生物による浄化効果をあまり期待できない流出形態が出現している。

この排水路等への直接降水の流出に，流路での流水の滞留時間の短縮化を含めて，降水に対する田園地河川の応答はかってほどの鈍さは失われてきた。したがって，有機物質の分解，栄養塩の水路内植物等による摂取，底泥による農薬等の吸着による減少などの自浄作用は小さくなったと考えられる。とくに，近年の兼業農家の増加や農作業時間の短縮化が進み，排水路の堆積泥の泥上げ等の作業も少なくなり，一部には底泥の堆積した排水路も増えて，非灌漑期は降雨でもなければ水が流れないため，安定的に生物が生存できる水環境とはなっていない。

3.4 農薬流出

農地には肥料や農薬が投入され，肥料は栄養塩の流出で富栄養化現象と関係し，農薬はその一部が流出して下流での微量化学物質汚染現象を生じ，水道水源汚染や水生生態系への影響で問題を生じている。とくに，農地の大半を占める水田では，除草剤・殺虫剤・殺菌剤等の農薬が水稲栽培のほぼ全期間にわたって散布さ

れ，下流水域に排出される。とくに，兼業農家の増加や作業の効率化で，育苗は集中化されていることが多く，地域一帯で時期的に集中して水稲移植作業が行われ，その後の農薬散布も時期的に重なることになる。しかも，兼業農家の増加は土・日曜日や祝日等に農作業が集中し，小規模な田園地河川では休日や休日明けの翌日に農薬濃度が急上昇することが多い。農薬散布直後に規模の大きな降雨でもあれば，農薬は高負荷量で流出する。

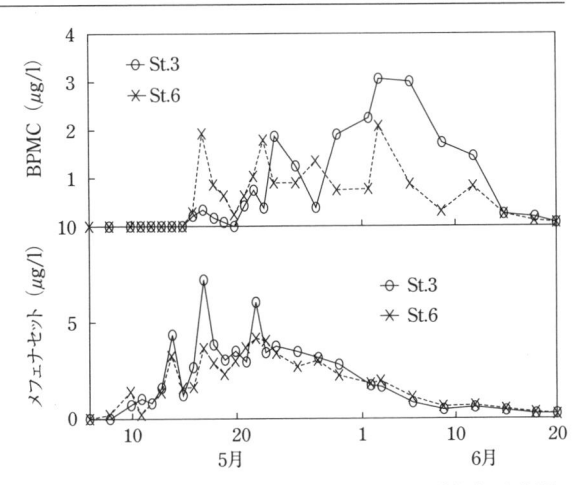

図-3.4.1 恋瀬川での農薬濃度変化 St.3（恋瀬川支川，川又川），St.6（恋瀬川本川下流）

図-3.4.1 に茨城県の霞ヶ浦流入河川の恋瀬川本川と支川の川又川における除草剤と殺虫剤を例とした農薬の経日変化を示す[7]。この地域では5月の連休が水稲移植の集中日であり，水稲移植前から連続調査を開始し，移植中や移植直後は毎日，移植後2週間後からは2日おき，しばらく後に3日おき，しばらくして4日，5日，6日と順次間隔をあけて，最終的には7日おきの定時調査とした。移植後7日～14日前後の土・日曜日が最初の散布集中日となって，河川水中の濃度が大きなピークを呈する。その後は除草剤流出濃度は減少するが，殺虫剤や殺菌剤が順次散布されて濃度ピークを呈する。

小桜川における1991年の水稲移植後10日～2週間後の29 mmの降雨時流出を図-3.4.2に示す[8]。これは，降雨前の土休日に流域の大半の水田に農薬が散布された数日後の降雨であった。降雨前まで高濃度の農薬は流量ピーク時に濃度減少し，降雨前に低濃度の農薬は濃度増大を呈している。いずれの農薬も，水質負荷量としては高流量時に高負荷量を呈した。

近年は，かつての空中散布のような一斉散布は他の環境への影響防止から少なくなった。また，水稲の育苗箱での栽培中にも農薬が散布されているため，水稲移植直後から農薬流出が見られることが多い。とくに，栽培中・後期に流出濃度

のピークが見られる殺菌剤のピロキロンが移植直後から低濃度ながら流出していることがある。

また，淀川支川の天野川中流部での3日に1度定時調査の農薬の除草剤の流出例を図-3.4.3に示す[8]。生駒山地から四条畷の一部・交野市および枚方市を流下する天野川の中・下流域は市街地であるが，上・中流域には山地・農地が存在する。水田面積はあまり大きくなく，水稲移植作業が霞ヶ浦流域ほど集中していない例である。農薬は比較的広範囲の時期に分散して流出している。

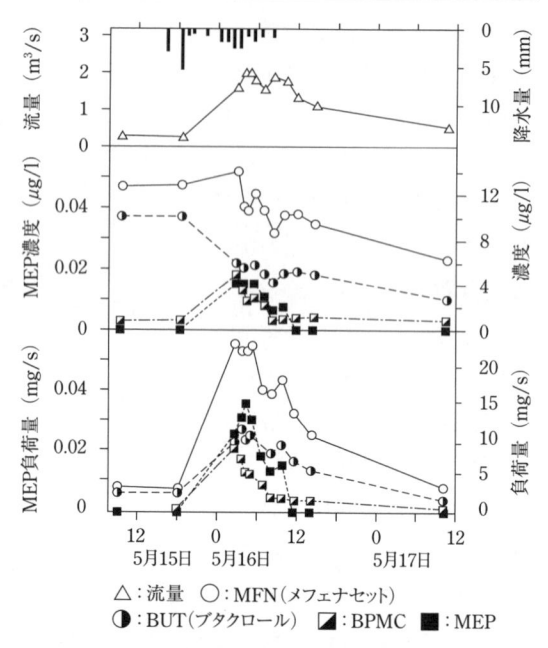

図-3.4.2 小桜川の降雨時流出の農薬濃度・負荷量変化

農薬は水田に散布されて，どのように濃度変化して行くか示した例が図-3.4.4である[9]。散布直後からの田面水中の濃度変化は水中に溶解して1日以内に濃度

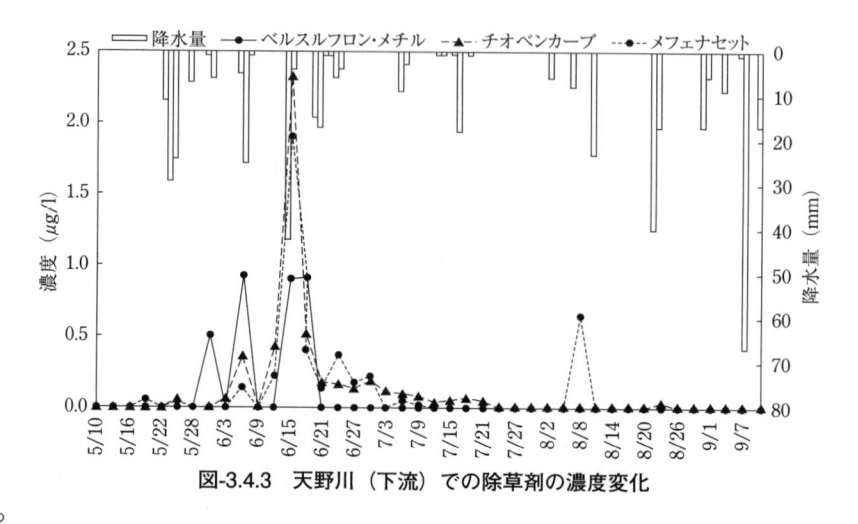

図-3.4.3 天野川（下流）での除草剤の濃度変化

ピークに達して，その後降雨でもなければゆっくり濃度減少することがわかる。ピーク後の濃度減少は指数関数で近似できる変化である。したがって，散布後数日内に大規模な降雨でもあれば，水尻からの越流や，畦畔の亀裂・土竜孔等からの流出で高濃度となる場合がある。天気予報を考慮して散布することが，水稲栽培上でも無駄がなく，環境への影響からも望ましいことになる。

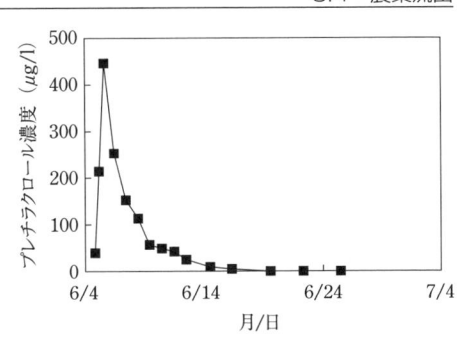

図-3.4.4 水田田面水中のプレチラクロール濃度の経日変化（京都市伏見区内の水田）

また，水田では水稲移植直前の代掻き後の水位調整での排水や中干し時の排水で粒子態物質が流出するが，豪雨時の越流流出でもなければ粒子態物質の流出は少ないため，農薬の粒子態成分での濃度や負荷量は少ない。霞ヶ浦流入河川の恋瀬川支川の小桜川における29 mmの降雨流出時の溶存態と粒子態での農薬の濃度および負荷量変化を図-3.4.5に示す[8]。図-3.4.2の調査時の場合であるが，このように溶存態での流出に比べて粒子態での流出のウエイトは小さいことがわかる。

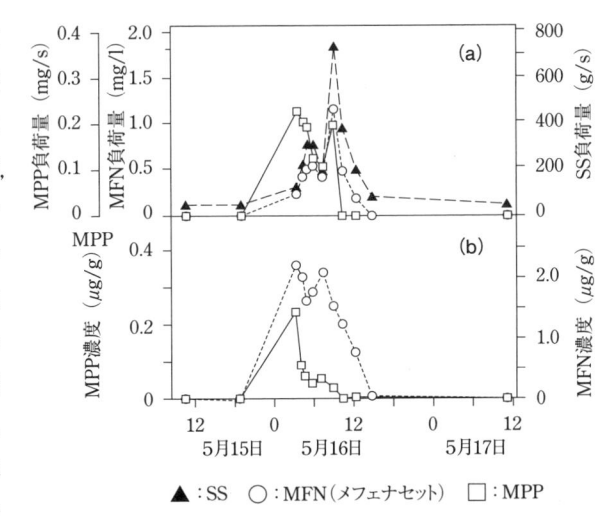

図-3.4.5 小桜川の降雨時流出の粒子状態での農薬濃度・負荷量変化

◎文　献

1) 海老瀬潜一（2006）：農薬類の環境汚染と動態－水域流出の実態と背景，化学物質の生態リスク評

価と規制－農薬編（畠山成久編著，p.366，アイピーシー），29-31。
2) 海老瀬潜一（1984）：霞ヶ浦流入河川の水質調査データ，国立公害研究所研究報告，50，119-133。
3) 井上隆信，海老瀬潜一（1990）：水稲移植期における農耕地河川の農薬・栄養塩流出特性，第24回日本水質汚濁学会講演集，101-102。
4) Ebise S., T.Inoue & A.Numabe（1993）：Runoff characteristics and observation methods of pesticides and nutrients in rural rivers，Water Science & Technology，28，589-593。
5) 海老瀬潜一，井上隆信（1993）：河川詳密調査による水稲移植後の農薬・栄養塩の流出挙動，114-115。
6) 海老瀬潜一，宗宮功，平野良雄，安達伸光（1979）：降雨流出過程における流出物質の挙動，第7回環境問題シンポジウム講演論文集，124-131。
7) 海老瀬潜一，福島勝英，尾池宣佳（2003）：淀川本支川の農薬流出特性と流出リスクの評価，26，699-706。
8) 沼辺明博，井上隆信，海老瀬潜一（1992）：田園地河川における水稲移植後の農薬流出量の評価，水環境学会誌，15，662-671。
9) 海老瀬潜一，井上隆信（1999）：淀川支流河川での農薬等の流出特性と流下過程での水質変化，国立環境研究所研究報告，144，37-47。

第4章　市街地河川と流出水質

4.1　市街地河川の特徴

　市街地の多くは，地表面を建物や道路のような不浸透性の構築物で覆われており，降水の表面流出が卓越する流出形態となる。建物や道路等の密度の高い市街地は，扇状地・盆地や海岸に近い平地にあることが多く，集水域の地形勾配は小さいのが特徴である。市街地が高密度化した都市域では，最近，雨水排除の治水上の観点から舗装道路や雨水桝など透水性のものが普及したり，屋上緑化のようなヒートアイランド現象の緩和や温暖化抑制の環境対策としての市街地の地表面の透水性や保水性にも変化の傾向が見られる。このような流域の河川を市街地河川という。

　都市部を流れる河川という意味では都市河川という呼称も用いられる。とくに，著しく市街化された都市部で浸水被害が生じやすく，かつ，対策が必要とされる河川流域を国土交通省がとくに指定して，対策を講じる対象河川と特定都市河川と呼んでいる。

　市街地からの流出水は，降雨による速やかな流出（降雨から時間遅れの少ない流出）と流出率の高さが特徴で，排出路も滞留の少ないＵ字溝等コンクリート製直線型水路が多いため，流量の上昇や下降の変化が鋭いのが特徴である。ただ，高低差の小さい平地や海岸に近い市街地で潮汐作用を受ける河川では滞留があり，底泥等が堆積して酸素不足の状況にある河川も存在する。

　また，下水道未整備地域では生活雑排水や工場排水等の点源負荷からの排水が

第4章 市街地河川と流出水質

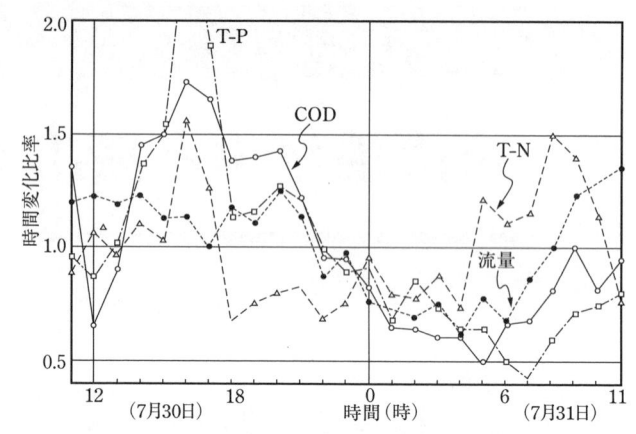

図-4.1.1 市街地河川の水質濃度の周日変化（24時間の平均値を1とする）

あり，その排水の原水は水道や工業用水道を通じて他流域からの水や，自流域の地下水であることが多く，晴雨にかかわらず排出され，生産活動や生活活動の影響が大きい。したがって，流量，水質濃度とも，昼夜を通しての時間的変化や，平日と休日等の曜日変化等の大きい特徴が見られる[1]。例えば，下水道が未整備状況で生活雑排水が流出する市街地河川では，**図-4.1.1**のように，水道水の給水量の時間変化パターンに似た形で少し時間遅れを伴った流量・水質濃度変化を示す[2]。この図は霞ヶ浦流入河川の山王川の例であり，24時間調査の平均流量と有機物質と栄養塩の平均濃度を1.0とした相対的な濃度変化として示した。

なお，点源負荷とは法律的には特定汚染源と称され，排水口が特定でき，晴天時・雨天時にかかわらず排出される汚濁負荷を指し，家庭の生活雑排水や工場・事業所等からの工場排水がこれにあたる。これに対して，面源負荷とは非特定汚染源と称され，汚染源が面的に広がって分布して排出口を特定できず，主として降雨を通じて排出される汚濁負荷を指し，屋根や道路等の市街地，山地，水田・畑地・樹園地等の農地がこれにあたる。

4.2 市街地河川の水質流出特性

霞ヶ浦に流入する市街地河川の山王川での水質変化の例を**図-4.2.1**に示す[3],[4]。

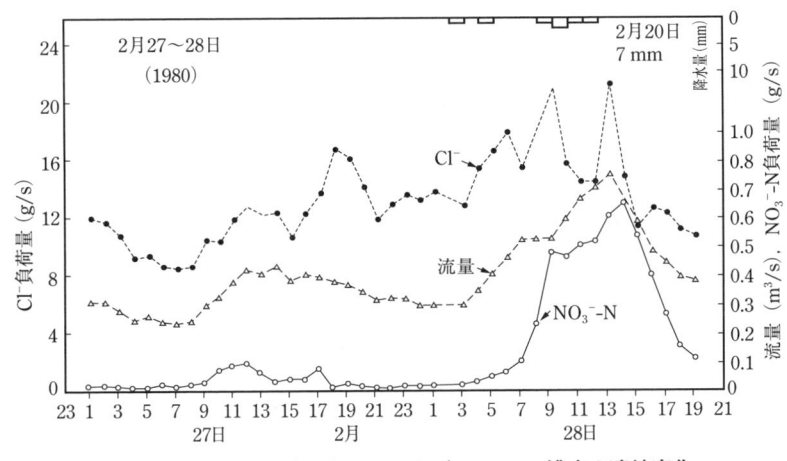

図-4.2.1 山王川の流量とCl⁻およびNO₃⁻-N濃度の連続変化

晴天時24時間調査を終えた直後に降雨があったため，さらに降雨時流出の24時間調査を続けた調査例である．わずか7 mmの降雨であるが，中流部の市街地からの降雨時流出による流量増加とともにCl⁻が排出されて，上・下流域の農耕地から遅れてNO₃⁻が流出している．市街地河川は，流域内の土地利用状態により屋根，道路等の不浸透地表面面積比率が高いために，降水に対する流出の応答は鋭く，表面流出が主となって降水の降り始めの早い時期から，流量だけでなく，水質濃度も鋭い上昇を呈する．この降雨初期の流出水には，先行晴天期間に地表面に堆積していた汚濁物質が洗い出されて剥離や浮上して流出するほか，水路等に先行降雨によっても流出しないで残留した汚濁物質，すなわち「積み残し負荷」が，流水による運搬途中で流速低下による沈殿や河道内の滞留物に補足・吸着された汚濁物質，すなわち「荷くずれ負荷」が，ふたたび流速増加によって流出し，汚濁負荷量としても鋭い大きなピークを呈する[3]．この降雨流出初期の汚濁物質の流出ピークをファーストフラッシュという．

市街地河川の降雨時流出の特徴は，屋根・地表面上の堆積物や水路・河川の河床の沈殿堆積物質等の粒子態物質の流出である．**図-4.2.2**は市街地河川の山王川の総降雨量23 mmの降雨時流出であるが，流出初期のファーストフラッシュや流量ピーク直後のSSや栄養塩の粒子態成分の鋭い流出濃度ピークが見られる．

第4章 市街地河川と流出水質

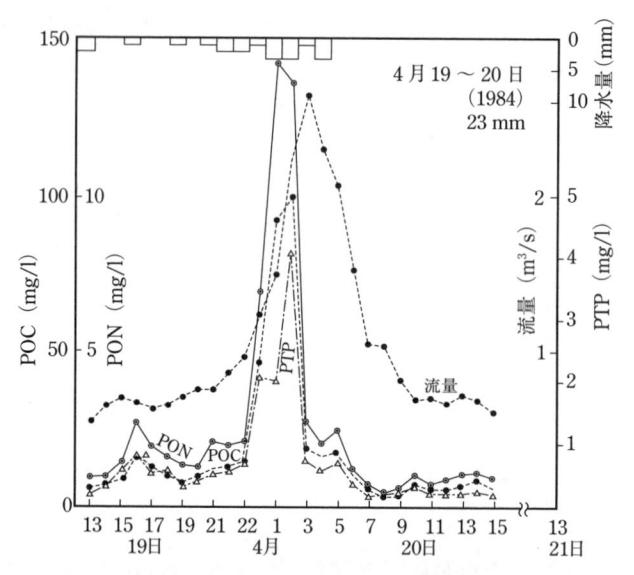

図-4.2.2 市街地河川の降雨時流出の水質濃度変化（山王川）

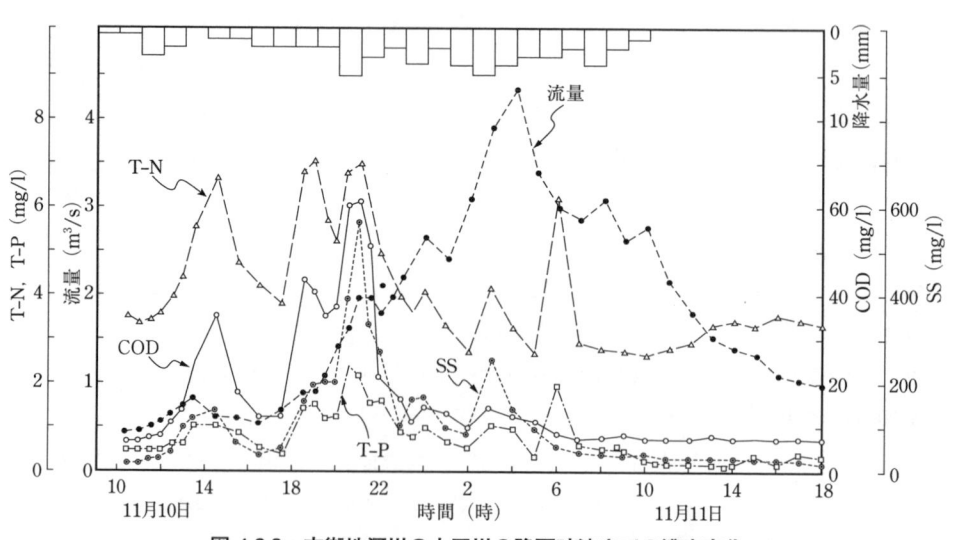

図-4.2.3 市街地河川の山王川の降雨時流出での濃度変化

同じ市街地河川の山王川で降雨強度はあまり大きくなく，総降雨量が 58 mm と多かった降雨時流出を示したのが図-4.2.3 である[2]。この図-4.2.3 のように，まず流出初期のファーストフラッシュの水質濃度ピークが出現し，さらに続く流量増大での最大濃度ピークが現れ，流量最大ピーク前後には小さな濃度ピークにとどまり，その後各種の汚濁物質の濃度は減少して，水質負荷量としても減少する。大津市の相模川でも同様で，比較的早い時期に降雨流出前の状態に戻ることが多い[5),6)]。すなわち，堆積物負荷や残留物負荷を主とした市街地河川からの流出では，それら有限量の負荷の流出で，流出後半での流出負荷量のウエイトは流出前半と比べて小さい。とくに，道路からの排水には，排ガス由来の粒子態や溶存態の有機態成分，タイヤの摩擦による Zn 等の重金属も含む摩耗分の粒子態成分の流出で，降雨流出初期の流出負荷量は大きい。

4.3　地表面上の堆積負荷の先行晴天期間中の変化

　道路や屋根は，工業などの生産活動や人の生活活動，それに伴う運輸・交通による排煙・排ガスや降下塵（乾性沈着物）など人為的な負荷，落葉・落枝等の植生の生産活動からの負荷は，晴天が続けば毎日の活動の日数に応じて比例的に増加し，地表面に貯留・堆積して行くが，それが有機物質であれば貯留・堆積期間に化学的や生物化学的に一部分解して減少したり，自然の風や自動車走行による気流で他所に移動・拡散して系外に運ばれたりする。一方，局所的には凹地部の溜まり場等での増加も同時に進行する。

　したがって，比較的大きな降雨イベントでその先行晴天期間の堆積物負荷のほとんどは洗い流されたとすると，地表面上の全貯留・堆積物量 L は，図-4.3.1 のように，先行雨降雨後の日数 t とともに，ある有限値 L_{max} に漸近しつつ増加する現象となる[7)]。Sator の土地利用形態の違いによる路面堆積負荷量の経日変化の調査結果等をもとに，中村は残留率の概念

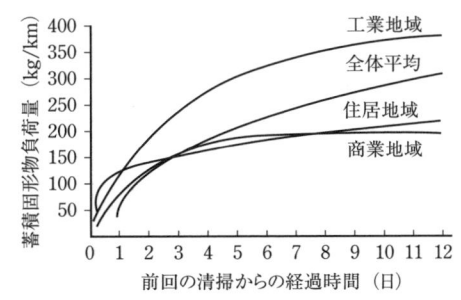

図-4.3.1　土地利用形態別の汚濁物質の蓄積量変化

を取り入れ，路面上の堆積負荷量の現存量 S には上限値 S_{max} が存在し，a の負荷量が供給されてその地点に残留する確率 $p = 1 - S/S_{max}$ を用いて，以下のような指数関数によるロジスティック曲線式での近似式を提案した[8]。

$$dS/dt = p \cdot a = a(1 - S/S_{max}) \tag{4.1}$$

したがって，

$$S = S_{max}(1 - \exp(-(a/S_{max})t)) \tag{4.2}$$

むろん，自然環境の植生や裸地等の地表面上でも，花粉・落葉・海塩等も含む湿性や乾性の沈着物が堆積し，一部分解や系外への移動によって減少しつつも，人為的な場合と同様に，先行降雨以降の日数とともに増加すると考えられる。実際には，自然や自動車の引き起こす風による系外への移動があったり，有機物質は時間とともに分解減少するため，およそ10日前後で堆積負荷量の増加が頭打

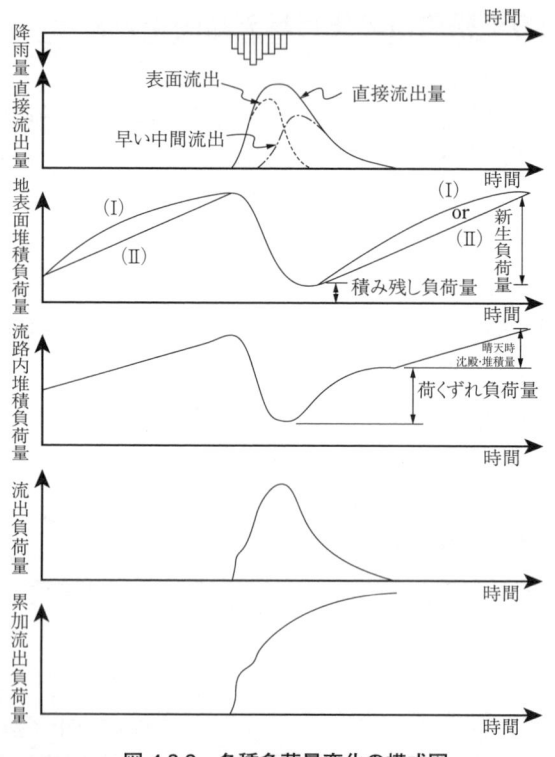

図-4.3.2 各種負荷量変化の模式図

ちになるようなことが多い。このモデル式は下水道の雨天時負荷の堆積物の流出予測に利用されたが，市街地河川の流域にも適用可能である。道路や市街地表面上での堆積物量の増減は，河床や水路内での付着生物膜の増減と類似現象であり，同様の数式モデルを適用できる[9]。

不浸透性地表面も一部には存在する市街地河川での降雨と流出成分の変化に対して，地表面堆積負荷量の変化，水路・河川等流路内堆積負荷量の変化，ある地点における流出負荷量の変化，その累加流出負荷量の変化を模式図で示したのが図-4.3.2である[10]。降雨によっては堆積地点に一部残留する負荷量があり，これが「積み残し負荷量」であり，降雨直後から新たに堆積し始めた負荷量は「新生負荷量」である。降雨時流出で堆積地点からは流出し始めた負荷量のうちで流量あるいは流速ピーク後に流路内に沈殿・堆積した負荷量を「荷くずれ負荷量」とすれば，これに降雨後の晴天時流出期間に新たに沈殿・堆積負荷量が加わることになる。この降雨時流出の「荷くずれ負荷量」と晴天時沈殿・堆積負荷量が流達率を大きく支配することになる。

霞ヶ浦の流入河川で市街地河川の山王川における図-4.2.3の降雨時流出で，T–COD，T–N，T–PおよびSS負荷量と流量変化を図-4.3.3に示す。降雨量は

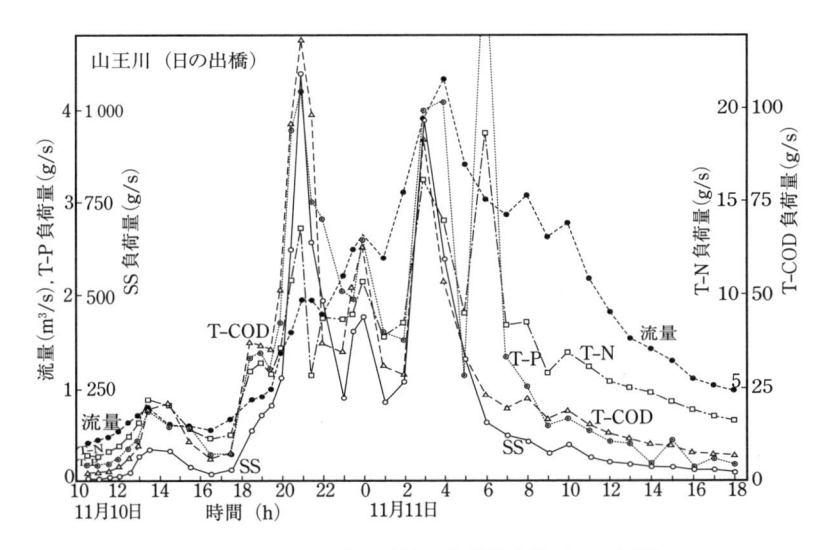

図-4.3.3 山王川の降雨時流出負荷量変化（日の出橋）

58 mm で降雨強度も大きくないが，堆積し易い粒子態成分のファーストフラッシュ現象や，流量の最大ピーク前の2回目の流量ピークで大きな負荷量ピークが出現した。また，流量の最大ピーク後に，下流域の田園地からの流出と考えられるT–NとT–P負荷量の最大ピークが見られた。

4.4 重金属の流出特性

市街地や都市周辺部には工場が立地することが多い。工業団地のようにまとまった工場群も存在し，その大規模なものには専用の工業用水道の供給があったり，下水道等の排水処理施設が備わっていることが多い。しかし，市街地に存在する工場には自前の排水処理設備があっても処理水質の濃度レベルが低くなかったり，工場排水量が規定量未満の小規模工場で排水規制の適用外であったりして，市街地河川には重金属を含む排水が排出されている。また，近年の市街地には屋根・フェンス・柵や屋外物置等工作物に金属製品が多用されており，それらの溶出も考えられるほか，自動車タイヤには亜鉛が添加されていて走行による摩耗分が道路から流出することも予測される。人間の生命維持には重金属も一定量必要とされ，代謝活動により体外に排出されるため，下水道終末処理場やし尿処理場の処理水にも低濃度であっても重金属は含まれている。

人口約40万人の枚方市と人口約7万人の交野市を流域とする流域面積約 $49\,km^2$ の天野川鵲橋で3日に1度の高頻度定時水質負荷量調査を実施して，溶存態重金属の流出実態を明らかにした。調査時は毎回流水中に立ち入って流水断面積の計測と2m間隔での流速測定から流量を実測した。出水時は水位測定と表面流速測定から流量を推定した。さらに，天野川が淀川に合流した下流約5.6kmの淀川本川の淀川新橋で3日に1度の水質調査を実施して，溶存態重金属の流出実態を明らかにした。天野川と淀川本川でのNi，ZnおよびPbの濃度変化の例を図-4.4.1と図-4.4.2に示す[10),12)]。溶存態重金属でも降雨時流出での高濃度流出が見られ，降雨時流出での流出負荷量が大きい実態が明らかになった。

この重金属濃度の頻度分布を天野川の中流および下流地点，同じく枚方市内を流下する船橋川，淀川の淀川新橋地点でのFe，MnおよびZn濃度の頻度分布を示した例を図-4.4.3に示す。低濃度側にピークがあって，高濃度側へ低頻度なが

4.4 重金属の流出特性

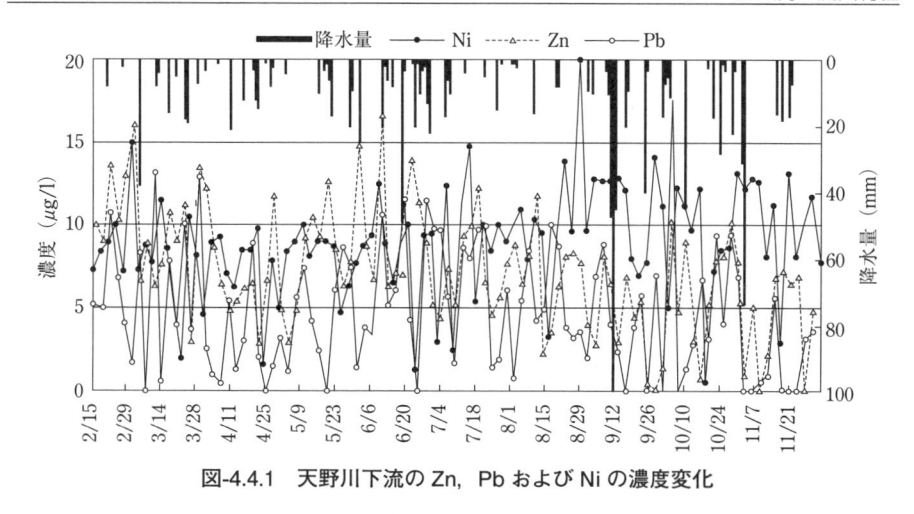

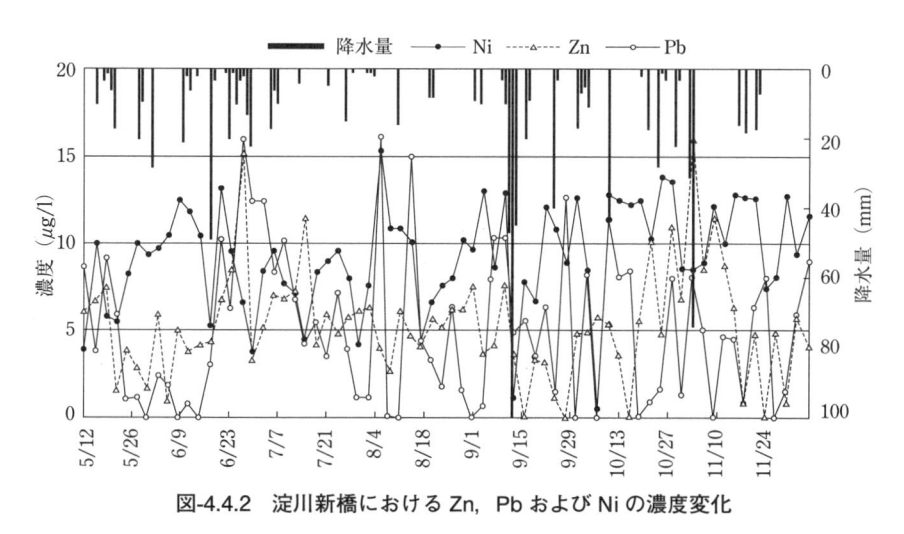

図-4.4.1 天野川下流の Zn, Pb および Ni の濃度変化

図-4.4.2 淀川新橋における Zn, Pb および Ni の濃度変化

ら尾を引く分布形状が見られ，対数正規分布となることがわかる。この2月～11月の調査での流量で区分した晴天時流出と降雨時流出で分けて，2000年，2001年の調査で重金属流出負荷量の比率を示したものを**図-4.4.4**と**図-4.4.5**に示した[11),12)]。2000年の年間降水量は平年値より約100 mm少なく，2001年は平年値より約300 mmも少ない渇水年であった。2000年の市街地河川では，ほとん

第4章 市街地河川と流出水質

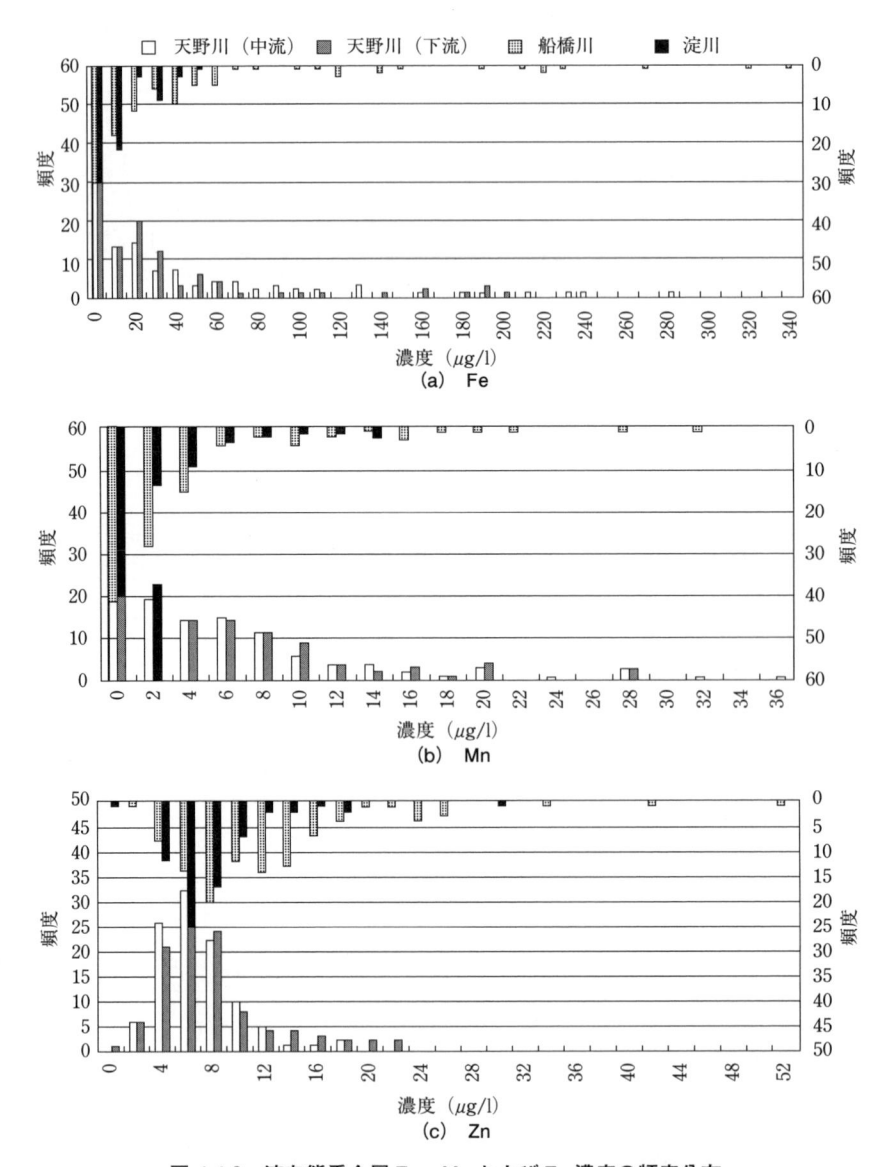

図-4.4.3 溶存態重金属 Fe, Mn および Zn 濃度の頻度分布

4.4 重金属の流出特性

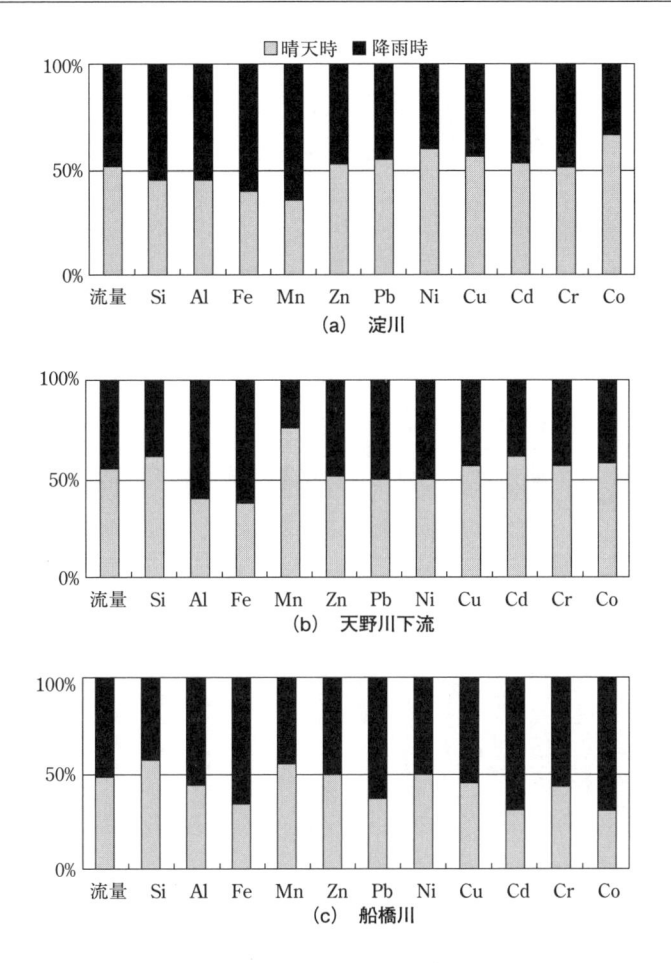

図-4.4.4 溶存態重金属の流出負荷量の晴天時流出と降雨時流出別シェア
((a) 淀川, (b) 天野川下流, (c) 船橋川；2000年)

どの溶存態重金属でも，調査期間内の総流出負荷量に占める降雨時流出負荷量のウエイトが晴天時流出より大きいことが明らかになった。大規模流域の淀川では，市街地河川に比べて降雨時流出のウエイトが小さいこともわかる。

第4章　市街地河川と流出水質

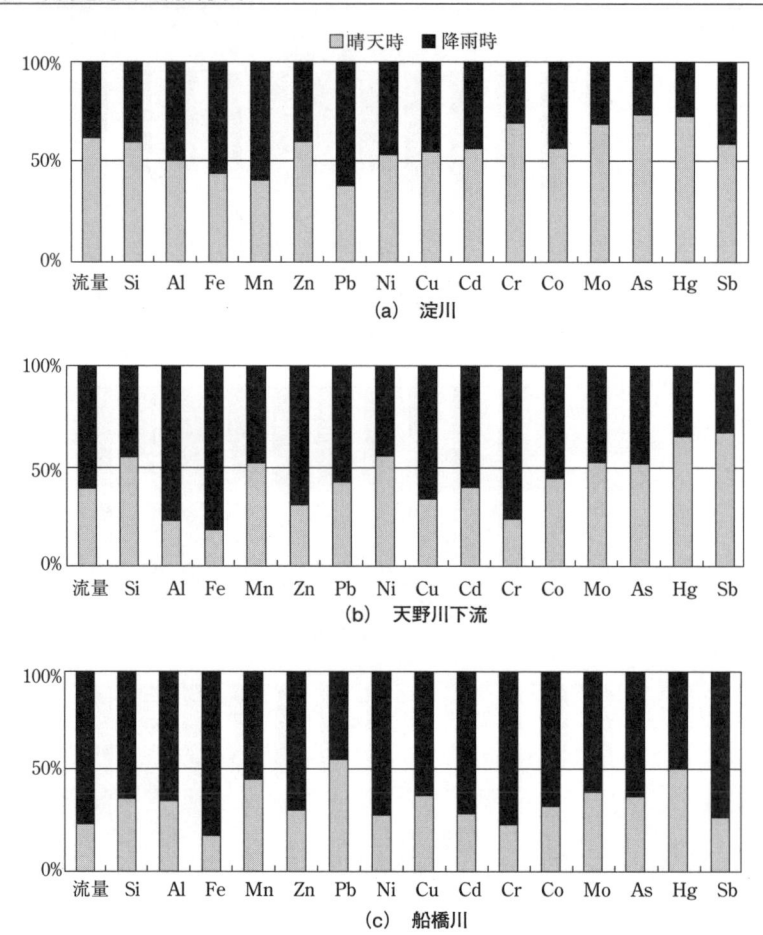

図-4.4.5　溶存態重金属の流出負荷量の晴天時流出と降雨時流出別シェア
（(a)　淀川，(b)　天野川下流，(c)　船橋川；2001年）

4.5　合成洗剤 LAS の流出特性

　下水道等が未整備で生活雑排水が点源負荷として無処理で流出する河川では，厨房排水や洗濯排水に含まれる合成洗剤中の界面活性剤の直鎖アルキルベンゼンスルホン酸塩（LAS）が流出している。この LAS の水質測定は，毎月1回の公

4.5 合成洗剤 LAS の流出特性

共用水域水質モニタリングで、メチレンブルー活性物質（MBAS）として測定される地点がある程度である。現在でも広く使用されている合成洗剤の界面活性剤は、LAS のほかアルコールエトキシレート（AE；アルキルエーテル）であるが、植物原料由来の界面活性剤のアルファスルホ脂肪酸エステル塩（MES）やメチルエステルエトキシレート（MEE）などもある。複鎖型から直鎖型になって易分解性となった LAS を霞ヶ浦に流入する 8 河川で毎週 1 回定時の 1 年間調査を行った。市街地河川の山王川（流域面積 12.9 km^2）と田園地河川の桜川（流域面積 330 km^2）での調査結果の例を、**図-4.5.1** と**図-4.5.2** に LAS 濃度と流量の変化として示した[13]。秋季から春季の間の冬季に濃度が高く、春季から秋季の間の夏季に濃度が低い傾向がある。LAS は流水中で生分解作用を受けるが、その作用

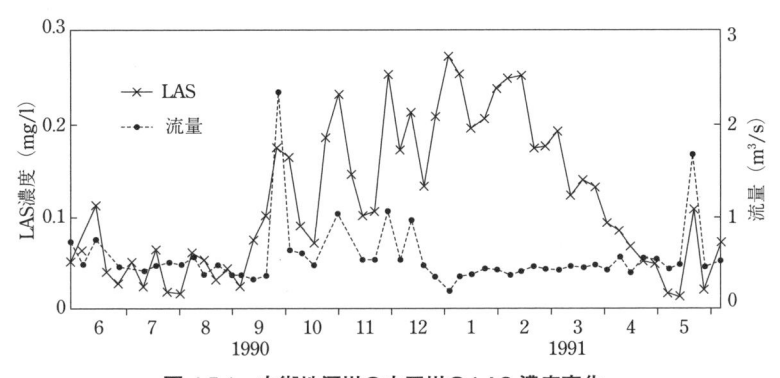

図-4.5.1　市街地河川の山王川の LAS 濃度変化

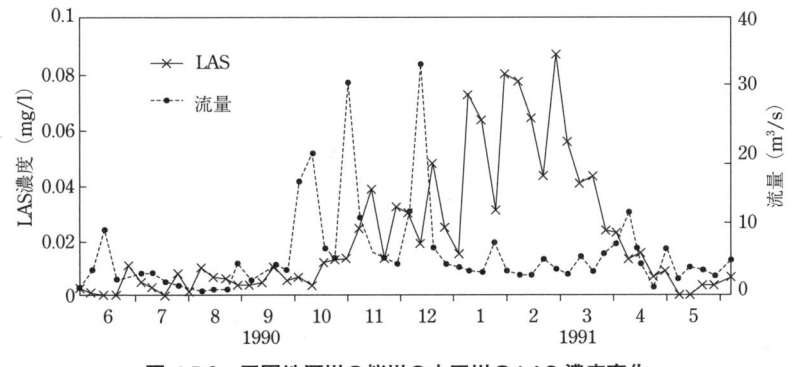

図-4.5.2　田園地河川の桜川の山王川の LAS 濃度変化

が水温の影響を受ける結果と考えられる。さらに，LAS濃度変化はNH_4^+–NやPO_4^{3-}–PおよびTOC濃度変化と正の高い相関がみられるように，生活雑排水中で高濃度となっている水質成分構成とも一致する。LASの分析はODSカラムを用いたHPLCによる分析法で行い，アルキル鎖の長いC_{13}やC_{14}の成分は生分解や吸着作用によって，流下過程で減少しやすいことも明らかになった。

市街地河川では下水道整備の進捗とともに，生活雑排水の排出分が減少して，汚濁負荷量の減少だけでなく，市街地河川流量の減少をももたらしている。とくに，晴天時流出における流量減少は，市街地化，すなわち，地表面不浸透面積の増大と，水道水由来の生活雑排水の排水量減少が加わっている。

◎文　献

1) 海老瀬潜一，宗宮功，大楽尚史（1978）：市街地小河川の水質および負荷量の変動特性，第12回水質汚濁研究に関するシンポジウム講演集（日本水質汚濁研究会），12，111-116。
2) 海老瀬潜一，村岡浩爾，大坪国順（1980）：小河川における総流出負荷量の観測と評価，第24回水理講演会論文集，25，161-166。
3) 海老瀬潜一，村岡浩爾，大坪国順（1981）：中小河川における期間総流出負荷量の変化と評価，第8回環境問題シンポジウム講演論文集，8，118-123。
4) Ebise S. (1985)：Estimation on drainage of nitrates from surface soil layer to rivers by storms, Intern. Congress "Nitrate in water", Paris。
5) 海老瀬潜一（1985）：汚濁物質の降雨時流出特性と流出負荷量，水質汚濁研究，8，499-504。
6) 海老瀬潜一，宗宮功，大楽尚史（1979）：市街地河川における降雨時流出負荷量の変化特性，水質汚濁研究，2，33-44。
7) Sartor, J.D., G.B.Boyd & F.J. Agardy (1974)：Water pollution aspects of street surface contaminants, J.WPCF, 46, 458-467。
8) 中村栄一（1980）：合流式下水道対策の検討（第Ⅱ報），第16回衛生工学研究討論会講演論文集（土木学会），16，154-159。
9) 海老瀬潜一（1993）：河川浄化作用における付着生物の評価，環境微生物工学研究法（土木学会衛生工学委員会編，技報堂出版，p.417），313-316。
10) 海老瀬潜一（1982）：非特定汚染源負荷の流出特性，公害と対策，18，321-326。
11) 海老瀬潜一，三木一克（2001）：高頻度調査による淀川およびその支川の重金属流出特性，水環境学会誌，24，715-723。
12) 海老瀬潜一，尾池宣佳，福島勝英（2004）：高頻度調査による淀川本支川の溶存態重金属流出特性の統計解析，環境科学会誌，17，49-59。
13) 井上隆信，海老瀬潜一（1992）：河川における直鎖アルキルベンゼンスルホン酸塩（LAS）の流出特性，水環境学会試，15，739-747。

第5章　河川流下過程での水質変化

5.1　流下過程や滞流中の水質変化

　河川や水路の流下過程や滞留中においては，水塊の水質は時間的に変化する。流れの状態，すなわち，水の運動（移流や拡散）による攪拌・混合，浸食・剥離の影響が大きい場合と，静水状態すなわち滞留に伴う沈降・堆積や，生物との化学反応の影響が特徴的な場合という見方ができる。水塊内だけでなく，大気と水塊，水塊と底質との間の水質変化，すなわち，ばっ気・脱気，沈殿・堆積や溶出・浮上などの現象が加わること，さらに，底質中には微生物や底生動物が存在して生物学的および化学的な変化が生じていることにも，留意が必要である。こういった流下過程や滞留中の水質変化は，全般的に，以下のような反応や拡散を伴う物質収支の偏微分方程式でモデル化できる。

　水質濃度を C，時間を t，3次元を x, y, z，そのそれぞれの方向の流速と拡散係数を u, v, w；K_x, K_y, K_z，反応係数 k，粒子の沈降速度を w_0 とすれば，

$$\partial C/\partial t = -u(\partial C/\partial x) - v(\partial C/\partial y) - w(\partial C/\partial z) + K_x(\partial^2 C/\partial x^2)$$
$$+ K_y(\partial^2 C/\partial y^2) + K_z(\partial^2 C/\partial z^2) - w_0(\partial C/\partial z) - k \cdot C \quad (5.1)$$

反応を伴う一様な流れで，流れ方向のみの1次元流れでは，非定常拡散方程式が用いられる。ここで，定常状態の一様な流れの河川や水路では定常1次元の拡散方程式（5.2）と，流れのない水槽や湖沼での非定常拡散方程式（5.3）として簡単化される[1]。

$$dC/dx = (K_x(d^2C/dx^2) - k \cdot C)/u \quad (5.2)$$

$$dC/dt = K_z(d^2C/dz^2) - k \cdot C \tag{5.3}$$

これら両式を比べると，x/u を t に置き換えれば式（5.2）と（5.3）は数学的には同じ扱いとなる。流下方向に一様な流れを仮定して，流下距離と流下に要する時間を，滞留あるいは滞流する時間との対応で考えれば，すなわち，距離と時間の対応関係ととらえればよい。式（5.3）で，拡散項が微小な場合は，

$$dC/dt = -k \cdot C \tag{5.4}$$

$t = 0$ で $C = C_0$ として解けば，

$$C = C_0 \cdot (\exp(-k \cdot t)) \tag{5.5}$$

この1次反応係数 k は，有機物質の分解減少の脱酸素係数の k_1 と，沈殿や吸着による有機物質の除去を1次反応式で近似した有機物質除去係数 k_3 の和で構成される。

水塊中の水質変化の中でも重要な変化は，真の水質浄化といわれる有機物質の分解減少と，ばっ気といわれる大気からの酸素の供給である。これらの水質変化も以下のように数式でモデル化できる。ここで，有機物質の減少は1次反応で k を係数とし，大気のばっ気は当該水温での水中の飽和溶存態酸素量 O_s と実際の水中の溶存態酸素量 O との差に比例して供給されるものとする。この比例定数を再ばっ気係数 k_2 とする。また，$D = O_s - O$ とおいて，

$$dD/dt = k \cdot C - k_2 \cdot D \tag{5.6}$$

拡散項を微小として無視すると，

$$dC/dt = -k \cdot C \tag{5.7}$$

これらを連立させて，$t = 0$ で $C = C_0$，$D = D_0$ として，k を $k_1 + k_3$ に分けると，

$$D = [k_1 C_0 / \{k_2 - (k_1 + k_3)\}] \cdot [\exp\{-(k_1 + k_3) \cdot t\} - \exp(-k_2 \cdot t)] + D_0 \cdot \exp(-k_2 \cdot t)$$

ここで自然対数の底の e を常用対数の10に変えた場合は，k_1, k_2, k_3 が，それぞれ K_1, K_2, K_3 となる。

このように，有機物質が時間あるいは流下距離とともに分解減少する現象とともに，溶存酸素がその有機物質の分解で消費されて減少し，ばっ気によって飽和濃度まで増加して行く現象も表現できる。

図-5.1.1 のように溶存酸素が減少から増加する変化曲線を溶存酸素の垂下曲線（DO の Sag Curve）という。溶存酸素（DO）が十分存在する状態で有機物質が負荷されると，水中の細菌をはじめとする微生物によって有機物質が分解される。

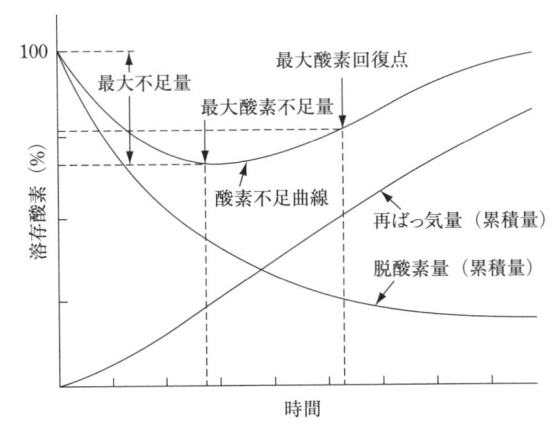

図-5.1.1 河川における酸素収支，模式図

そのために溶存酸素は減少するが，減少するだけでなく水表面を通してのばっ気作用を受けて，時間とともに飽和濃度まで徐々に回復して行くという濃度変化を呈する。そして，この間，有機物質濃度は減少する[1]。

かつて，有機汚濁の著しい都市河川で人工的なばっ気で水質改善が図られたこともある。実際の水表面（気液接触面）を通しての酸素移動速度は，水温のほか水表面の波立ち等の影響を受ける。有機汚濁が著しい都市河川で有機物質の分解促進のために酸素供給の目的で，人為的なばっ気・攪拌を行った例がある。人為的なばっ気・攪拌は各種排水の生物処理として，下水道終末処理場のばっ気槽の実例があるが，その酸素移動速度は総括酸素移動容量係数として水槽内を亜硫酸ナトリウム等で脱気して測定された。

溶存酸素や有機物質濃度の流下過程での増減は，有機汚濁の著しい市街地河川で数十年前までよく見られた現象であるが，近年は有機物質の汚濁レベルが低下したため，短い流下過程ではこの現象が見られることは少なくなった。しかし，有機物質の中の粒子態成分の流下過程での増減は，降雨時流出の初期や末期の段階だけでなく晴天時流出においても，流速減少によって生じていることをとらえることはできる。

実際には，粒子態物質の沈殿・堆積や剥離・浮上による水質変化が顕著である。とくに，支川から本川に合流する場合，流速や水位が減少して沈殿・堆積が促進されることがある。晴天が長期間継続して過小で増殖を続けてきた付着微生物群

第5章 河川流下過程での水質変化

は，晴天時流出では時々の流速増加によって，降雨時流出では急激な流速増加によって，古くなった部分や長くなった部分が切れて剥離流出する。さらに流速が増大すれば，付着微生物群の付着した河床材料が移動するようになり，付着微生物群も流出することになる。このような粒子態物質の沈殿・堆積や，剥離・浮上等により水質濃度変化は顕著となる。

5.2 自浄係数

河川や水路内で有機物質が分解除去されて減少するのが真の自浄作用である。しかし，実際の河川や水路，あるいは，モデル水路での実験等でこの自浄係数を測定するとなれば，有機物質分解減少の真の自浄作用だけでなく，沈殿・吸着等で除去される有機物質の減少も併せた見かけ上の自浄作用として，自浄係数 K（$=K_1+K_3$）を測定する形となってしまう。したがって，この K を総括的自浄係数（見かけ上の自浄係数）とする。実験水路としては，屋内や屋外のステンレス水路，コンクリート水路，プラスチック製水路などが用いられている。**図-5.2.1** は国土交通省土木研究所にあった環流型で直線状のステンレス製水路である。かつての京都大学工学部付属水質汚濁シミュレーション設備には屋外にほぼ矩形形状のコンクリートの長水路があり，自浄係数の測定を行った。屋外の長水路では，約 0.8 m の深さの水路で 0.2 m 前後の水深の流れでも，風の影響を受けて偏流することがあり，上面に蓋をかける必要が生じた。

図-5.2.1　還流水路と水質実験施設

K を求めるには，実際の河川や実験水路などの上流側で，砂糖（グルコースとフラクトースの結合物），ペプトン，グルコース，脱脂粉乳等の易分解性の有機物質を高濃度溶解水にして流入横断面に瞬時に投入して，下流側で採水してその濃度から，流下距離による減少を定量して評価する。この場合，投入物には目印となる染料トレーサーを目印に入れておくと経時変化の追跡に都合がよい。また，大きな円筒形の水槽に河川水を入れて，上記の有機物を投入して，スターラーや攪拌翼等で低速で攪拌しながら有機物質濃度の経時変化を追跡する方法もあるが，流下時間を攪拌時間に置き換えて総括的自浄係数を評価することになる。この場合，何度も採水すると水槽中の河川水体積が減少して行くので補正等の配慮が必要である。

実際の河川や室内実験で測定された総括的自浄係数の値 (K_1+K_3) を表-5.2.1に示す[1),2)]。有機物質の水質項目としては BOD が多いが，COD や TOC でも測定が可能である。多摩川，千曲川，筑後川を除くと，ほとんどが中小規模の河川である。少し古い測定値や推定値を表-5.2.2 に示しておく[1),3)]。有機物質での汚濁状況が著しい時代の大規模河川の例であるが，一般に，有機物質による汚濁度が大きい場合は，総括的自浄係数 (K_1+K_3) の値が高くなる傾向がある。細菌等微生物による有機物質の分解も多くなるが，吸着や沈殿による有機物質の除去のウエイトが大きくなるからだと考えられる。また，一般に水中に浮遊する細菌数や流水の流下時間と比べて，河床に付着する微生物膜中の細菌密度は非常に大きく，河床付着微生物膜上に吸着や沈殿した有機物質の分解減少はその滞留時間も大きいため，河床付着微生物膜の有機物

表-5.2.1 自浄係数 (K_1+K_3) の実測値

事例	K_1+K_3 (1/日)	備考
多摩川	0.1 ～ 1.88	BOD
多摩川[*1]	0.12 ～ 0.20	BOD
千曲川	1.2 ～ 2.4	BOD
南浅川	0.52	DOC
南浅川[*2]	0.066 ～ 0.087	DOC
松浦川	0.12 ～ 0.18	BOD
厳木川	0.11 ～ 0.17	BOD
筑後川	0.11 ～ 0.17	BOD
浅 川	0.2	BOD
残堀川	0.43	BOD
野 川	0.03	BOD
黒瀬川	0.31 ～ 3.3 0.38 ～ 1.29	BOD TOC
竹田川	$0.361+0.111\cdot\theta$ $0.223+0.097\cdot\theta$ （θ：水温℃）	BOD COD
底喰川	1.4	BOD
町野川	-3.0 ～ 9.7 -1.35 ～ 5.35	BOD

注）*1 室内実験
　　*2 室内実験（開始時の値）

第5章 河川流下過程での水質変化

表-5.2.2 自浄係数（K (1/日)）の値

河川名	K	測定者
木曽川	0.24	田辺（1955）
淀川（上枚）	0.55	田辺（1955）
遠賀川	1.85	田辺（1955）
相模川	0.17, 0.32	水質汚濁防止京浜地区協議会（1956）
淀川（枚方）	0.75	岩井ら（1960）
石狩川	0.26～0.38	洞沢（1960）
多摩川	0.33～0.58*	半谷ら（1967）
多摩川	0.15～0.63	土屋ら（1970）

注）＊CODによる値。その他はすべてBODによる値

質分解の寄与が大きいと推定できる[4]。

日本の河川は，一般に河川長が短くて河床勾配が大きいため，日本最長の信濃川でも，流下過程にダム等がなければ，河川水質の環境基準項目で有機物質の汚濁指標のBODの5日目のBOD_5を測定し終わる前に，河川水は海に出ている状況である。

微生物による有機物質の酸化分解を前提とした有機汚濁度の相対評価にはBODは有効であるが，水質汚濁が改善されて低BOD濃度の河川では有機汚濁度の測定にはTOCやCODでの測定が望ましい。また，河川には淵や瀬のような流速・水深の変化だけでなく，各種の取水堰等が存在して流速の減少区間も多く，晴天時流出では粒子態物質を主とする沈殿や吸着・抑留等での濃度減少が支配的である。すなわち，見かけ上の自浄作用が中心となっている。

5.3 流下過程の水質変化

実際の河川や水路での水質変化は時々刻々変化してとらえやすい時間と場所は限られる。大量の汚濁負荷の流入があれば，沈殿や吸着・抑留による物理的な増減現象は比較的とらえやすいが，化学反応や微生物による分解・減少は短い流下区間ではとらえにくい。多くの場合は，数時間以上の流下時間でも合流や分流を含めた形での上・下流間の水質負荷量調査による物質収支からの流達率での評価になる。すなわち，流下過程での負荷量減少量の定量はできても，その機構別の減少量まで追究することは難しい。

調査対象は，平均流下時間約80分間の2.90 kmの流下区間で，霞ヶ浦への最大の流入河川の桜川からポンプ揚水された単純なコンクリート三面張り農業用水水路である。調査は，下流側では流下時間分上流側より遅らせた24時間毎時25回の水質調査と，上流端での流速と水位測定による毎時流量観測からなる。調査

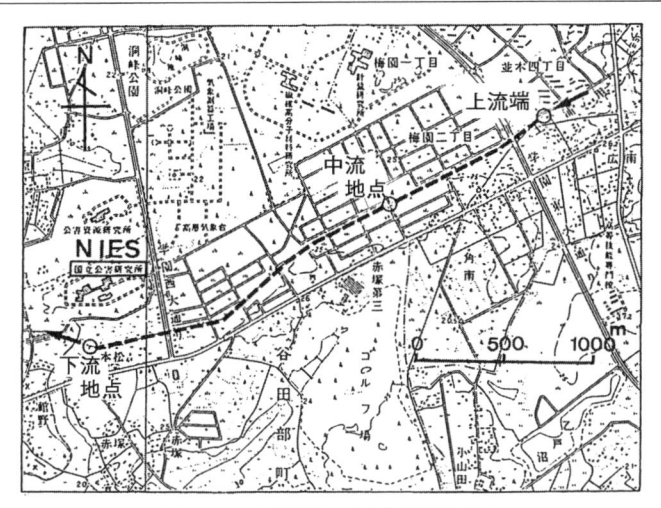

図-5.3.1　土浦用水での水質調査地点

は連続2年の2回夏季の同日に，上下流端と上流点から2.5 kmの中流点の3地点で実施した。この中流点から下流端までの約0.4 km区間では，それまでの2.5 kmの区間で1.9 mの水路幅が1.5 mになり，水深および流速が大きくなっている。実際の流下時間は上・下流端などいくつかの流下区間の地点流速からも推定可能であるが，事前に食塩水を注入して電気伝導度の変化から算定した。

　両年の上下流間での物質収支から流達率を算定した結果を表-5.3.1に示す[5]。桜川下流部では藍藻類のアオコがかなりの濃度で存在したため，有機物質やSSおよびChl-a濃度が高かったが，粒子態成分だけでなくDOCでも小さな値となっている。また，D-CODのようにわずかながら1を超える水質項目もあり，P-CODのかなり大きな値やT-CODの1をわずかに下回る値とを併せて考えると，P-CODからD-CODへの形態変化が推測される。また，総括的な自浄係数を算定した結果を表-5.3.2に示す。粒子態成分の水質項目でこの値が大きいのは，桜川下流部でも藍藻類のアオコが大量に発生していたので，粒子態物質中でもかなり大きなウエイトを占めており，沈殿や吸着での除去の寄与が大きかったと推定される。

　なお，参考のため，24時間の調査期間中のこの流下区間上流端でのT-N，T-P，T-CODの各濃度および流量のレベルとその変化の状況を，図-5.3.2に示

第5章　河川流下過程での水質変化

表-5.3.1　24時間調査による流達率（土浦用水）

	BOD		T-COD			P-COD			D-COD			Cl⁻		
	1985	1986	1983	1985	1986	1983	1985	1986	1983	1985	1986	1983	1985	1986
上流－下流	0.91	0.78	－	0.94	0.99	－	0.83	0.77	－	1.05	1.01	－	0.99	0.96
上流－中流	－	－	－	0.96	0.98	－	0.85	0.91	－	0.98	1.09	－	0.99	0.96
中流－下流	－	－	0.98	0.98	1.01	0.99	0.97	0.85	0.97	1.03	1.11	1.01	1.00	1.00

	DOC			Org.-N			Org.-P			PON			K⁺		
	1983	1985	1986	1983	1985	1986	1983	1985	1986	1983	1985	1986	1983	1985	1986
上流－下流	－	0.85	0.67	－	1.04	0.73	－	1.10	0.84	－	0.91	0.87	－	1.00	1.05
上流－中流	－	0.90	0.67	－	1.03	0.80	－	1.16	0.97	－	0.93	0.92	－	1.00	1.00
中流－下流	0.98	0.95	0.99	0.99	1.01	0.92	1.21	0.95	0.87	0.99	0.99	0.94	1.00	1.00	1.05

	Ch1-a			SS			SiO₂		
	1983	1985	1986	1983	1985	1986	1983	1985	1986
上流－下流	－	0.89	0.87	－	0.96	0.77	－	0.99	0.99
上流－中流	－	0.97	0.98	－	1.03	1.01	－	1.01	1.00
中流－下流	1.16	0.92	0.89	0.98	0.97	0.75	－	0.99	0.99

表-5.3.2　総括的な自浄係数（1/日）（土浦用水）

	BOD			T-COD			P-COD			POC			DOC			PON			Org.-N			Org.-P		
	1983	1985	1986	1983	1985	1986	1983	1985	1986	1983	1985	1986	1983	1985	1986	1983	1985	1986	1983	1985	1986	1983	1985	1986
上流－下流	－	0.83	1.89	－	0.48	0.04	－	1.56	2.01	－	0.66	1.67	－	1.36	3.40	－	0.75	1.10	－	－	2.43	－	×	1.07
上流－中流	－	－	－	－	0.76	0.45	－	3.31	2.00	－	0.77	1.94	－	2.26	8.22	－	1.47	1.73	－	－	4.78	－	×	0.71
中流－下流	－	－	－	0.28	0.29	×	0.11	0.39	2.02	0.35	0.59	1.51	－	0.75	0.17	0.13	0.26	0.72	－	0.99	1.02	－	0.03	1.71

5.3 流下過程の水質変化

しておく[5]。

　流速が小さくて流下時間が長ければ，河床の付着藻類の現存量が多く，水温が高く，日照量の大きい晴天継続期間では，水深が浅く滞留に近い遅い流れの昼間時には藻類の光合成により溶存酸素が生成されて過飽和状態になり，夜間に藻類等の呼吸により減少し，夜明け時に最小濃度となる日変化が見られる。藻類による昼間の光合成，生物の1日中の呼吸，有機物質の分解に伴う水中のDO濃度の変化，それに再ばっ気や脱気を加えた変化が生じる。光合成には，水中の炭酸ガスが使用されるために，水中のアルカリ度が変化し，pHも変化する。これは滞留性の強い，流速の遅い水路等では顕著に見られる。酸素ガスは大気中には約21％も存在するが，水中では0℃の約14.2 mg/lから30℃の約7.5 mg/lが飽和濃度と少ないので，水中での増減の変化は頻繁に起こり，水表面の乱れを通してばっ気や脱気を通して酸素の境界面移動が生じる。

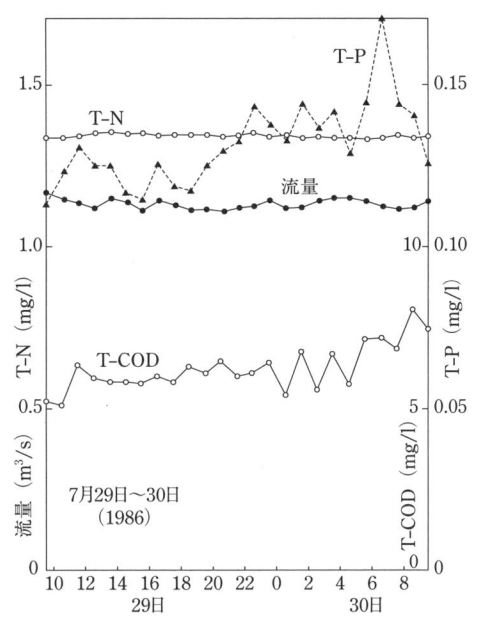

図-5.3.2　土浦用水の上流端での流量および水質濃度変化

　図-5.3.3は神戸市烏原貯水池への流入河川の，烏原川とその支川の小部川において晴天時流出の毎時水質調査でとらえた現象である[6]。集合住宅街の市街地河川の烏原川ではアルカリ度の変化は乏しいが，田園地河川の小部川では周期変化を呈している。有機物質の分解だけでなく，付着藻類による昼間の光合成に伴うDO濃度の生産増加や，生物等の呼吸によるDO濃度の消費減少に伴う変化とともに，光合成による炭酸物質の濃度・平衡状態の変化とくにCO_2濃度変化に伴って，昼間と夜間のアルカリ度の変化が顕著であった。

　流路の河床や壁面には付着藻類や細菌・原生動物など微生物からなる微生物膜が現存し，季節的な長期変化だけでなく，規模の大きな降雨時流出による剥離流出とその後の増殖・代謝による剥離を繰り返している。そして，その増殖過程に

第5章 河川流下過程での水質変化

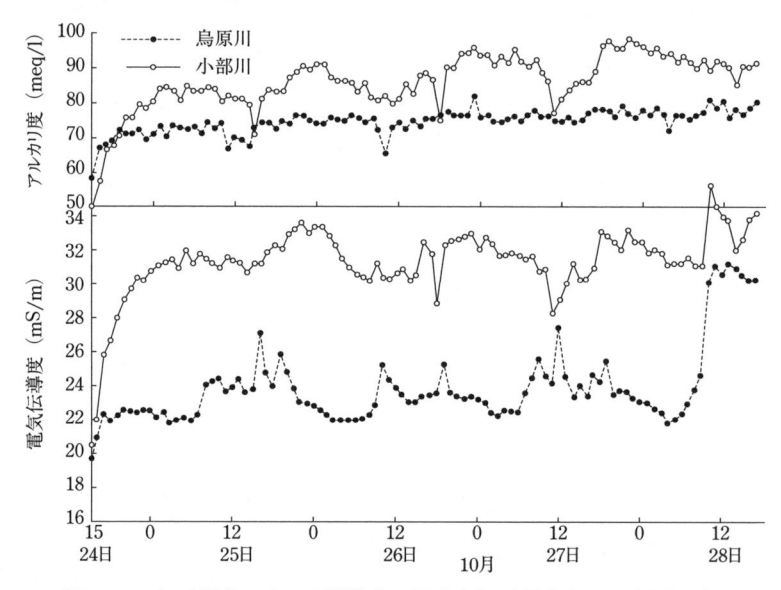

図-5.3.3 毎時調査による水質濃度の経時変化（烏原川および小部川）

おいて，流水中からの栄養塩の摂取や有機物質の分解を通して，流水の水質変化に影響を及ぼしている．

5.4 合流による水質の混合と変化

河川の合流に伴う混合とその後の流下過程での水質変化量，あるいは，物質収支法による流達負荷量（流量と水質濃度を測定）の変化量を定量した．上流側に山地，続いて水田等の農地といった土地利用形態の田園地小河川流域で，本川の最上流域から5つの支川が合流して，その間は流入負荷が無視できる程の小さな支川が合流するだけの本川流下過程である．本川上流部と5つの流入河川の合流直前の6地点および合流後の本川1地点での物質収支を取り，流達率と総括的自浄係数の算定を行った．霞ヶ浦流入河川の恋瀬川は図-5.4.1のような流域で，上流側から順次下流側へと採水および流量測定（断面形状と流速測定）を行った．毎週1回定時に行う52回の調査であった．その作業の所要時間は平均的な流量状態での流下時間3.8時間より約30分から1時間少なかった．この解析手順は，

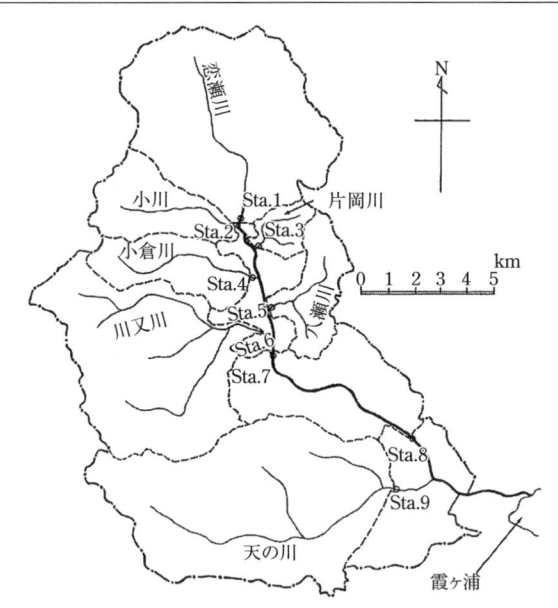

図-5.4.1 恋瀬川の流域と流下過程水質調査地点

以下のようになる[7]。

流達率＝〔地点7の総流出負荷量〕/〔$\sum_{i=1}^{6}$地点iの流出負荷量〕 (5.8)

まず，上流域5地点と下流の地点7の間で各種の水質項目ごとに流達率が求まって，**表-5.4.1**と**表-5.4.2**のように，一般水質項目は0.76～1.07の範囲にあった。同時に測定した5農薬の流達率は0.82～1.06であった。実際には，上流部と5支川流域のほかに，本川下流部に直接流入する残流域があるので，一般水質項目では近くの流域並みの負荷を，農薬では負荷なしを仮定して修正すると，一般水質項目は0.87～1.04となり，5種の農薬は0.69～0.92となった。表中には，52回の調査を低流量側の26回調査と高流量側の26回の流達率と，52回調査の平均負荷量から算出した流達率も示している。当然ながら，NH_4^+–NとPTNを除くと高流量側での流達率が低流量側より大きな結果となっている。NH_4^+–Nは人為的排水の影響と考えられる。

有機物質の分解減少に，沈殿・吸着や剥離・浮上なども加えた総括的な自浄係数Kを定義して，Streeter–Phelpsの1次反応式を適用し，残留域（地点0）を含めた上流側各地点iから地点7間までの流下時間をt_iとすると，地点7の流出

第 5 章 河川流下過程での水質変化

表-5.4.1 種々の水質項目の流達率

	Period	NH_4^+-N	NO_2^--N	NO_3^--N	Inorg-N	PFN	T-N	DTN	PTN	T-COD	D-COD	P-COD	DOC	POC	TOC
流達率	全体	1.15	1.04	1.08	1.09	0.96	1.06	1.07	0.99	1.07	1.05	1.11	0.94	0.96	0.95
修正流達率	全体	1.04	0.94	0.95	0.96	0.88	0.94	0.95	0.90	0.96	0.94	0.99	0.85	0.87	0.86
修正流達率	高流量時	0.92	0.96	0.97	0.96	0.88	0.95	0.95	0.92	0.98	0.96	1.01	0.86	0.88	0.84
修正流達率	低流量時	1.38	0.87	0.87	0.93	0.89	0.92	0.93	0.79	0.84	0.84	0.85	0.84	0.66	0.80
修正流達率	52回の平均値	1.05	0.94	0.89	0.92	0.86	0.91	0.92	0.90	0.90	0.89	1.07	0.84	0.80	0.83

	Period	PO_4^{3-}-P	T-P	DTP	PTP	T-SiO$_2$	SiO$_2$	P-SiO$_2$	SS	Cl$^-$	SO_4^{2-}	Ca^{2+}	Mg^{2+}	Na^+	K^+
流達率	全体	0.99	0.97	1.01	0.96	0.99	0.97	1.07	0.99	1.01	1	1.02	1.02	1.02	1.06
修正流達率	全体	0.91	0.88	0.92	0.86	0.89	0.88	0.96	0.90	0.92	0.91	0.92	0.92	0.92	0.95
修正流達率	高流量時	0.89	0.89	0.94	0.88	0.92	0.90	0.99	0.92	0.93	0.93	0.95	0.94	0.93	0.96
修正流達率	低流量時	0.98	0.80	0.88	0.73	0.81	0.82	0.65	0.60	0.89	0.86	0.86	0.86	0.89	0.91
修正流達率	52回の平均値	0.97	0.88	0.93	0.81	0.84	0.84	–	0.76	0.91	0.89	0.89	0.89	0.90	0.92

表-5.4.2 各種農薬の流達率

農薬	流達率	修正流達率
CNP	0.82	0.72
Oxadiazon	0.87	0.78
Butachlor	0.96	0.94
Isoprothiolane	0.93	0.78
Phthalide	0.88	0.69
MBP	1.06	0.79

5.5　途中からの流入負荷量が無視できる流下区間の水質変化

表-5.4.3　総括的な自浄係数

	TOC	DOC	POC	T-COD	D-COD	P-COD	T-N	DTN	PTN	T-P	DTP	PTP
全体	0.780	0.800	0.748	0.214	0.314	0.045	0.324	0.299	0.528	0.691	0.474	0.781
高流量時	0.991	1.07	0.892	0.144	0.264	−0.045	0.409	0.384	0.595	0.885	0.505	0.966
低流量時	0.838	0.663	1.64	0.662	0.690	0.576	0.315	0.278	0.826	0.897	0.508	1.260

負荷量 L_7 の推定式は次式となる。

$$L_7 = \sum_{i=1}^{6} (L_i \cdot 10^{-K \cdot t_i}) \tag{5.9}$$

有機物質の COD，TOC，窒素やリンについてそれぞれの全成分，溶存態成分および粒子態成分について，52回の定時調査の結果で総括的自浄係数 K を最小自乗法で求めると，粒子態 COD の 0.21（1/日）から溶存態 TOC（DOC）の 0.80 までの値となって，自浄係数として実際の河川での調査結果の範囲内にあった。また，年間 52 回の調査結果を高流量側の 26 回と低流量側の 26 回とに分けて同様に K を求めると低流量側では溶存態 TN（DTN）の 0.278 から粒子態 TOC（POC）の 1.64，高流量側では粒子態 COD（P-COD）の −0.05 から DOC の 1.07 の範囲になった。参考までに，これらの値を**表-5.4.3**にまとめて示しておく。

5.5　途中からの流入負荷量が無視できる流下区間の水質変化

霞ヶ浦の北西側の湾形部高浜入の湾奥には恋瀬川と山王川が流入する。山王川は，**図-5.5.1**のように，流域面積が 12.8 km²，河川長 7.8 km，河床勾配 2.9 ‰の小規模河川である。上流域は水田・樹園地と非用水型の工業団地の混在地，中流域の上流部は石岡市街地，中流域下流部・下流域は水田地帯である。

かつて 1938 年に JR 石岡駅東側に大蔵省専売局石岡アルコール工場が操業し，甘藷からアルコールを製造して排水を山王川に排出していた。下流の農業用水と高浜入り湾形部の有機汚濁で農・漁民の公害闘争があったが，1956 年に排水浄化処理設備の導入により影響が軽減化され，2001 年に工場は廃止された経緯がある。

1978～1979 年に上流地点①，市街地上流端地点②，市街地下流端地点③，最下流地点④の 4 地点で毎週（水曜日）1 回定時で 1 年間の水質負荷量調査を実施した。同様の調査を地点①～④の 4 地点で続ける一方で，地点②～④の 3 地点で

第5章 河川流下過程での水質変化

水稲栽培の灌漑期間を考慮し，6，7，10，2月の4回晴天時24時間で毎時25回の水質負荷量調査を実施した。さらに，これら3地点の直上流に人工付着板として，長さ20 cm，幅10 cm，厚さ5 cmのコンクリート製ブロックを2個ずつ底泥中に敷設し，2週間ごとに回収してブロック上の沈殿・堆積物量を測定した。また，同じブロックを4週間に1回，1週間敷設して回収し，同様の測定を行った。

図-5.5.2と図-5.5.3に，年間52回実施した毎週定時の水質負荷量

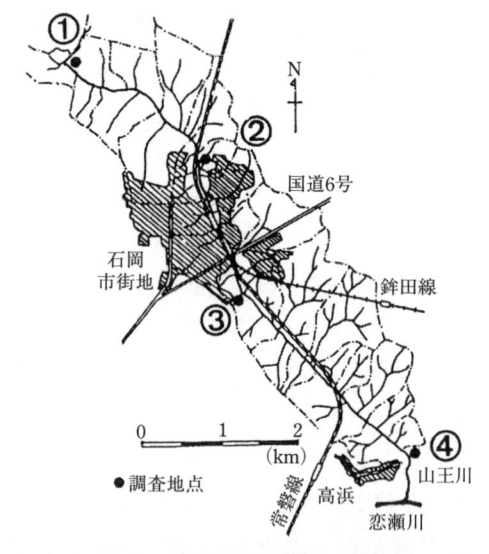

図-5.5.1 山王川の流域と調査地点

調査の日平均値を，霞ヶ浦への流入河口端を0として上流側への流下距離に対する水質負荷量の変化を示した[8]。地点③から④への流下区間では，水田地帯からの排水で流量は増加しているが，T–COD，T–N，T–Pの水質負荷量が減少しているのが明白である。栄養塩の粒子態成分およびSSのそれぞれ変化も同様である。

図-5.5.4と図-5.4.5に4回の晴天時24時間水質負荷量調査の平均値での同様の変化を日単位で示している。52回の毎週調査は降雨時流出も含んでいるのに対して，4回の晴天時流出調査であるため，市街地下流部での水質負荷量の減少はさらに大きいことがわかる。図-5.5.5にはP–CODの負荷量変化を示しており，粒子態で有機態成分の沈殿減少が明らかである。さらに，2週間河床に敷設した人工付着板上の沈殿・堆積物のSSおよびVSSの年間変化を図-5.5.6および図-5.5.7に示す。12月〜2月の少雨期の沈殿・堆積量が少なく，市街地下流端での多さが目立っている。

③〜④のそれぞれで地点における人工付着板の2週間ごとと毎月1回1週間での沈殿・堆積量を，地点③〜④間の河床面積（幅4 m×距離2.85 km）に適用した流下区間沈殿・堆積量の推定値と，52回の毎週調査での水質負荷量減少量および4回の24時間調査での水質負荷量を比較したのが表-5.5.1である。SSや

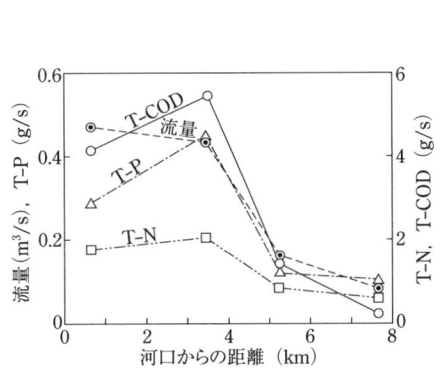

5.5 途中からの流入負荷量が無視できる流下区間の水質変化

図-5.5.2 毎週調査による山王川の流下に伴う水質負荷量変化

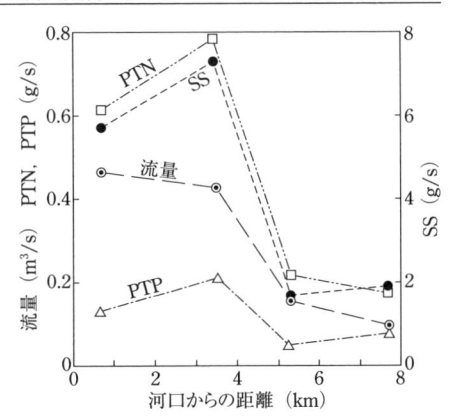

図-5.5.3 毎週調査による山王川の流下に伴う粒子態成分の負荷量変化

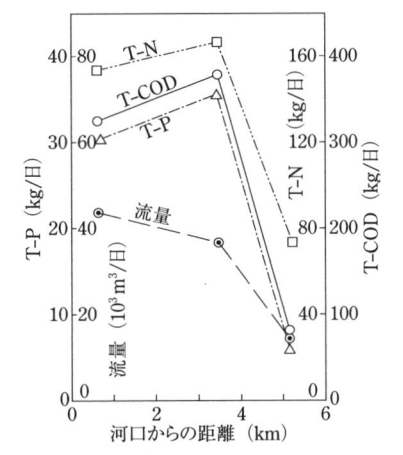

図-5.5.4 4回の晴天時24時間調査による山王川の流下に伴う水質負荷量変化

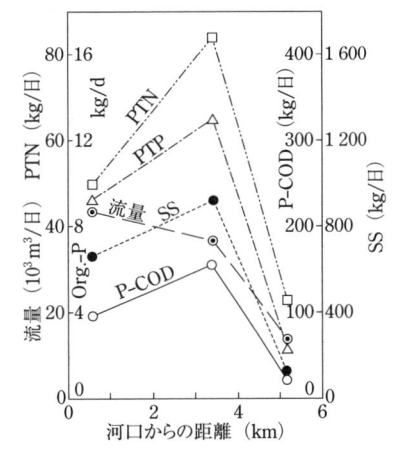

図-5.5.5 4回の晴天時24時間調査による山王川の流下に伴う粒子態成分の負荷量変化

T-Nでは水質負荷量調査での減少量が大きく，T-CODでは両者の差が小さい。小規模な流域面積の河川では，毎週1回定時の調査ではおよそ4日に1度の降雨時流出の影響をとらえていない。しかし，2週間あるいは1週間敷設した人工付着板では，降雨時流出の影響を受けた結果であることを考慮すれば，降雨時流出で新たな汚濁負荷が流域から河川に流入するが，その多くとその降雨以前に河床

第5章　河川流下過程での水質変化

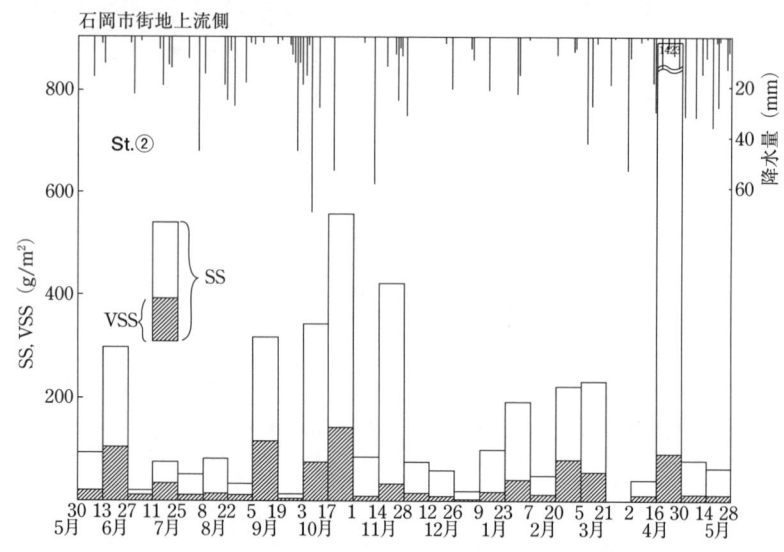

図-5.5.6　人工付着板上の沈殿・堆積物量変化（石岡市街地上流側）

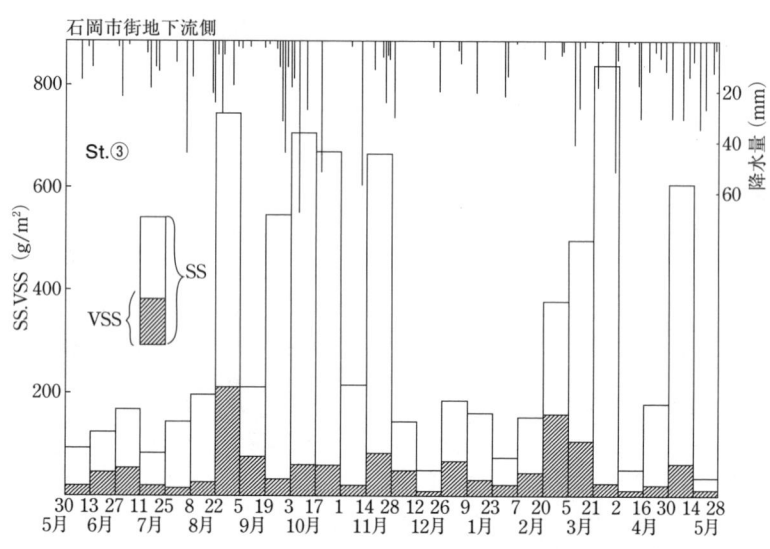

図-5.5.7　人工付着板上の沈殿・堆積物量変化（石岡市街地下流側）

表-5.5.1　水質負荷量収支と人工付着板の沈殿・堆積物量

調査方法	調査データ	SS (kg/日)	T–COD (kg/日)	T–N (PTN) (kg/日)	TOC (kg/日)
負荷量収支	52回の毎週調査データ	270	110	23 (18)	—
	4回の24時間調査データ	248	52	13 (8)	—
人工付着板 沈殿・堆積物量	1週間	68 – 148	46 – 114	0.6 – 3.1	4.2 – 21
	2週間	86 – 194	57 – 217	0.8 – 5.4	5.5 – 38

に沈殿・堆積していた汚濁負荷の多くは降雨時流出で霞ヶ浦に流入していたことがわかる[8]。これらは，石岡市内の下水道が未整備で，水質汚濁の著しかった1975～1976年の調査結果である。

◎文　献

1) 海老瀬潜一（1989）：河川の自浄作用，河川汚濁のモデル解析（國松孝男・村岡浩爾編著，技報堂出版, p.266), 101-108。
2) 楠田哲也（1986）：河川における浄化機構，土木学会衛生工学委員会付着微生物研究分科会報告書, 95-115。
3) 手塚泰彦（1974）：河川の汚染, p.141，築地書館。
4) 海老瀬潜一（1990）：河川での降雨時流出と自然浄化機能，自然の浄化機構（宗宮功編著，技報堂出版, p.252), 100-105。
5) 海老瀬潜一（1988）：流下過程の水質変化量の物質収支法による評価，水質汚濁研究, 11, 513-519。
6) 海老瀬潜一（1985）：河川水質変化と調査データ，国立公害研究所第1回環境データ処理研究会報告書, 1-17。
7) 海老瀬潜一，井上隆信（1991）：支川の合流を伴う河川流下過程における水質変化量の定量評価，水質汚濁研究, 14, 243-252。
8) 海老瀬潜一，相崎守弘，大坪國順，村岡浩爾（1983）：河川流出負荷量としての河床沈殿・堆積物量の評価, 93-103。

第6章　ダム湖の水質変化

6.1　ダム貯水池と流入河川・流出水質

　多くのダム貯水池は，河川を堰き止めて河道上につくられるが，まれに谷間や窪地にため池状のダムを建設して河川水を導水し，貯水池とされるものがある。河道上に設置されるダム貯水池のほとんどは，ダム堰堤直前を最深部とする三角形状の鉛直断面の湛水部となり，主流の流入河川を中心に左右の谷間から支流が流入する樹枝状の平面形状となる。

　ダム貯水池の流動は自然湖沼と違って，主流の流入河川の流れと取水や放流の位置と流量による流れに支配される。一方，貯水池最深部の水深が十数 m 以上あれば，夏季を中心として春季後半から秋季半ばまで，温度成層状態特有の水質の鉛直分布を呈する点では，自然湖沼と同じである。また，2つの流入河川の合流した直下流部にダムが設置されれば，湖沼部が二股状の形状となって，流動が複雑になる場合もある。

　ダム貯水池には洪水制御の治水，用水供給の利水のように，貯水量から見て相反する利用目的を含む多目的ダムが多い。ダム貯水池では，河川水を長期滞留させる性格上，従来から温度成層状態下での冷水放流，濁水の長期滞留と放流，富栄養化といった種々の水質問題を引き起こすことが多い。夏季の温度成層期の深水層の取水や放流，降雨時に河川からの冷水流入による密度流での下流放流などでは，利水上で冷水温による水稲栽培やアユの生育等に影響が生じることがある。大規模な河川に連続するダム群が存在して，どのダムからも温度成層期に下層放

第6章 ダム湖の水質変化

流が継続されると下流側で低水温状態が続き，下流側に水温被害をもたらすことがある。かつて世界恐慌対策で1930年代にアメリカ合衆国のニュディール政策として，TVAによってテネシー川渓谷に連続するダム群が築造され，魚類の遡上問題だけでなく冷水温の水質問題をも引き起こした。

また，規模の大きい洪水になると，ダム貯水池内は元の河川の流動に近い状況となり，上下層間の混合が拡大し，洪水後も粒径の小さな濁質がダム湖内に長期残留して高濁度水の放流が続き，ダム湖の景観悪化はもちろんのこと，下流側での放流による河床付着微生物膜への土粒子の被覆など下流側生態系への水質障害をもたらす。ダムによる出水の流量制御は，下流部での安定的な灌漑用水・水道用水の取水や，舟運の運行には有利であるが，出水によるダム湖内での堆砂に伴って，流砂量が激減して河床変化を生じるほか，河床付着微生物膜のフラッシュ効果や，流速減少期の長期化で水草の異常繁茂を生じることがある。

近年は，集水域からの有機物質の流入に加えて，栄養塩の流入による植物プランクトンの増殖によって富栄養化現象を生じ，上水道水源としてろ過閉塞や異臭味（臭い水）問題を引き起こしているほか，湖水面のリクレーション利用や景観上の障害ともなっている。この富栄養化現象では，窒素やリンの栄養塩が増えると，植物プランクトンの光合成による増殖は内部生産としての藻類現存量の増加となる。すなわち，流入する有機物質に加えて，内部生産による有機物質の増加ともなり，広い意味での有機汚濁問題となる[1),2)]。また，長期間の流動の少ない滞留状態の継続は，低水温でも淡水赤潮の発生をもたらすことがある。

6.2 流入河川水質と湖内の流動

ダム堰堤部は強固な岩盤の峡谷部に位置することが多い。湛水域周辺部にはゴルフ場が存在することはあるが，集落等の立ち退き等もあり，汚濁負荷の発生源は比較的少ない立地が選定される。貯水池内の水質は流入河川を通じての流入汚濁負荷の変化を主に，貯留期間中に水質は変化し，とくに春季から秋季の温度成層状態も加わって，水質には鉛直・水平（流下）方向の分布状況が現れる。したがって，流入河川の水量・水質変化と，温度成層状態の密度流の流動と水質分布の関係は重要であり，詳しく説明する。

6.2 流入河川水質と湖内の流動

　ダム湖は自然湖沼と比べて、貯留水量制御によって水位変化が大きく、流入河川の流入端は水位の増減とともに流下方向で前後に移動する。流入と取水・放流の結果として流動や水位変動があるが、平水時の流入水の流動は貯留水中の流入水温に近い温度層（したがって、ほぼ等密度層）の中をある厚みの流動層を形成し、温度成層していれば上下の層を大きく乱すことなく、流動層と貯留層の境界面での水質変換を行いながら下流側へ流れる。

　図-6.2.1 の千刈貯水池では、冬季の水温が低くて低流量の河川水がダム湖の下層に侵入して行く流速変化を示したのが図-6.2.2 である[4]。これは1月の一様な水温分布状態下で、上層部に広がって流れていた。さらに、温度成層期に流速調査をした例が図-6.2.3 である。流入河川の合流端で流入水に高濃度食塩水を混合投入してトレーサーとし、675 m 下流側の両岸にロープを張って船を停めて、採水で電気伝導度を測定した例である。図-6.2.3 のように6月6日で水表面下約5 m に表層温度躍層が、水深約13 m 主躍層の温度躍層が存在した。表層躍層を通過した食塩水のピーク濃度の流下時間から推定した流速は20.8 m/分で、流入流量 8.15 m^3/分と密度分布から推定した流水断面積から、ほぼ妥当な平均流速であった[4]。

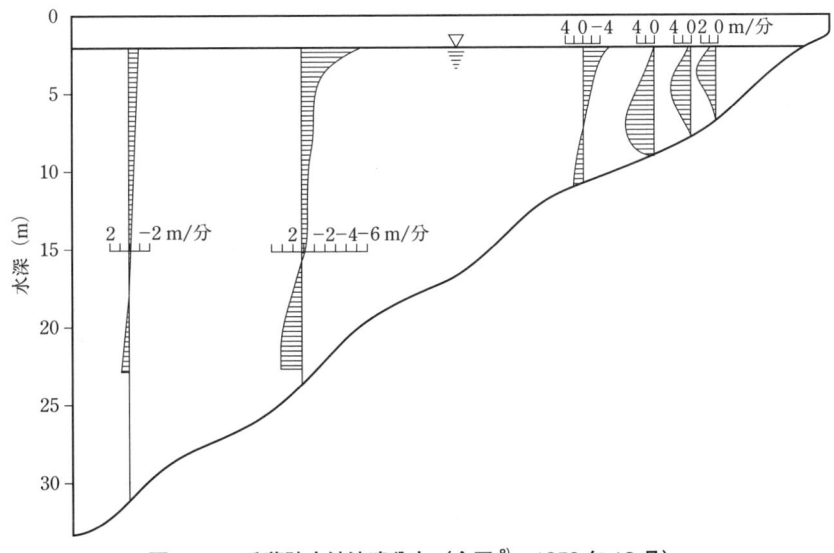

図-6.2.1　千刈貯水池流速分布（合田[8]：1953年12月）

第6章　ダム湖の水質変化

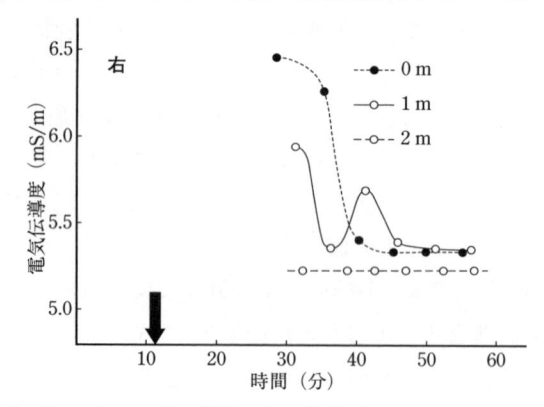

図-6.2.2　トレーサー濃度 – 時間曲線（1974年1月11日）

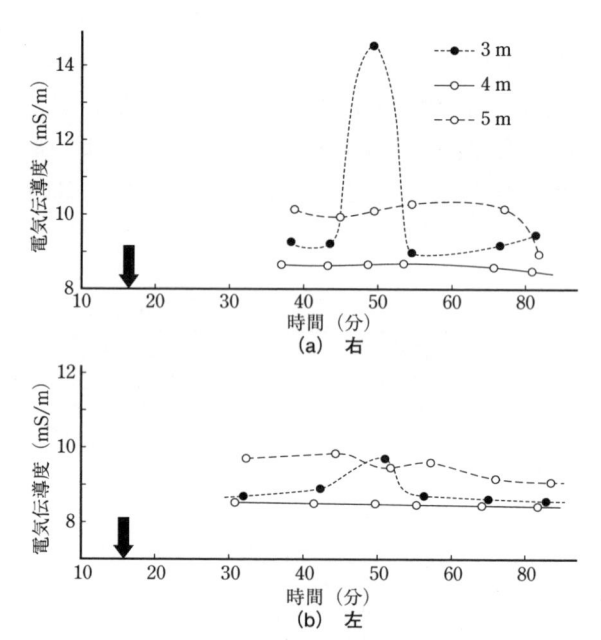

図-6.2.3　トレーサー濃度 – 時間曲線（1974年6月6日）

　流動を詳しく見てみると，ある流速で流入する流入水と貯留水の混合は，流入水の慣性運動に大きく左右されて，流入端での流入水と貯留水の混合が最も大きく，堰堤近くでの取水や放流に伴う縮流等による乱れも生じる．出水時には流入水の流速や流量の大きさに対応した流動層が形成され，平水時に比べてはるかに

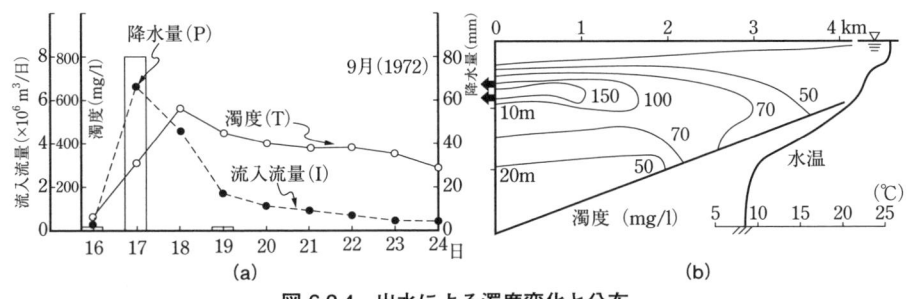

図-6.2.4　出水による濁度変化と分布

大きな流動層や混合層の状況を呈する[5]。出水時は，降雨前の晴天時と比べて気温の低さを反映して水温が低いことが多く，流入水は濁質も加わって密度が増し，晴天時より少し高密度の貯留水の等密度層に流入しようとする。

神戸市水道局専用の千刈貯水池の9月17日の表層躍層と主躍層の2つの温度成層状態下の出水例を示す。図-6.2.4(a)は，降水量，流入流量，取水濁度変化と，図-6.2.4(b)は出水後の貯水池内濁度分布，水温分布である。出水により主躍層部が拡大したが，取水深度の前後に高濁度層が安定的に存在している。流入水のインパルス的入力に対する貯水池の出力としての濁度変化の応答としてとらえ，濁質をトレーサーとして混合特性や実質滞留時間の追跡ができる。この17日の流入流量は総貯水量の60％を超える出水であった。出水に対して，定常の取水量が選択取水されたほかは，堰堤からの越流放流がされたため，表層躍層が少し弱体化している。濁度ピーク値の1/2への減衰時間は濁度ピーク出現後6日で，その後も濁質の長期滞留化した調査例である[6]。

図-6.2.5(a)は同じ千刈貯水池でまだ主躍層が存在した状態の10月14日の55〜70 mm，および17日と18日にそれぞれ10 mm前後の降雨による出水の調査例である。図-6.2.5(b)は流下方向の濁度分布と水温分布の経日変化の調査例である。表層躍層はなく，出水により主躍層の温度躍層水深が押し下げられたため，拡大した中層に濁質が広く分布した。14日の流入流量ピーク値は総貯水量の約20％で越流放流はなく，中層からの定常量の選択取水があり，16日の濁度ピーク出現で，19日には濁度ピーク値の1/2に減衰していた[6]。

密度流には，河口域で見られる淡水と海水の淡塩水密度流，ダム湖や湖沼の温

第6章　ダム湖の水質変化

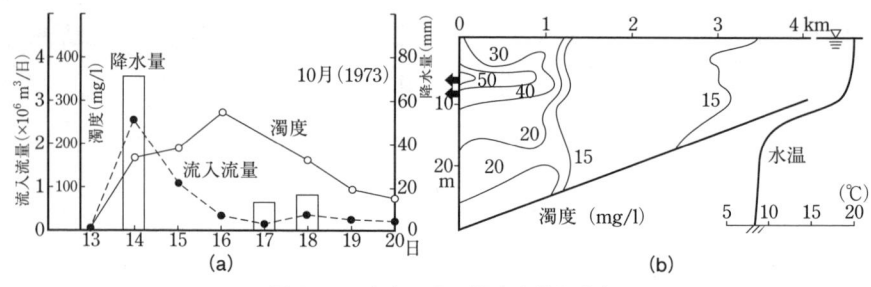

図-6.2.5　出水による濁度変化と分布

度密度流，主にダム湖で見られる清澄水と濁水による濁度密度流がある。熱水放流に伴う温度密度流は，日本では淡水域では見られず海域のみに限られるが，火力や原子力発電所の高温の冷却水放流に伴う温度密度流も存在する。沿岸部の水温15℃の塩分量2.5%でCl⁻ 13 839 mg/lの海水の密度は1.0195で，淡水とは2%弱の密度差になる。洪水時の高濁水の主成分は土粒子で，高くてもSSで500 mg/l程度にしかならず，濁水の密度はおよそ1.00028で清澄水との差は0.03%弱程度である。ちなみに，土粒子の密度 $\rho_s = 2.3$ g/ml，SSの濃度 $C = 500$ mg/l，清澄水の密度 $\rho = 1.0$ g/ml とすると，濁水の平均密度 $\rho' = \rho[1+(C/1\,000)\cdot(1/\rho - 1/\rho_s)]$ と表される。これらの密度差に対して，25℃と30℃の水はそれぞれ密度0.9970と0.9957 g/mlで，4℃の水とは0.3%と0.43%の密度差となり，濁水と清澄水の密度差の10倍以上となる。したがって，水温差による密度差は大きく安定したものであり，流入端付近での混合の度合いが湖内の水質分布を左右することが多い。

　自然湖沼でも流域規模の大きい流入河川の流出先では，ダム湖に似た流動が見られる。また，例えば琵琶湖のように大きな湖では，大河川が外海に突き出して形成する三角州の規模の小さいものができ，洪水時のように河川水が大きな運動量の慣性で流出するときは，風や湖流に打ち勝って扇形状の流出パターンとなることもある。

6.3　流入河川の水質変化と湖水との交換

　大阪湾湾奥部で淀川派川の神崎川の西隣りに流入する武庫川では，中流部の支

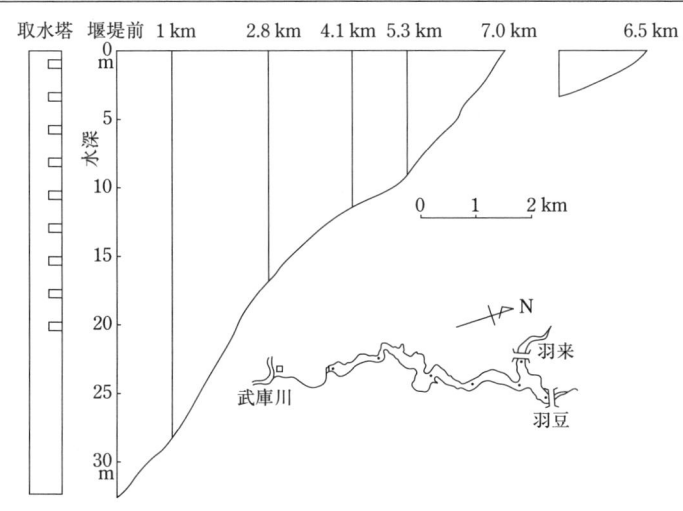

図-6.3.1 千苅貯水池概要図

流の，**図-6.3.1** のような千苅ダム貯水池（有効貯水量 1 161 万 m³，最大水深約 33 m，湛水面積 1.12 km²，集水面積 94.5 km²）の流入河川の羽束川（56.6 km²）と波豆川（23.0 km²）で毎月調査を行った．また，烏原貯水池への流入河川石井川支流の烏原川と小部川でも毎月調査を行った．千苅ダム貯水池はおよそ60日の水理学的平均滞留日数であるから，計算上，年間でおよそ6回の水交換回数となる．

千苅ダム貯水池の流域は瀬戸内海気候の北東端に位置し，年間降水量は西側の三田市で 1 240 mm と少ない．千苅ダム貯水池は水道専用の貯水池のため，治水のためのダムとは違って貯留が優先され，出水時には越流放流され，取水は水質の鉛直分布を知って選択取水される．したがって，温度成層状態下では，底層は上層水との水質交換が少なく，溶存酸素が消費されて欠乏がちで，底質からは金属類，NH_4^+–N，有機物質などが溶出し，水質的にも還元状態の死水部（dead zone）となり，湖水全体の入れ替えは生じ難い．

図-6.3.2(a) の千苅貯水池の水温（T）鉛直分布から[7]，最大温度傾度 $\Delta T/\Delta Z$（$= dT/dz$；z は水深）の毎月変化を示したものが**図-6.3.2(b)**である[8]．水位変化が小さいため出水でもなければ，きわめて強固な主躍層の温度躍層が安定的に出現し，夏季には表層にも強い表層躍層まで存在する．したがって，水温，pH,

第6章 ダム湖の水質変化

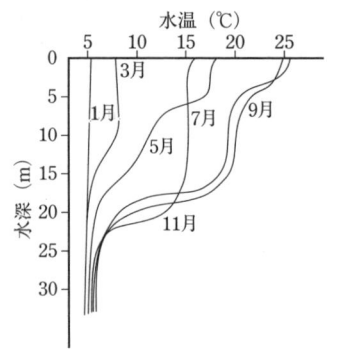

(a) 水温鉛直分布（千苅貯水池；堰堤前地点，1974年）

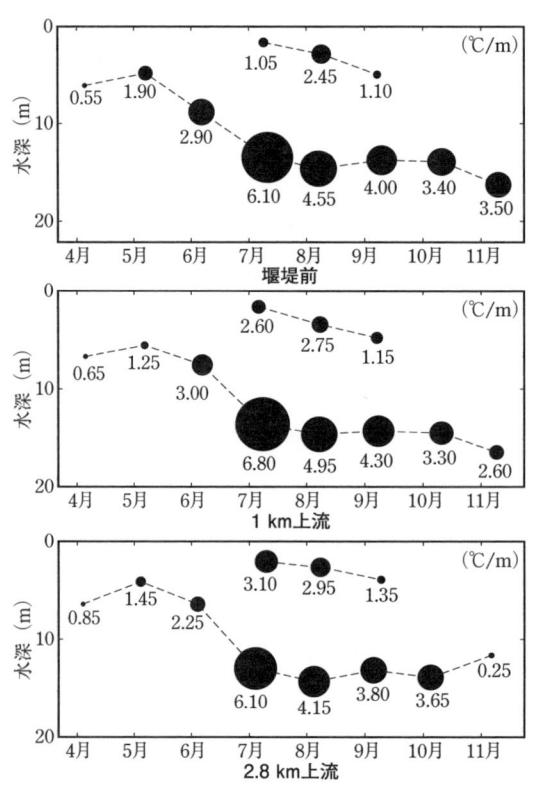

(b) 最大温度傾度 $\left(\frac{\Delta\theta}{\Delta z}\right)_{max}$ の位置と大きさの変化（1974年）

図-6.3.2

DOはきわめて安定的な周期変化を繰り返す[5]。

羽束川と波豆川の貯水池流入端での水質の毎月調査は湖沼内水質分布の毎月調査とともに行われている。水質調査は調査船によって行われるため，渇水時も含めて安全側での地点設定によって，両流入河川の流入地点では湛水影響も現れる。図-6.3.3(a)～(c)に示すように，塩化物イオン濃度と過マンガン酸カリウム消費量の流入河川水と流出水の濃度変化パターンは似ているが，無機態窒素濃度の流入河川水の大きな変化に対して，流出水の変化はかなり平均化されて，変化範囲が小さくなっている。この貯留に伴う流下過程での水質変化では，この生物体の有機物質量を十分にとらえにくい過マンガン酸カリウム消費量でも同じで，貯水池内での流入有機物質の酸化分解減少と，植物プランクトンの光合成活動による有機物質の増加との同時進行の結果と考えられる[6]。

また，図-6.3.4と図-6.3.5

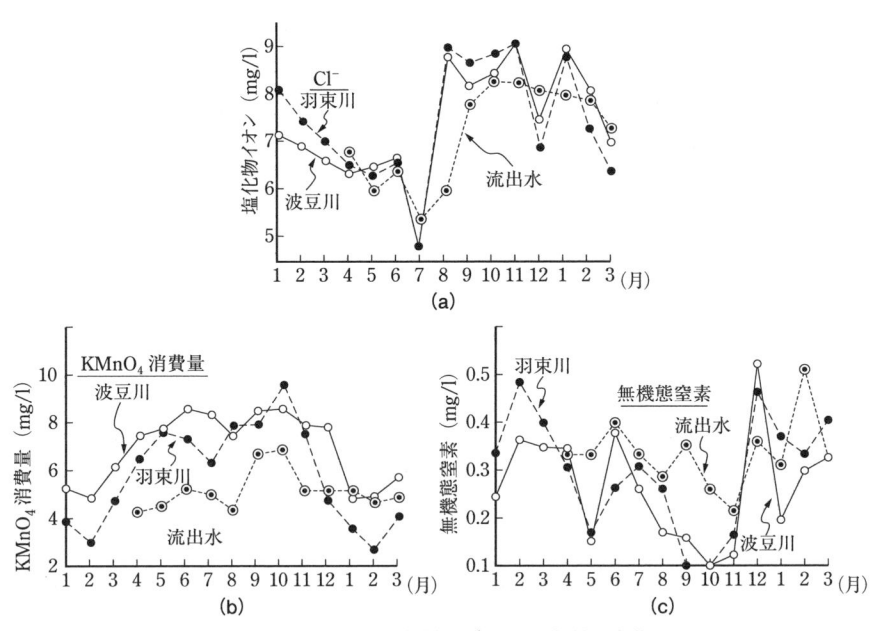

6.3 流入河川の水質変化と湖水との交換

図-6.3.3 流入河川水質とダム流出水質の変化

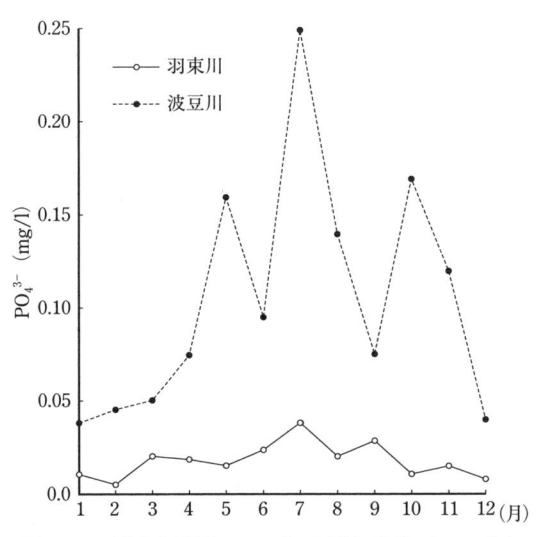

図-6.3.4 流入河川水の PO_4^{3-} の周年変化（1974年）

第6章 ダム湖の水質変化

図-6.3.5 BODの周年変化（1974年）

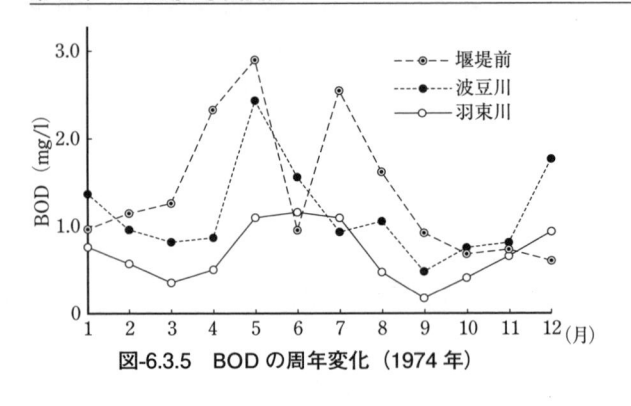

に $PO_4^{3-}-P$ と BOD 濃度の 1974 年の周年変化を示す。2 つの流入河川のうち, 小流域の波豆川の汚濁状況が主流というべき羽束川を上回っていた。かつて, 水道関係の有機物質関連の分析水質項目は, 過マンガン酸カリウム消費量 (5 分間煮沸法) であったため, 比較のためにダム貯水池堰堤前の堰堤前地点の表層水の BOD も併せて表示している。ダム貯水池堰堤前の BOD 濃度が流入河川水の濃度を上回っており, 貯留に伴い, 植物プランクトンによる内部生産や底質からの溶出の影響など, 貯水池内での有機物質濃度変化が生じている。

水位から算定した月間平均貯留水量とダム湖内の縦断方向 4 地点の平均水質濃度と, 取水 (多段選択取水) による取水水量と堰堤前の取水水深の水質濃度, 越流流出による流出水量と堰堤前の表層水濃度をもとに, ダム湖全体の物質収支の算定を行った。これら以外に, 貯留中での変化分 F を考慮し, 貯留水中での水質変換分の内容として, 藻類増殖と分解, 底質と底層水との水質交換 (沈殿・吸着と溶出・浮上等), 大気と表水層との物質移動を考えた。i 月の貯留負荷量 S_i と $i-1$ 月の貯留負荷量 S_{i-1} の差および貯留中での変化分 F_i が, 流入負荷量 I_i と流出負荷量 O_i の差に等しい, という物質収支の式 (6.1) から, F_i を求めた。流量・貯水量は毎日データの月平均値, 水質のみ毎月 1 度の調査値で毎月の代表値とした。

$$I_i - O_i = S_i - S_{i-1} + F_i \tag{6.1}$$

1973 年の 12 月から 1974 年 12 月の F_i 値の周年変化を, 無機態窒素 ($NO_3^--N + NO_2^--N + NH_4^+-N$) と過マンガン酸カリウム消費量を COD に変換した値で, **図-6.3.6** と **図-6.3.7** に示した。無機態窒素の F_i 値は 3 ～ 4 月および 7 月～ 12 月に正の値となった。植物プランクトンの藻体数と底層水の無機態窒素濃度変化も併せて示しており, 4 ～ 5 月を主とした珪藻類の最大増殖時期の前後に正となっている。藻類の増殖と底質からの溶出の寄与が大きいと考えられる。COD の F_i

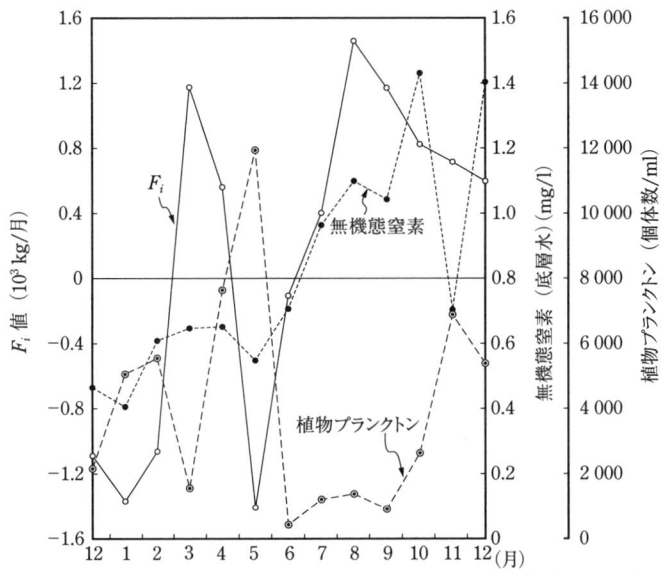

6.3 流入河川の水質変化と湖水との交換

図-6.3.6 無機態窒素について F_i 値の周年変化（千苅貯水池；1974年）

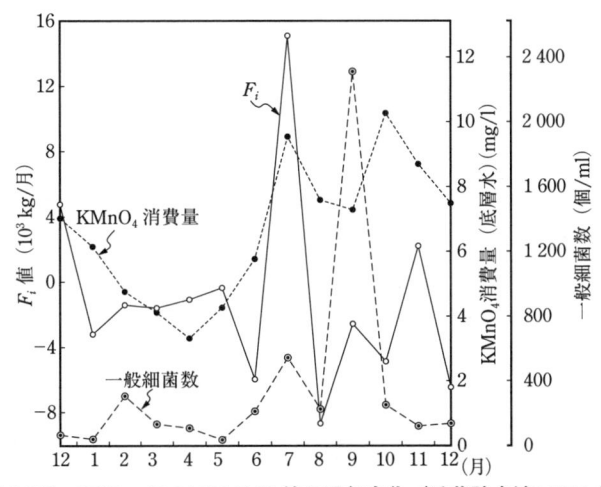

図-6.3.7 COD_{Mn} についての F_i 値の周年変化（千苅貯水池；1974年）

値では，7月と11月に正となっているが，ほかの月は負の値となっている。底層水の過マンガン酸消費量と一般細菌数の変化も併せて示しており，7月は増殖後の植物プランクトンの分解と底質の嫌気化による溶出および全循環前の底層水の水質悪化が寄与していると考えられる[1]。

このようなダム湖の物質収支は大出水でもなければ比較的同様のパターンの変化を呈するが，一般の多目的ダム湖の物質収支は，大出水の有無をはじめとする水文条件に左右される傾向が強い。したがって，1年間の物質収支の経年変化は，植物プランクトンの増殖や出水数と出水規模をはじめとする流入水量に大きく影響を受ける[8]。

6.4 取水停止となった貯水池

烏原川流域に含まれる神戸市北区の六甲山丘陵地で，神戸市のベッドタウン鈴蘭台団地は公団や民間による中層住宅を中心として大規模な住宅開発の行われた地域である。昭和40年代末期の中層住宅では，コミュニティプラント（大規模合併浄化槽）や下水道は整備されたものの，間取りの都合上，洗濯機はベランダに置かれることが多く，洗濯排水は雨水樋で雨水排水と同じように無処理で排水路に出て烏原川に排出された。

このため烏原川では，まだ当時開発の進んでいない田園地河川の小部川に比べて，午前8時から11時過ぎにかけて有リン洗剤を使用していた洗濯排水が集中排出されて，リン酸態リンは大きな濃度ピークを呈した。当然のことながら，COD_{Cr}の濃度も増加した。リン酸態リン濃度変化の4日間連続毎時調査結果を図-6.4.1(a)～(d)に示す[9],[10]。このリンや有機物質負荷が烏原貯水池の藍藻類の大増殖と異臭味の発生をもたらした。つまり，烏原貯水池は富栄養化による水質障害問題が日本で初期に生じた貯水池である。その対策として，汚濁河川からの水道原水としての取水停止や，栄養塩や有機物質負荷の大きい流入水を迂回させて下流に流下させる措置が取られ，水道原水としての役割は終えている。

その後，琵琶湖の富栄養化に対する滋賀県での洗剤の無リン化運動もあって，全国的に無リン洗剤が取って替わり，このようなリン酸態リンの高濃度現象は見られなくなったが，無リンの合成洗剤のアルキルベンゼンスルホン酸塩の高濃度

6.4 取水停止となった貯水池

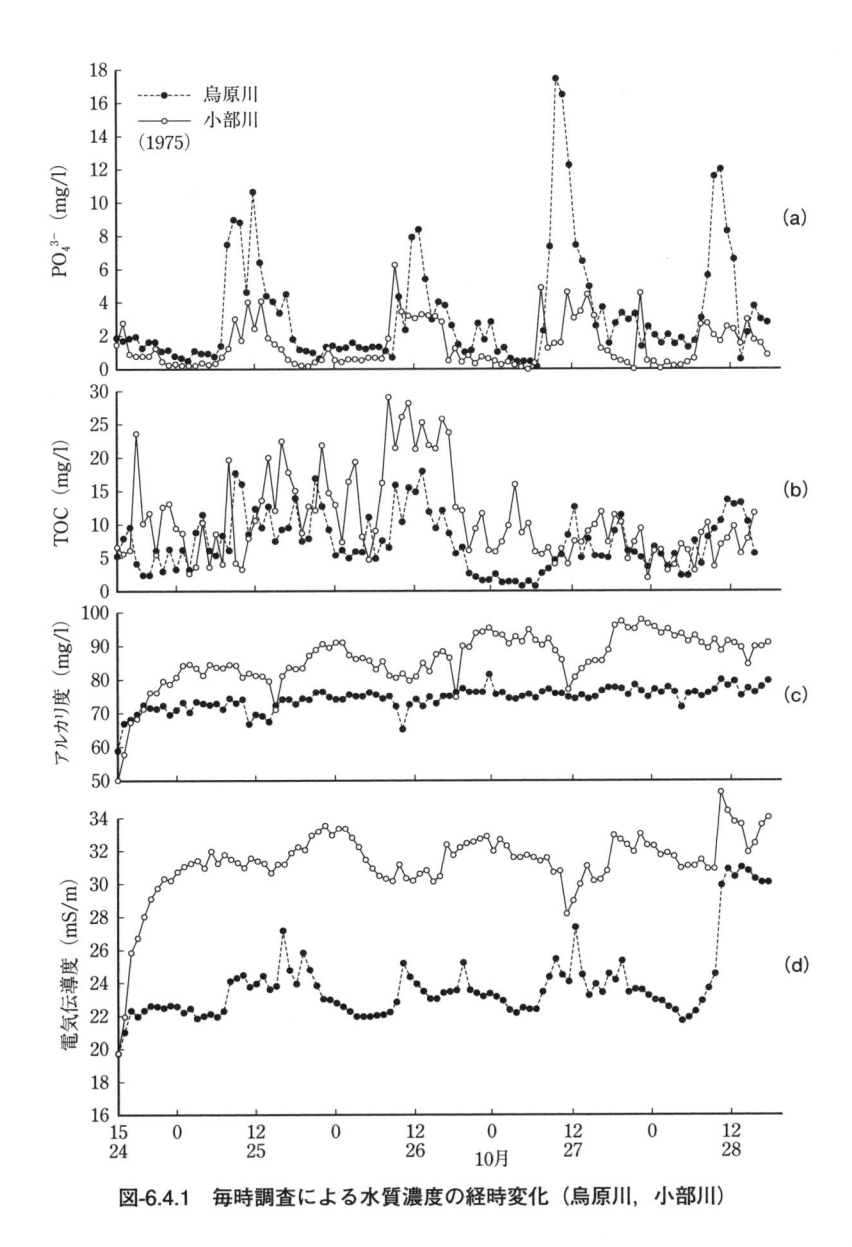

図-6.4.1 毎時調査による水質濃度の経時変化（烏原川，小部川）

流出は見られた。この洗濯用と台所用の合成洗剤の無リン化は，家庭からの生活排水のリンの排出原単位が半減化する水質改善をもたらした。さらに，アルキルベンゼンスルホン酸塩も分解し難い分鎖状型から直鎖状型へと変化していった。さらに，洗濯用合成洗剤は増量剤入りの多容量仕様からコンパクトな少容量仕様へと変化した。

6.5 ダム貯留水の水質変化

多目的ダムは大規模な豪雨等にも備えるているが，利水のためだけの専用貯水池に比べて水位変動が大きい。とくに，豪雨時の高濁度水も貯めるため，出水前後の水質分布が大きく変化する特徴を有している。渇水等での水位低下では，放流水位付近の水温に近い貯留水温の層から減少し，さらに水位が低下すると徐々に上層から下層への熱移動が進んで，下層水の厚さが減少して行く。ここでは，上水道用の専用ダムで，出水時には越流放流されるため，安定的な水質の周期変化を繰り返す神戸市の千刈ダム貯水池の例で，貯水池貯留水の水質変化の例を示す。

図-6.5.1は，ダム堰堤から1km上流の膳棚地点の水深1mと3mの水温変化を黒丸（●）で示している[7]。図-6.5.2に示す系列自己相関係数によるコレログラムで，毎月の実測値を実線で結んだ白丸（○）が，12ヶ月周期で卓越することを確認して，調和分析によって水温変化の関数近似を行った結果である。その周期成分の構成内容を表-6.5.1に示す[1]。この8年間の水温変化に長期傾向の有無をF検定（有意水準1％）で確かめ，長期傾向がある場合は線形近似した後，周期分析する時系列解析を行っている。水温変化の関数近似の精度は高く，温度躍層部や深水層での精度が落ちるほかは，その変化の90％以上をカバーしている。たとえば，堰堤から1km上流地点の水深1mでの水温 T（℃）の変化は次式で表される[6]。

$$T = 17.002 + 10.908 \cdot \cos\left((\pi/6) \cdot t - 1.923\right) \tag{6.1}$$

ここで，tは時間（月）であり，$t=0$を4月とする。この式で実測値の93.6％がカバーされる。図-6.5.3に同じ1km上流地点水深1mのDOとpHの実測値と調和分析値を合わせて示す。DOとpHは，水温変化ほど調和分析でカバーで

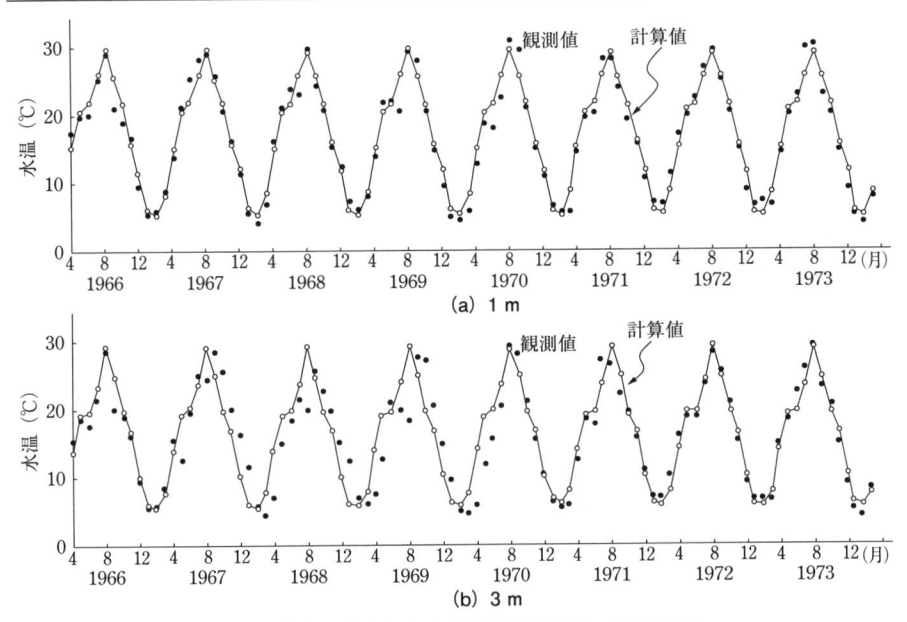

図-6.5.1 水温の経年変化と時系列解析結果（膳棚地点）

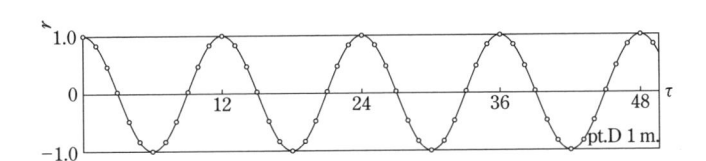

図-6.5.2 水温変化のコレログラム（堰堤前，水深1m）

きていないが，一致度は比較的良好である。

しかし，図-6.5.4(a)〜(b)のように1km上流地点の水深1mの無機態窒素やKMnO$_4$消費量，さらに図-6.5.5(a)〜(b)に示す底層（湖底から1〜2m上層）のNH$_4^+$-NとNO$_3^-$-Nの濃度変化は長期的に増加傾向が見られた。両図とも，長期傾向を単純に直線近似して調和分析を行っているが，全体的な傾向は近似できるが，部分的な一致までは十分とは言えない。長期傾向に曲線を適用すると，この解析期間のみの一致度は上がるが，適用期間が限定されることになる[1),7)]。

第6章 ダム湖の水質変化

表-6.5.1 貯留水（表層）の時系列解析結果

	$m(t) = at+b$		$\sigma(t) = \alpha t + \beta$		12ヶ月周期		6ヶ月周期		4ヶ月周期		3ヶ月周期	
	a	b	α	β	振幅	初期位相角 (rad.)	振幅	初期位相角 (rad.)	振幅	初期位相角 (rad.)	振幅	初期位相角 (rad.)
水温（℃）	−	17.00	−	−	10.91	1.293	0.719	6.264	1.289	0.365	0.845	1.698
DO_{sat}（％）	−	106.8	−	−	21.4	1.235	3.4	4.703	2.5	0.125	2.6	0.544
pH	−	7.54	−	−	1.05	1.420	0.13	4.703	0.27	0.829	0.20	1.761
無機態窒素（mg/l）	0.00231	0.150	0.00097	0.071	0.958	5.025	0.067	2.065	0.248	4.043	0.197	5.010
$KMnO_4$消費量（mg/l）	0.00903	6.05	0.00125	1.45	1.04	1.884	0.15	3.697	0.17	2.597	0.09	4.686
アルカリ度（mg/l）	0.0567	13.33	0.00444	3.22	0.918	4.118	0.163	3.305	0.142	4.043	0.197	2.475
PO_4^{3-}（mg/l）＊	−	0.024	−	−	0.009	1.382	0.012	3.551	0.011	5.274	0.009	0.409
TOC（mg/l）＊	−	2.46	−	−	0.563	3.303	1.46	3.018	0.184	4.322	0.070	5.277

注）$t=0$を4月とするが，長期傾向のある3つの水質は1966年4月とする
　＊ 1974のみ

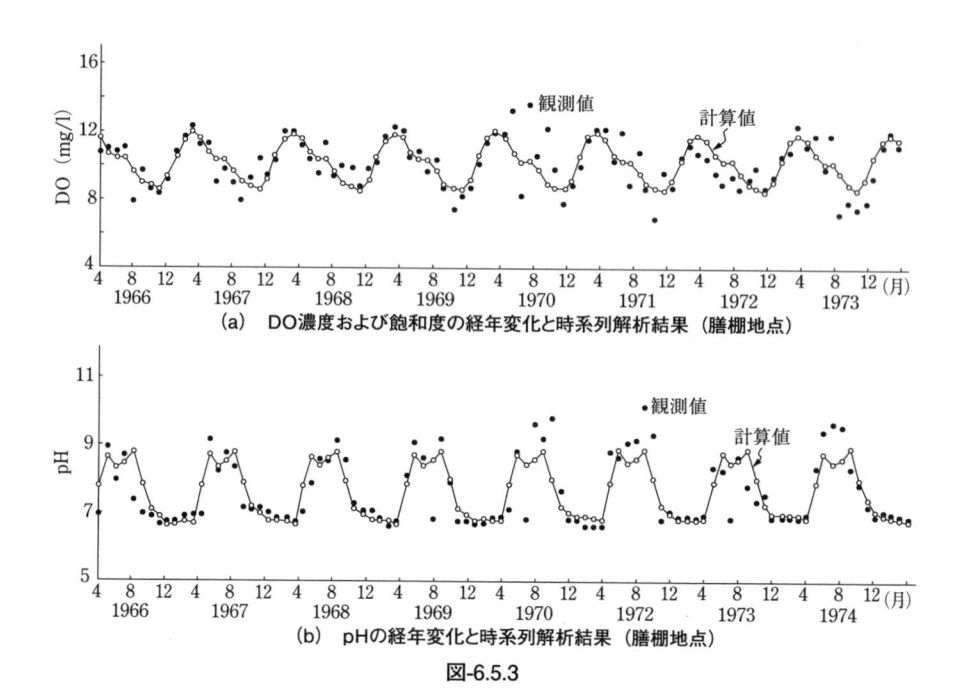

(a) DO濃度および飽和度の経年変化と時系列解析結果（膳棚地点）

(b) pHの経年変化と時系列解析結果（膳棚地点）

図-6.5.3

6.5 ダム貯留水の水質変化

(a) 無機態窒素の経年変化と時系列解析結果（膳棚地点）

(b) KMnO₄消費量の経年変化と時系列解析結果（膳棚地点）

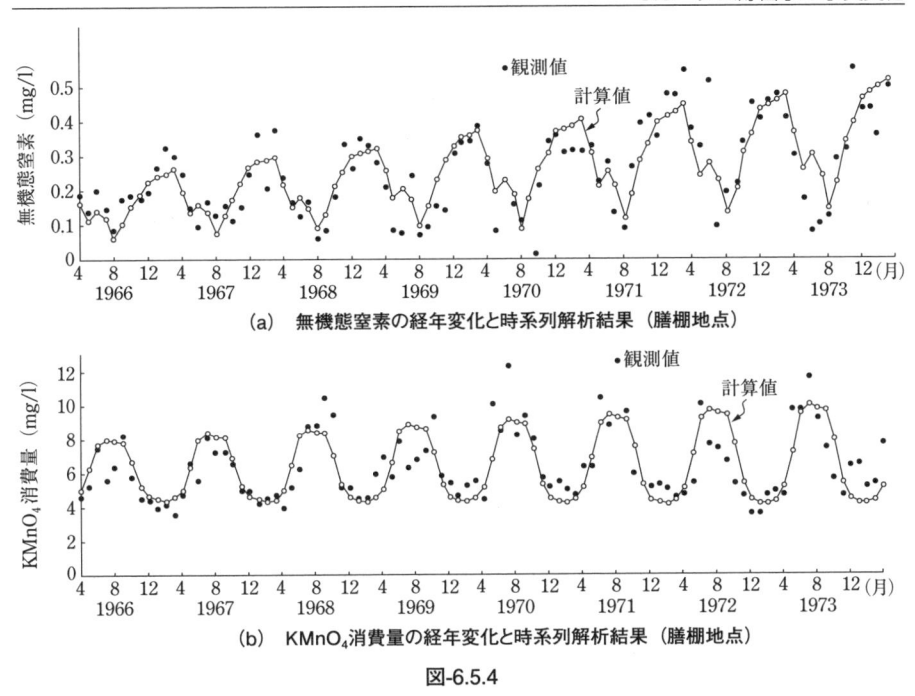

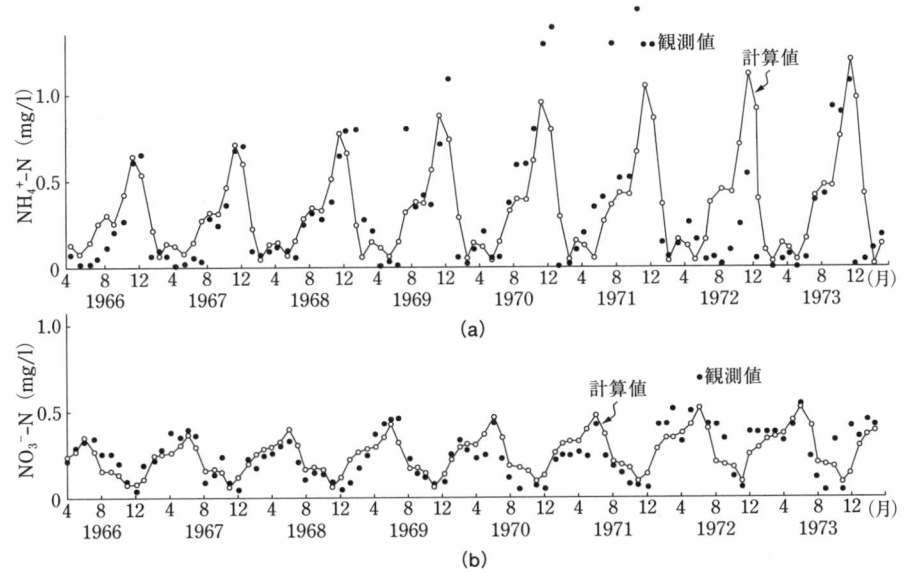

図-6.5.4

(a)

(b)

図-6.5.5　低層の NH_4^+-N と NO_3^--N の経年変化と時系列解析結果（膳棚地点）

第6章　ダム湖の水質変化

◎文　献

1) 合田健，海老瀬潜一，大島高志（1977）：ダム貯水池の水質変化と富栄養化，土木学会論文報告集，260，59-73。
2) 合田健，海老瀬潜一（1977）：ダム貯水池の富栄養化とシュミレーション，土木学会論文報告集，263，49-61。
3) Goda T. (1959): Density currents in impounding reservoir, Proc. of 8th Congress of IAHR。
4) 海老瀬潜一（1976）：貯水池の水質変化に関する基礎的研究，京都大学学位論文。
5) 合田健，海老瀬潜一（1974）：貯水池の流動と水質との関係について，第18回水理講演会論文集（土木学会），18，193-198。
6) 海老瀬潜一（1977）：ダム貯水池の水質変化過程とその特性，第21回水理講演会論文集（土木学会），21，51-56。
7) 海老瀬潜一（1977）：上水用貯水池における水質の季節変化と富栄養化，赤潮シンポジウム―ダム湖の富栄養化と赤潮発生に関して―，国立公害研究所研究資料，24，61-79。
8) 海老瀬潜一，勝部利之（1981）：多変量解析による貯水池水質の評価，土木学会論文報告集，269，81-94。
9) 海老瀬潜一，宗宮功，大楽尚史（1978）：市街地小河川の水質および負荷量の変動特性，第12回水質汚濁研究に関するシンポジウム講演集，111-116。
10) 海老瀬潜一（1985）：河川水質変化と調査データ，第1回環境データ処理研究会報告書，国立公害研究所。

第7章　湖沼と流入河川水質

7.1　流入河川と負荷量

　閉鎖性水域の湖沼には，淡水だけの淡水湖と，海岸近くに存在して海水の混じる汽水湖が存在する。灌漑用水，工業用水，上水道の水利用では塩分の存在が障害になるため，水資源の安定利用のために海水の流入口が締め切られ，淡水化された湖があり，霞ヶ浦，八郎潟の一部の八郎湖がその例である。また，湾形部が締め切られ人工の河口湖となった児島湖の例もある。淡水と海水が自由にかつ大量に出入りする汽水湖の方が生態系にとって生物種が豊富で有機汚濁や富栄養化をもたらし難いこともあって，中海・宍道湖のように堰堤が現在も解放状態の湖沼も存在する。

　自然湖沼だけでなく，人造湖であっても，湖内の水の滞留時間や物質の現存量をはじめ，水収支や物質収支は湖盆形態に加えて流入水量や流入負荷量に支配されていることは言うまでもないが，湖からの流出水量や流出負荷量の大きさにも左右されていることに留意する必要がある。湖沼の有機汚濁や富栄養化の根元的な防止対策には，原因物質の流入負荷量制御が不可避であるため，正確な流入負荷量の総量およびその変化特性の把握に加えて，負荷の発生・排出源と流出機構の関係の認識が必須のものとなる[1]。

　琵琶湖や霞ヶ浦のような大規模な湖沼は，大きな集水域を有しており，滞留時間が長くて閉鎖性が強い。宍道湖のように1つの河川（斐伊川）が全集水域面積の過半を占める例もあるが，流入河川は多数存在するのに対して，自然の流出河

川や海への出口は1つのことが多い。流入河川による総流入負荷量は湖の入力（input）の大半を占めることが多く，湖から流出する総流出負荷量としての出力（output）も湖内の物質収支を算定するのに必須のものである。一般に，河川の流量・水質濃度の変動の大きさに対する観測頻度の不足や，流入河川数の多さなどのために，流入河川群による流入負荷量の変化と総量の精度の良い実測は困難を伴うが，流出負荷量は流量や水質濃度の変化が流入負荷量と比較して小さくなるため，かなり精度良く実測できる[2]。

7.2 流入負荷量の算定と原単位法の問題点

流入負荷量は，流入河川からの負荷量のほかに，降水や降下塵（湿性および乾性沈着物）や，工場・事業場から湖沼への直接的な負荷もある。前者は第1章に記述したが，後者については排出負荷量の実測値が少なく，多くの場合は原単位法による推定値が多い[1]。

工場・事業場の原単位法による負荷量は，いくつかの業種の典型的な水利用について製品の出荷額当たりの排出負荷量として算定された1つの推定値であり，工場の規模や生産方法および排水処理レベルによっても異なり，変化する。農地の汚濁負荷も含めて，排出負荷量の原単位は年代とともに変化する値で，その年やその地域での実態調査で新たに設定されるべきである。

農地の面積当たりの排出負荷量の原単位は，栽培期や非栽培期を含む1年間の調査期間を通して，灌漑用水等に暗渠排水等の浸透排水も含めた流入出負荷量，湿性および乾性沈着物負荷量，肥料の投入量や移植用稚苗等での搬入負荷量，収穫物としての系外搬出負荷量等での物質収支から算定される。しかし，通常は，出口負荷量としての排出負荷量のみから算定されることが多い。いずれの原単位の算定とも，その作業の労苦の多さとコストの高さから，新たにその流域での原単位測定を行わず，古いまま値や推定による修正を施した適用が行われている。農地は水管理や肥培管理，農作業方法の変化，山地は樹林の樹齢変化や伐採等の有無とその影響，市街地は構造物・道路舗装・排水路等の材料変化や交通量変化等の経年変化調査が必要であるが，近年の測定値はない。これら面源負荷の原単位の値は適用地域の年間降水量等の水文条件の相違でも異なるので，平年値扱い

がなされる。また，修正値も考慮すべきほどの実測値による根拠が乏しいことが多い。

したがって，流入河川を通しての流入負荷量の算定は，頻度の高い定期負荷量観測によって実測することが原則である。流域規模が大きく，水利用の面で重要な，あるいは，下流側の流出先に多大な影響を有する河川の下流部では，公共用水域の水質モニタリングとして，毎月1回水質調査が行われている。しかし，水質濃度のみのデータで流量データのないことが多いため，水質負荷量としては利用できない場合が多い。なお，公共用水域の水質モニタリングは，通常の流況，すなわち，晴天時流出を対象としている。

これまでの毎週1回程度の定期負荷量調査でも，平均的に4日に1回程度の降雨時流出負荷量は十分とらえられず，その調査データのみによる年間総流出負荷量の算定では過小評価となることが多い。毎日定時の流出負荷量調査が最も望ましいが，流入河川数が多くなると，実施が難しくなる。定期調査をもとにした流入河川の年間負荷量 L が，流域内の土地利用形態別流出負荷量（土地利用形態別流出負荷量原単位 x_i × 土地利用形態別面積 A_i）の和で説明できる（連立方程式 $L = \sum A_i \cdot x_i$）として，山地，水田，畑地，市街地の土地利用形態別流出負荷量について，T–N，T–P，T–COD および Cl^- の場合について，SS，NH_4^+–N，NO_2^-–N，NO_3^-–N および PO_4^{3-}–P を加えた場合についての重回帰分析を行った。その回帰結果は，山地は土地利用形態別流出負荷量がゼロに近い値やわずかに負の値となったほか，畑地の T–COD で負の値になるような結果となった[3]。

したがって，小規模河川で1つの汚濁負荷排出源の全汚濁負荷排出量でのシェアが飛び抜けて大きい河川について，他の土地利用形態からの排出負荷量を無視し，その流出負荷量を1つの土地利用形態面積で除して，その土地利用形態の流出負荷量原単位とした結果を**表-7.2.1**に示した[4]。なお，水田と畑地は併せて田園地としたほか，この時期は下水道が未整備状態の流域が多い状況であった。定

表-7.2.1　土地利用形態別流出負荷量原単位の推定値（単位 kg/km²/ 年）

土地利用	T–N	T–P	T–COD	Cl^-
山　地	230	51	140	1 020
田園地	1 300	190	3 400	5 600
市街地	2 750	430	5 790	1 950

第 7 章　湖沼と流入河川水質

期調査結果を用いたため，これらの原単位を用いて土地利用形態別面積から推定した総流出負荷量は，実際に調査した霞ヶ浦全流入河川負荷量値の T–N，T–COD および Cl$^-$ では約半分から 3 分の 1 と少ない値となった。定期調査には降雨時流出の影響が十分反映されてないことが，その違いに大きく影響していると考えられる。

7.3　霞ヶ浦流入河川の調査

関東平野の北東部に位置する筑波山系の南や東側の茨城県南部を集水域とする霞ヶ浦（西浦）は，図-7.3.1 に示すように，湖水面（171 km^2）を除く集水域面

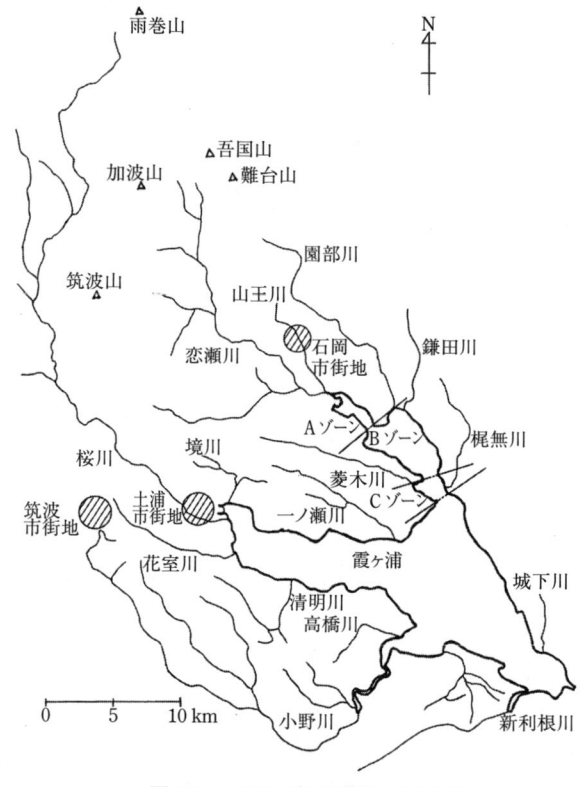

図-7.3.1　霞ヶ浦（西浦）流入河川

7.3 霞ヶ浦流入河川の調査

積は，1 391.8 km² であり，その大半が湖の西北部側にある．調査を実施した1978～1995 年頃の土地利用形態は，林地 29.7 %，水田 28.5 %，樹園地を含む畑地 23.4 %，市街地 13.8 %，ハス田 1.2 % の土地利用で，畑地のシェアが大きく，湖岸部のハス田およびおよそ 30 万頭の養豚排水があり，地表は関東ローム層からなることなどが，注目すべき集水域の特徴である．

霞ヶ浦（西浦）への流入河川は 26 流で，最大の流域面積 339.3 km² で最長の河川長 54 km の桜川，同様に 218.6 km² の恋瀬川（最下流部で合流する天の川は 67.6 km²），157.6 km² の小野川，152.5 km² の新利根川，80.1 km² の園部川の 5 河川を除くと，残りは 40 km² 未満の小規模流域河川ばかりである．

この流入河川のうち，高浜入湾形部の湾奥に流入する恋瀬川（恋瀬橋）と山王川（日の出橋；流域面積 12.8 km²），中央部に流入する園部川（園部新橋）の下流端で毎週水曜日定時で 2 年間（1977～1979）連続の水質負荷量調査を行った．また，1981～1982 年の 1 年間に毎週 1 回定時の水質負荷量調査を土浦入および江戸崎入への主要 7 河川の境川（境橋，流域面積 17.6 km²），桜川（栄利橋，同 330.0 km²），備前川（小松橋，同 6.5 km²），花室川（阿見境橋，同 34.4 km²），清明川（清明橋，同 24.5 km²），新利根川（北河原橋，同 34.0 km²）で行った．さらに，1987～1988 年の 1 年間に恋瀬川の上流から下流までの各支川 7 箇所と恋瀬川の上中下流 3 地点で，1990～1991 年の 1 年間に山王川，恋瀬川，天の川（恋瀬川支流），境川，桜川，備前川，花室川，清明川の 8 河川で毎週定時の水質負荷量調査を実施した[5)-7)]．

上記の水質負荷量調査は 1 年間を通した調査での年間総流出負荷量の算定ができるが，定時調査の 1 日間での水質負荷量変化の中での位置づけの評価を行うために，上記の調査河川と一ノ瀬川，菱木川，梶無川 3 河川を加えて，3 河川ずつのグループ分けをして晴天時の同日に 24 時間毎時（25 サンプル）水質負荷量調査を行った．

霞ヶ浦への年間全流入負荷量を算定するために，主要 10 河川での年間定時水質負荷量調査，主要 13 河川の晴天時 24 時間水質負荷量調査および全 26 河川の同日水質負荷量調査をもとに，まず晴天時全河川流入負荷量を算定した．また，市街地河川や田園地河川の 5 河川での 28 回の降雨時流出負荷量調査結果を併せて水質項目ごとに降雨時流出負荷算定の回帰モデル式を構築した．さらに，年間

第7章　湖沼と流入河川水質

降雨をひと雨降雨の降水量で範囲分類をし，11 mm 以上の年間のひと雨降雨について，71 mm 未満は範囲内の平均降水量で，71 mm 以上は個々の降水量ごとに回帰モデルで降雨時流出負荷量を推定して合算した。回帰モデルは単位面積当たりの総流出負荷量（$\sum Q_{\text{gross}}/A$）および正味総累加流量（$\sum Q_{\text{net}}/A$；晴天時流出流量を除いた分（mm））と，それぞれ単位面積当たりの総累加負荷量（$\sum L_{\text{net}}/A$）および正味総累加負荷量（$\sum L_{\text{net}}/A$；晴天時流出負荷量を除いた分）との回帰式を用いた。用いた回帰モデル式を**表-7.3.1**に示す[6),8)]。なお，回帰モデルについては 11.5 で詳しく説明する。

たとえば，正味の単位面積当たりの総累加流量（$\sum Q_{\text{net}}/A$：有効雨量（mm））は直接流出高（mm）であるから，直接流出による流出率の年間平均値を年間降水量（1 400 mm）から年間蒸発量（650 mm）を差し引いた量が年間全河川流量（750 mm）であり，さらに基底流出流量（ほぼ 1 mm/ 日；365 mm）を差し引いた量が直接流出流量（385 mm）となり，直接流出による流出率が 27.5 ％と推定できる。年間降水量が 1 300 mm では 21.9 ％になる。この直接流出による流出率は筑波山系の山地河川では 15 ％前後と小さく，市街地河川では 30 ％前後と大きくなる。したがって，晴天時分の全河川流量からも推定可能であるが，年間降水

表-7.3.1　回帰モデル式の一覧（負荷量(kg), $Q(10^3 \text{m}^3)$, $A(\text{km}^2)$）

モデル	第1モデル	第2モデル
モデル式 水質項目	$\sum L_{\text{gross}}/A = a \cdot (\sum Q_{\text{gross}}/A)^n$	$\sum L_{\text{net}}/A = a \cdot (\sum Q_{\text{net}}/A)^n$
SS	$0.003113 \cdot (\sum Q_{\text{gross}}/A)^{1.641}$ ($r=0.884$)	$0.01567 \cdot (\sum Q_{\text{net}}/A)^{1.277}$ ($r=0.875$)
T–COD	$0.001244 \cdot (\sum Q_{\text{gross}}/A)^{1.272}$ ($r=0.938$)	$0.1832 \cdot (\sum Q_{\text{net}}/A)^{1.009}$ ($r=0.877$)
P–COD	$0.0002287 \cdot (\sum Q_{\text{gross}}/A)^{1.415}$ ($r=0.876$)	$0.03493 \cdot (\sum Q_{\text{net}}/A)^{0.925}$ ($r=0.746$)
T–N	$0.003705 \cdot (\sum Q_{\text{gross}}/A)^{0.975}$ ($r=0.948$)	$0.005473 \cdot (\sum Q_{\text{net}}/A)^{0.933}$ ($r=0.955$)
P–N	$0.0007104 \cdot (\sum Q_{\text{gross}}/A)^{1.021}$ ($r=0.877$)	$0.001860 \cdot (\sum Q_{\text{net}}/A)^{0.942}$ ($r=0.818$)
T–P	$0.0004931 \cdot (\sum Q_{\text{gross}}/A)^{0.997}$ ($r=0.843$)	$(0.001350 \cdot (\sum Q_{\text{net}}/A)^{0.880})$ ($r=0.698$)
P–P	$0.0001516 \cdot (\sum Q_{\text{gross}}/A)^{1.092}$ ($r=0.802$)	$0.002284 \cdot (\sum Q_{\text{net}}/A)^{0.853}$ ($r=0.949$)

7.3 霞ヶ浦流入河川の調査

表-7.3.2

(a) T-COD の総流入負荷量

晴 天 時 流 出 分	5 080 10³ kg/年					
直 接 流 出 率	0.275	0.25	0.225	0.20	0.175	0.15
降雨時流出分 21 mm 以上の降雨	6 259	5 672	5 083	4 493	3 916	3 329
降雨時流出分 16 mm 以上の降雨	7 301	6 623	5 922	5 242	4 577	3 879
降雨時流出分 11 mm 以上の降雨	8 458	7 680	6 846	6 067	5 302	4 506
総流出負荷量 21 mm 以上の降雨	11 339	10 752	10 163	9 573	8 996	8 409
総流出負荷量 16 mm 以上の降雨	12 381	11 703	11 002	10 322	9 657	8 959
総流出負荷量 11 mm 以上の降雨	13 538	12 760	11 926	11 147	10 382	9 586

(b) T-N の総流入負荷量

晴 天 時 流 出 分	2 095 10³ kg/年					
直 接 流 出 率	0.275	0.25	0.225	0.20	0.175	0.15
降雨時流出分 21 mm 以上の降雨	836	762	689	615	542	466
降雨時流出分 16 mm 以上の降雨	985	899	811	724	639	548
降雨時流出分 11 mm 以上の降雨	1 154	1 054	948	848	749	644
総流出負荷量 21 mm 以上の降雨	2 931	2 857	2 784	2 710	2 637	2 561
総流出負荷量 16 mm 以上の降雨	3 080	2 994	2 906	2 819	2 734	2 643
総流出負荷量 11 mm 以上の降雨	3 249	3 149	3 043	2 943	2 844	2 739

(c) T-P の総流入負荷量

晴 天 時 流 出 分	125 10³ kg/年					
直 接 流 出 率	0.275	0.25	0.225	0.20	0.175	0.15
降雨時流出分 21 mm 以上の降雨	119	110	100	90	80	70
降雨時流出分 16 mm 以上の降雨	142	131	119	108	96	83
降雨時流出分 11 mm 以上の降雨	169	155	141	128	114	99
総流出負荷量 21 mm 以上の降雨	244	235	225	215	205	195
総流出負荷量 16 mm 以上の降雨	267	256	244	233	221	208
総流出負荷量 11 mm 以上の降雨	294	280	266	253	239	224

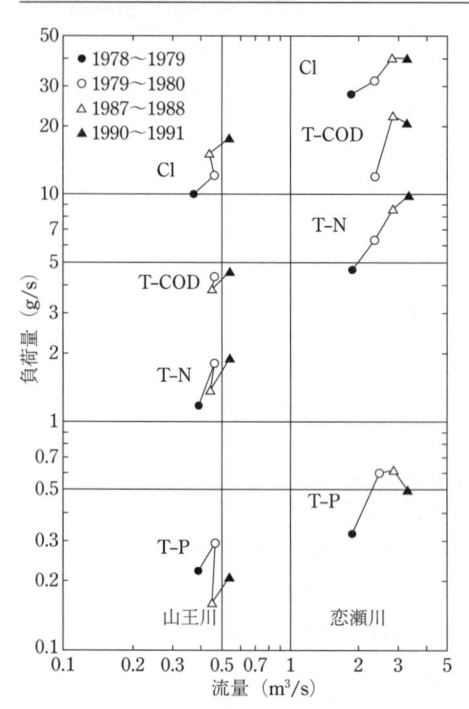

図-7.3.2 恋瀬川と山王川の負荷量と流量の関係の経年変化

量の変動幅を考慮して 15～27.5 % の範囲内で 2.5 % 刻みの流出率で年間総降雨時流出負荷量を算定した。その推定結果を T-COD を例に表-7.3.2 に示した[7),9)]。

筑波学園都市は都市の整備や住宅地等の規模拡大，土浦・石岡両市近辺は首都東京への通勤圏の拡大によって，市街地拡大，下水道整備等で土地利用形態や排水系等の変化が著しかったため，恋瀬川や山王川では図-7.3.2 のように，年間降水量の水文条件を河川流量との関係で，年間総流出負荷量の経年変化を見ると，水文条件の影響の大きさが明らかであった[10)]。したがって，年間総流出負荷量の推定には，年間降水量，ひと雨降雨の降雨規模の構成内容，直接流出率等，水文条件による変化を考慮する必要がある。

7.4 琵琶湖流入河川の調査

滋賀県のほぼ全域が集水域となる琵琶湖は，図-7.4.1 に示すように湖水面 (672.8 km^2) を除く集水域面積は $3\,174 \text{ km}^2$ と広い。集水域は上流側の山地，それに続く傾斜地および下流部の低地での農地の典型的な地形連鎖となっており，これらの降水を集めた河川が中央部凹地の湖盆に流下する。1995 年の土地利用形態は，林地 70.7 %，水田 14.7 %，畑地ほか 1.3 %，市街地 12.3 %，ゴルフ場 0.9 % となっている。湖東部が近江平野で集水面積も大きく，帯状に分布する市街地は湖南部や南東部に集中しているのが集水域の特徴である。湖北部の高山には冬季の積雪もあって，年間降水量が多いが，湖南や湖東部の年間降水量は多くな

7.4 琵琶湖流入河川の調査

い[11]。

いくつかの流入河川については，濃度や負荷量の長期間の定期調査や降雨時調査が散発的には実施されている。湖岸西部の大宮川・真野川・和邇川と，湖岸東部の葉山川・中ノ井川などについて調査を行った。とくに，年間総流入負荷量で大きなウエイトを占める降雨時流出負荷量調査を複数回行った河川について，晴天時負荷量との大きさの比較をまとめて**表-7.4.1**に示す[12]。豪雨や20 mm以上

表-7.4.1 降雨条件と晴天時流出負荷量に対する降雨時流出負荷量の比

	降雨年月日	総降雨量 (mm)	降雨継続時間 (時間)	平均降雨強度 (mm/時)	先行晴天日数 (日)	流出率	1降雨の累加流出負荷量 平均1日負荷量（晴天時）			
							COD$_{Cr}$	N	P	SS
真野川	'78 9月16日	65	5	13.0	6	0.64	396	191	223	7 220
	9 3	77	43	1.8	4	0.33	101	54.7	12.2	1 100
	12 23	26	23	1.1	3	0.39	12.1	12.6	13.5	108
	10 27	19	19	1.0	17	0.09	0.8	0.8	0.5	2.0
	7 7	9	1	6.0	7	0.19	0.8	0.4	0.1	2.4
大宮川	'78 9月16日	65.0	4.5	5.0	6	0.68	883	160	95.6	7 850
	10 27	15.5	17.5	0.9	17	0.12	15.6	4.9	3.0	21.6
	12 23	21.0	20.5	1.0	14	0.17	11.1	7.2	7.7	37.9
	7 7	2.0	1.0	2.0	6	0.28	2.5	1.3	0.2	5.5
相模川	'77 9月28日	40.5	10.5	3.9	15	0.10	18.7		4.1	37.2
	5 15	30.5	5.6	5.5	10	0.12	16.9		1.7	32.9
	6 2	26.0	3.2	8.2	11	0.08	13.4		1.5	30.3
	8 3	9.0	1.0	9.0	15	0.07	8.7		0.6	8.3
	11 1	6.5	2.5	2.8	25	0.13	7.3		1.3	8.6
	6 28	13.5	4.1	3.3	3	0.07	3.8		0.7	5.1
	9 4	8.0	1.1	7.8	2	0.07	3.6		0.4	7.3
	9 13	5.0	1.0	5.0	3	0.11	3.3		0.6	3.0
	8 24	7.5	3.0	2.5	16	0.10	3.1		0.7	3.2
	5 22	10.5	6.2	1.7	7	0.16	2.4		0.5	3.8
	6 16	4.0	2.9	1.4	6	0.14	1.5		0.4	1.0
	5 26	3.0	4.5	0.7	4	0.31	1.1		0.5	1.4
葉山川	'76 10月14日	57.0	24	2.4	4	0.36	28.4	10.5	87.2	39.6
	8 10	34.0	10	3.4	1	0.44	26.7	4.0	48.6	146
	11 17	18.0	17	1.1	3	0.25	6.3	2.5	14.2	10.1
	10 20	11.5	7	1.6	5	0.21	1.5	1.2	4.2	3.3
	11 10	4.0	10	0.4	13	0.27	0.3	0.1	0.9	1.0

第7章 湖沼と流入河川水質

のひと雨降雨になると，そのT-COD，SSなどの降雨時総流出負荷量は晴天時1日総流出負荷量の10日分以上になることも多いことがわかる。また，琵琶湖南湖に流入する市街地小河川の相模川では，毎日定時で186日の連続半年間調査とその間の降雨時流出調査も併せて行った例もある。

流入河川は，**図-7.4.1**のように流域面積383 km^{2}の野洲川，369 km^{2}の姉川，307 km^{2}の安曇川をはじめとして1級河川だけでも115流も存在し，流域面積が3.0 km^{2}以上の河川は67流もあるため，数日かけての調査が数回あるだけで，同一日の一斉負荷量調査は実施されてこなかった。この流入河川からの総流入負荷量調査は，南湖（琵琶湖大橋以南の南湖盆）の富栄養化傾向が見られた1970年代から数回実施されている[13),14)]。1997年に上述の67河川の晴天時流出を対象とした1日一斉調査を5，7月下旬の灌漑期と11月上旬の非灌漑期の3回実施した。調査は全部で68河川を東岸・西岸部を2班ずつ，南岸部を1班とした5班で同一時間帯に実施した。

表-7.4.2に3回調査における流量と有機物質や栄養塩の流入負荷量およびその平均値を示した。地域的には，南岸部の南湖のブロックで有機汚濁指標の水質濃度は高いが，流域面積や流量が少ないため，水質負荷量としては小さかった。時期的には，5月末の調査は水稲移植の約3週間後で，大きな降雨もなく渇水気味の流況であった。7月下旬の調査では，梅雨後約1週間の晴天継続期間で，北湖

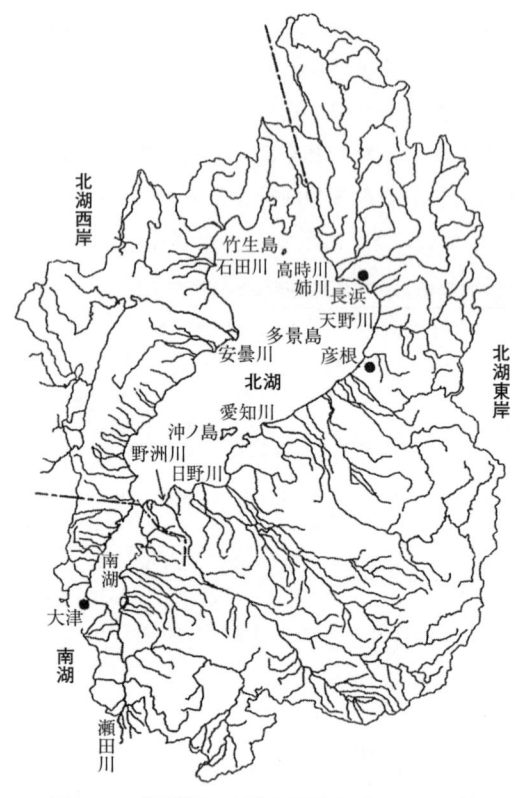

図-7.4.1　琵琶湖への流入河川とブロック分割

東岸部の流域規模の大きな河川の一部が，台風の先触れ降雨により調査の後半に影響を受けたために，合計流入流量や合計流入負荷量が大きくなった．11月上旬の調査は，非灌漑期で約1ヶ月間雨らしい雨のない渇水状況での調査であった．
表-7.4.3に有機物質や栄養塩の全成分に対する溶存態成分や無機態成分の比を示した．7月下旬調査では，一部の河川での降雨影響もあって，懸濁態や有機態成分の比率が大きくなっている[11]．

この1997年に実施した3回調査結果では，1980年以前の國松による数日間での9回の調査結果と比べて，合計流入流量の平均値は同じレベルであるが，合計流入負荷量のT-CODで80%弱，T-Pで50%以下の値となった．これは，両調査の17年間での下水道普及率の上昇と合成洗剤の無リン化が大きく寄与したと考えられる．

7月26日調査で，降雨時流出の影響が見られた11河川について，同じ東岸部ブロックの影響を受けなかった河川の5月30日と11月8日の流量と水質負荷量の7月26日のそれに対する比率の平均値を用いて，5月30日と11月8日の水質負荷量の平均にその比率の平均値を乗じて流量と水質負荷量の推定値を求めた．また，各ブロックの調査対象外流域に対しては，各調査日の各ブロックでの流域面積当たりの流量と水質負荷量の平均値を適用してその流量と水質負荷量を推定した．これらにより求めた晴天時分の総流入負荷量を年間値に換算して，平均値

表-7.4.2 調査河川の総流入流量と負荷量

(単位：流量は m^3/s，負荷量は 10^3 kg/日)

調査日	流量	T-COD	T-N	T-P	TOC
5月30日	54.9	15.41	4.47	0.546	13.64
7月26日	121.1	54.62	13.57	2.237	56.93
11月8日	21.2	3.25	1.76	0.09	6.83
平　均	65.7	24.4	6.6	0.958	25.8

表-7.4.3 溶存態成分の全成分に対する構成比

調査日	D-COD/T-COD	Inorg-N/T-N	PO_4^{3-}-P/T-P	DOC/TOC
5月30日	0.802	0.679	0.288	0.706
7月26日	0.395	0.609	0.238	0.365
11月8日	0.743	0.853	0.567	0.742
平　均	0.647	0.714	0.364	0.604

表-7.4.4 晴天時分の総流入流量と負荷量

(単位：流量は億 m³/年，負荷量は 10³ kg/年)

調査日	流量	T–COD	T–N	T–P	TOC
5月30日	20.8	6 776	1 963	240	8 219
7月26日	39.4	13 453	4 578	385	15 682
11月8日	9.5	1 681	908	46	3 530
平　均	23.2	7 303	2 483	224	9 144

表-7.4.5 直接流出率の差による総流入負荷量の相違

		T–COD			T–N			T–P		
直接流出率（％）		25%	30%	35%	25%	30%	35%	25%	30%	35%
負荷量 (10³kg/年)	降雨時分	8 141	10 050	11 830	2 070	2 484	2 897	817	1 004	1 195
	晴天時分	7 303			2 483			224		
	総流入量	15 444	17 353	19 133	4 553	4 967	5 380	1 041	1 228	1 419

を求めたのがものが**表-7.4.4**である。ブロック別では北湖東岸部の総流出負荷量が大きかった[11]。

霞ヶ浦の場合と同様に，北湖の南部や南湖の河川に，霞ヶ浦流入河川での降雨時流出調査結果を合わせて，第10章で詳述する降雨時流出の単位面積当たりの総累加流量（$\sum Q_{gross}/A$）と単位面積当たりの総累加水質負荷量（$\sum L_{gross}/A$）の回帰式を用いて，11 mm以上のひと雨降雨イベントに対して，彦根気象台での平年値（年間降水量1 654 mm）に近い1995年（同1 682 mm）の降雨構成で，年間降雨時流出分の負荷量を，直接流出率が30±5％を想定して算定し，これに**表-7.4.4**の晴天時分を加えて琵琶湖への総流入量としての推定値を**表-7.4.5**のように算定した[11]。

7.5　流入負荷の制御と対策，水際作戦

閉鎖性水域への有機物質や栄養塩の負荷は，いったん流入してしまえば閉鎖性水域内の有機物汚濁や富栄養化現象を引き起こしてしまう可能性が高い。したがって，集水域からの有機物質や栄養塩の流入負荷は，発生源で処理や削減対策をとることが原則であり，混合したり希釈された後では処理や除去が困難になる。点源負荷では発生源対策は可能であるが，面源負荷では降雨時流出による流出分

7.5 流入負荷の制御と対策，水際作戦

が大きく，削減対策が取り難い。

流入河川の湖沼への流入部（河口域）は，河川より湖沼側では横断方向や水深方向に流水断面積が広大化する形状となって流速が減少し，粒子態物質や粒子態成分の沈殿が期待できる。しかも河口部は河川から流入した土砂等の沈殿・堆積で比較的浅く，流入栄養塩の河川からの供給が常時あるため，植物プランクトンや水草の生産性の高い水域でもある[15),17)]。この湖沼流入部の湖盆形状を利用して，沈殿作用を強化して沈殿・堆積物を浚渫すれば，栄養塩や有機物質の湖内沖部への流入・拡散の一部の抑制が可能である。

実際に河川を通じて流入する有機物質や栄養塩に対しての最も効果的な対策は，流入河川の湖沼への流入河口部での水際作戦である。河口部は流入有機物質や栄養塩の濃度の高い生物生産性の高い水域で，漁業権との兼ね合いや舟行が除去対策の障害となる。この水際対策が行われた過去の唯一の例が，図-7.5.1(a)，(b)に示す霞ヶ浦の高浜入さらに湾奥部の高崎入での漁網を流入水の流下方向に直角に設置したものである。一定の間隔を開けて横一列に漁網を設置し，その後方にもう一列を千鳥状にずらして漁網を張り，漁網は鉛直下方に釣り下ろす。粗い目の漁網でもすぐに微生物が付着するため，流水は通すが流れを緩め，粒子態の有機物質や栄養塩を河口域に沈殿させることで，水制効果をもたらして流入域を囲い込むトラップ作戦となる。さらに，河口域全体での一般的な水生植物によるトラップ効果や，沈殿物を回収する浚渫と組み合わせて行えば，相当効果的と思わ

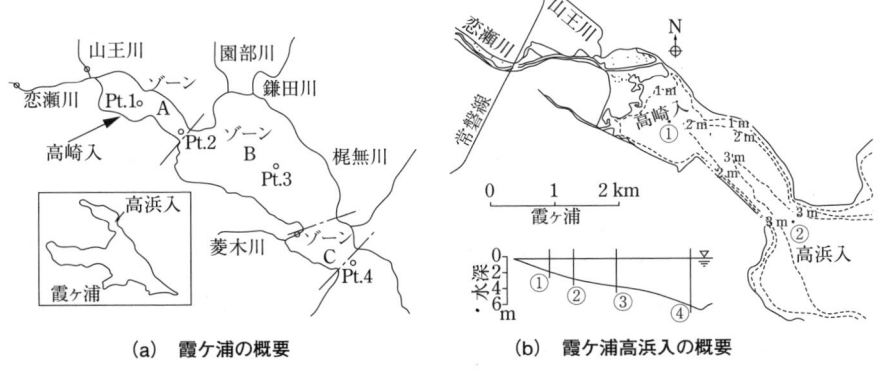

(a) 霞ケ浦の概要 　　(b) 霞ケ浦高浜入の概要

図-7.5.1

第7章　湖沼と流入河川水質

表-7.5.1　年間流入負荷量（単位：10^3kg）

霞ケ浦全流入河川	T–COD	P–COD	TOC	POC	T–N	PTN	T–P	PTP
'87～'88 4回調査	2 520	434	1 945	592	1 129	87	68	55
モデルによる推定	9 573	5 771	–	–	2 710	667	215	162
高浜入3流入河川	T–COD	P–COD	TOC	POC	T–N	PTN	T–P	PTP
'87～'88 毎週調査	1 029	541	706	403	423	43	30	19
'90～'91 毎週調査	988	414	749	385	543	42	28	20
23 mm 降雨時流入	11	7	–	–	4	1	0.3	0.3
28 mm 降雨時流入	12	6	10	7	6	1	0.4	0.3

表-7.5.2　流入負荷の TOTAL 項目構成比・粒子態成分比

調査の種類	T–COD	:	TOC	:	T–N	:	T–P	P–COD/T–COD	POC/TOC	PTN/T–N	PTP–T–P
'87～'88 毎週調査	34.5	:	23.7	:	14.2	:	1	52.6%	57.0%	10.2%	63.9%
'90～'91 毎週調査	35.3	:	26.8	:	19.4	:	1	41.9%	51.3%	7.7%	70.2%
'87～'88 4回調査	37.1	:	28.6	:	16.6	:	1	17.2%	30.4%	7.7%	54.7%
23 mm 降雨時調査	34.5	:	–	:	11.8	:	1	63.4%	–	29.8%	85.7%
28 mm 降雨時調査	29.1	:	23.6	:	14.1	:	1	49.4%	71.0%	14.0%	82.3%

表-7.5.3　流入負荷の粒子態成分構成比

調査の種類	P–COD	:	POC	:	PTN	:	PTP
'87～'88 毎週調査	28.4	:	21.1	:	2.3	:	1
'90～'91 毎週調査	21.1	:	19.6	:	2.1	:	1
'87～'88 4回調査	11.7	:	15.9	:	2.3	:	1
23 mm 降雨時調査	25.5	:	–	:	4.1	:	1
28 mm 降雨時調査	17.4	:	20.4	:	2.4	:	1

れるが，漁業等の障害や出水時の障害物となることもあって，1回だけ実施の報告書が残るのみである[17]。

湖沼河口域での湖水や沈殿量等の集中詳細調査が霞ヶ浦高浜入で，流入河川の降雨時流出負荷量調査とともに行われた[18]。季節変化を考慮して晴天継続時に年4回実施した全流入河川負荷量調査での年間流入負荷量への換算値や，各種の晴天時調査と降雨時流出分を回帰モデルから推定した年間流入負荷量，高浜入湾奥部（高崎入）への3流入河川での2回の定時負荷量調査と2回の降雨時流出負荷量調査の流入負荷量を**表-7.5.1**に示す。さらに，各調査での有機物質や栄養塩間の相対比，全成分に対する粒子態成分の構成比率，粒子態成分間での相対比を**表-7.5.2**と**表-7.5.3**に示した。さほど規模の大きくない降雨時流出の例であるが，リンの粒子態成分（PTP）のT–Pに対する比率の高さや粒子態成分間の相対比の大きさが見られる。

19日の23 mmの降雨時流出の高浜入河口部（地点R–1）でのSSおよび沈殿

物中の粒子態のリン（PP），窒素（PON）および炭素（POC）のSSに対する比率の経日変化を**図-7.5.2**に，河口域から湾奥部出口までの沈澱フラックスの経日変化を**図-7.5.3**に示す[19]。河口部や湾奥入口から中央さらに出口へと沈澱フラックスが減少する状況が明らかである。ちなみに，高浜入湾奥部は底質中のリン含量が霞ヶ浦の中でも最も高い水域である。これは，霞ヶ浦10地点で毎月1度の調査でそのうちの高浜入3地点との有機物質と栄養塩の相対比を比較した**表-7.5.4**からも有機物に対してリンの比の高さがわかる[20]。

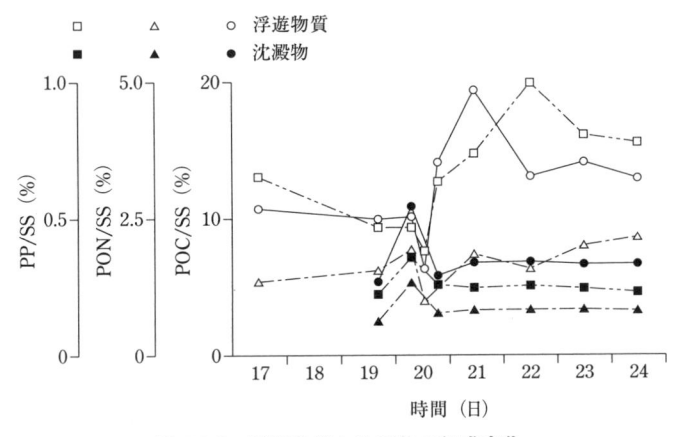

図-7.5.2　浮遊物質と沈澱物の組成変化

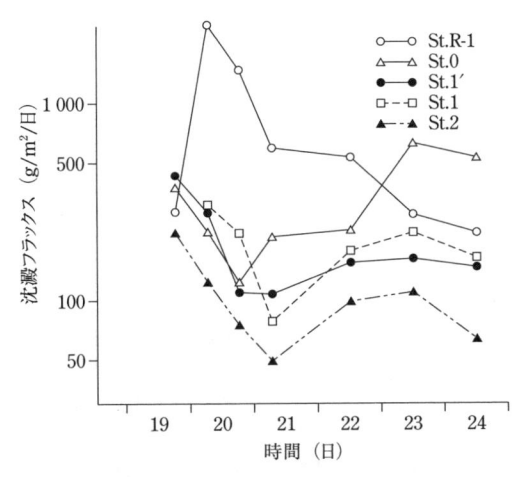

図-7.5.3　沈澱フラックスの変化

表-7.5.4 新生沈澱物の沈澱量と粒子態物質の平均濃度（1981年7月～1982年6月）

	水深 (m)	Chl-a (mg/m²/日)	C (g/m²/日)	N (g/m²/日)	P (g/m²/日)	SS (mg/l)	Chl-a (μg/l)
St.R-1	1.5	13.5	24.6	3.05	1.24	11.7	17.0
St.0	2.1	12.7	1.68	0.323	0.0715	28.7	103
St.1	2.8	24.6	0.81	0.105	0.0183	31.7	134
St.2	3.5	27.3	0.79	0.153	0.0045	29.9	123
St.3	4.1	25.2	0.85	0.176	0.0148	24.7	107

◎文　献

1) 海老瀬潜一（1982）：流入出汚濁負荷調査，湖沼環境調査指針（日本水質汚濁研究協会編，p.257，公害対策技術同友会），57-67。
2) 海老瀬潜一（1990）：河川からの汚濁負荷入力に対する湖沼の水質応答，公害と対策，26，582-588。
3) 海老瀬潜一（1984）：流域内土地利用形態別原単位の解析，国立公害研究所研究報告，50，89-102。
4) 海老瀬潜一（1985）：土地利用形態別流出負荷量原単位とその特性，第1回自然浄化シンポジウム報告―自然浄化機能による水質改善―（国立公害研究所，特別研究「自然浄化機能による水質改善に関する総合研究」），21-28。
5) 海老瀬潜一（1981）：霞ヶ浦流入河川の流出負荷量変化とその評価，国立公害研究所研究報告，第21号，1-130。
6) 海老瀬潜一（1984）：降雨時流出負荷量の算定モデル，国立公害研究所研究報告，第50号，41-58。
7) 海老瀬潜一（1984）：霞ヶ浦流入河川による総流入負荷量の評価，国立公害研究所研究報告，第50号，41-58。
8) 海老瀬潜一（1984）：降雨時流出負荷量算定のための回帰モデル，衛生工学研究論文集（土木学会），20，27-28。
9) Ebise S., T.Goda（1985）：Regression model for estimating storm runof load and its application to Lake Kasumigaura, Intern J. of Environmental Studies, 25B, 73-85.
10) 海老瀬潜一（1993）：河川の流出負荷量ポテンシャルモデルと汚濁負荷構造，水環境学会誌，15，887-901。
11) 海老瀬潜一（2000）：流入河川，琵琶湖－その環境と水質形成－（宗宮功編著，p.258，技報堂出版），53-65。
12) 海老瀬潜一（1980）：小河川の降雨時流出負荷量の算定と評価，環境技術，9，277-285。
13) 國松孝男（1986）：河川における物質輸送，琵琶湖集水域の現況と湖水の物質移動に関する研究，滋賀県立琵琶湖研究所，琵琶湖集水域班，107-138。
14) 國松孝男（1996）：渇水時河川から琵琶湖に流入する汚濁負荷量，琵琶湖研究所所研究報告，13，40-41。
15) 相崎守弘，大槻晃，海老瀬潜一（1983）：霞ヶ浦高浜入における全リンおよびクロロフィルa濃度の季節変化特性，水質汚濁研究，6，327-333。
16) 相崎守弘，大槻晃，海老瀬潜一，安部喜也，岩熊敏夫，福島武彦（1981）：霞ヶ浦高浜入におけ

る栄養塩収支，国立公害研究所研究報告，22，281-305。
17) 海老瀬潜一（1994）：湖沼における自然浄化機能の強化策，自然の浄化機構の強化と制御（楠田哲也編著，p.242，技報堂出版），131-142。
18) 海老瀬潜一，相崎守弘，福島武彦，村岡浩爾（1982）：流入河川の降雨時流出物質による湖沼河口部への影響，第18回衛生工学研究討論会，講演論文集（土木学会），18，263-268。
19) 福島武彦，相崎守弘，海老瀬潜一（1984）：湖沼河口域での懸濁態物質組成の特性と底泥組成との関係，衛生工学研究論文集（土木学会），19，9-18。
20) Ebise S. and T. Inoue（1991）: Change in C:N:P ratios during passage of water areas from river to a lake, Water Reseach, 25, 95-100。

第8章　内湾・内海と流入河川

8.1　閉鎖性海域と流入河川

　河川の流出先の海域が湾形部の形状の内湾や内海で，外洋との水の交換が少なくて滞留時間の長い閉鎖性の強い海域の場合，陸域からの河川の流入負荷や沿岸部からの直接の排水負荷が蓄積されやすく，内湾や内海の汚濁や富栄養化を起こすことが多い。日本の場合，有機物質による汚濁に対する環境基準の達成率は海域がCODで80％前後で，河川（BOD）や湖沼の（COD）を上回っているが，現行の排水基準では環境基準の達成が困難な海域として東京湾，伊勢湾（三河湾を含む），瀬戸内海の3海域を指定して，CODや窒素・リンの総量規制（発生源別・都道府県別）を実施して，汚濁負荷の削減を目指している。総量規制が実施されている3海域はいずれも日本でも有数の大都市域かつ大工業地帯であり，工場排水や大都市の生活排水が大量に流入する海域である。東京湾，伊勢湾，大阪湾のいずれも湾奥部に大規模な河川が流入しており，河川が運んだ流砂で比較的浅く，かつては栄養塩が供給される魚介類の生育の場でもあり，河川と海域の密接な関係の見られる水域である。

　閉鎖性の強い内湾・内海での窒素・リンの栄養塩による藻類の増殖（内部生産）に伴って，有機物質も増加するため富栄養化対策は重要である。栄養塩の窒素・リンに係る環境基準や一般排水基準が設定されているが，窒素・リンの規制は以下に示す閉鎖度指標が1.0より大きい海域に対してのみ行われる。

$$閉鎖度指標 = (\sqrt{S} \cdot D_1)/(W \cdot D_2) \tag{8.1}$$

ここで，S：当該海域の内部の面積，W：当該海域の入口の幅，D_1：当該海域の最深部の水深，D_2：当該海域の入口の最深部水深，である．

東京湾には江戸川，中川，荒川，多摩川，鶴見川等が流入する内湾部（観音崎－富津岬までの960 km^2，平均水深17 m）と外湾部（それ以南の剣崎－州崎までの水面面積420 km^2，平均水深112 m）で，両湾併せて621億m^{3}の容積で，集水域面積7 549 km^2，集水人口約2 540万人を擁し，淡水流入量は7 549 km^3/年である．近年では，窒素・リン濃度での水質改善は見られるが，COD濃度での水質改善は遅れている[1]．

伊勢湾は，木曽川・長良川・揖斐川の3川に，名古屋市内を流れる庄内川・日光川と，三河湾に入る豊川・矢作川が流入河川で，水面面積約2 300 km^{2}で平均水深約18 m（うち三河湾604 km^2，平均水深9.2 m）であり，CODの環境基準の達成率がここ二十数年間の3海域で最も低い．この原因として，三河湾を含む伊勢湾の集水域面積が17 035 km^{2}と大きく，両湾が浅いことが考えられる．とくに，三河湾では農地等の面源汚濁負荷のシェアが大きく，水質改善が遅れている．

瀬戸内海とその一部の大阪湾については，次の8.2で例として詳述する．

これらの3海域の特徴を**表-8.1.1**にまとめて示しておく．これら以外にも，博多湾，大村湾，有明海などでは同様の水質問題が生じている．ほかには，鹿児島湾，陸奥湾のように規模の大きなものから，リアス式海岸部の多くの湾形部など比較的小さな規模の閉鎖性の強い海域がある．北九州市の洞海湾は，かって北九州工業地帯の工場排水で「死の海」と称される状況から，工場排水等の水質改善や底質浚渫の対策によってよみがえった水域である．

表-8.1.1　閉鎖性水域の地形等の特性比較

	面積（km^2）	平均水深（m）	容積（億m^3）	流域面積（km^2）	流入河川
東京湾（内湾部）	1 380（960）	45（15）	621（150）	7 549	江戸川，中川，荒川，多摩川，鶴見川
伊勢湾（三河湾部）	2 300（604）	18（9.2）	4 140	41 400	木曽・長良・揖斐・庄内・日光・豊・矢作川
瀬戸内海	21 827	37.3	8 157	48 789	1級河川（21），2級河川（640）
大阪湾	1 529	27.5	418	11 200	淀川，大和川，寝屋川，武庫川
琵琶湖	670	41	275	3 848	野洲・姉・安曇川等（1級河川121）

8.2 大阪湾・瀬戸内海

　瀬戸内海では，さらにその内部の特定の閉鎖性の強い海域で水質汚濁度の高い大阪湾，広島湾などを別扱いすることが多い。瀬戸内海沿岸地域は，水産業が盛んな海域で，海運を利用した工業が早くから立地し，全体で3 020万人の集水域人口を抱える都市群が連なり，工場排水と生活排水による大量の汚濁負荷によって汚濁しやすい閉鎖性海域である。全体の水理学的平均滞留時間は14.8年と単純計算できるが，潮汐等による流動で実質の滞留時間は約15ヶ月である[2]。海水の流動はおのおのの灘，湾，水道等の地理的形状の立地条件で大きく違っている。

　これまで多くの沿岸部が埋め立てられて自然の海浜の少ない海域や，魚や海苔の養殖の盛んな海域などでは，赤潮発生をはじめとする富栄養化の問題を抱えている。瀬戸内海全体としては水質改善が進んでいるが，大阪湾では窒素・リンの水質改善は進んでいるものの，COD濃度は横ばい傾向が続いているのが現状である。

　瀬戸内海への有機物質や栄養塩の流入負荷量は，環境基準の濃度規制に加えて瀬戸内海環境保全特別措置法によるCODの総量規制もあって，各種排出源の負荷削減や下水道の普及と処理水質レベルの改善などに伴い30年前の負荷量レベルよりは減少した。その後，全リン負荷量の下げ止まりや全窒素負荷量の減少しないことに対して，リンと窒素にも総量規制が行われるようになり，その効果も見られるようになった。

　瀬戸内海には21の1級河川，総流域面積32 931 km^2，640の2級河川，総流域面積15 858 km^{2}の河川が流入しており，それらの総流入流量は553億m^3/年である[2]。この中で，大阪湾最奥部に流入する淀川の流域面積は8 240 km^2，流入量241 m^3/sであり，流域面積では17％弱，流入水量では13％弱を占める瀬戸内海で最大規模の河川である。淀川は大阪市に入る前の右岸側の摂津市で神崎川に分流されて兵庫県境で大阪湾へ，さらに大阪市に入って大阪湾にほぼ直線的に出る本川と，右岸側に分流された大川を経て安治川と木津川にわかれて大阪湾に入っている。淀川の流量の一部は，淀川で取水された水道水（最大で約80 m^3/s）として，多くは使用された後も淀川には一部しか戻らず，多くは神戸

第8章　内湾・内海と流入河川

図-8.2.1　大阪湾と流入河川

市から和歌山県境の大阪府南部の他の河川や下水処理場等にわかれて大阪湾に流出するため，淀川としての大阪湾への直接流入量が減少する1つの大きな理由となる。

明石海峡，淡路島，紀淡海峡で囲まれた大阪湾は，だ円形状の陥没湾で，瀬戸内海の7%の水面面積に，図-8.2.1のように，淀川のほかに大和川や武庫川などの1級河川と多くの2級河川が流入する。

大阪湾を琵琶湖と比較すると，水面面積では大阪湾が琵琶湖の約2.3倍あるが，平均水深が約0.7倍と浅いため，容積では約1.5倍に過ぎない。したがって，大阪湾の閉鎖性水域としてのスケールは琵琶湖のスケールに近い状況である。

大阪湾のCOD，T–NおよびT–P濃度の経年変化を図-8.2.2(a)，(b)，(c)に示す。湾奥部に淀川・大和川・武庫川の流入河川が流入するほか，沿岸部からの工場排水等の流入を受けて，沿岸部の汚濁度が高く，沖合部に行くほど水質が良くなっている。A類型水域は淀川河口からみて西南西への沖合から淡路島までの広い海域，C類型水域は神戸市から大阪市・堺市さらに岸和田市の沿岸部海域，B類型水域はA類型とC類型に挟まれた湾奥部の比較的狭い海域である。とくに，大阪湾奥北東部（C類型水域）では，流入河川の影響が大きいので，塩分濃度が少し低いだけでなく，有機汚濁物質や栄養塩類の濃度が全般的に高く，出水時の影響の大きいのが特徴である。

瀬戸内海への総流入負荷量（1999年度）では，T–COD 245×10^6 kg/年，T–N 217×10^6 kg/年，T–P 14.7×10^6 kg/年であるが，そのうち大阪湾にはT–COD 65.7×10^6 kg/年（瀬戸内海の26.8%），T–N 56.2×10^6 kg/年（同25.8%），T–P（同68%）と瀬戸内海では大きな比率での流入負荷量となる。その後，中小都市の下水道の普及や下水道処理レベルの向上によって流入負荷は減少している。なお，東京湾へのそれらの流入負荷量は伊勢湾より少し大きく，瀬戸内海のCOD，T–Nで半分以下，T–Pでは52%である。

8.2 大阪湾・瀬戸内海

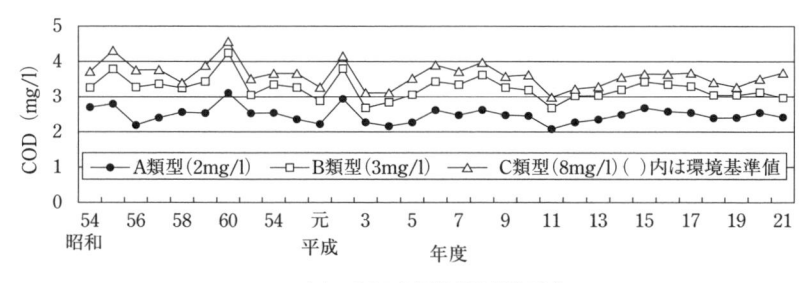

(a) COD年平均値の経年変化

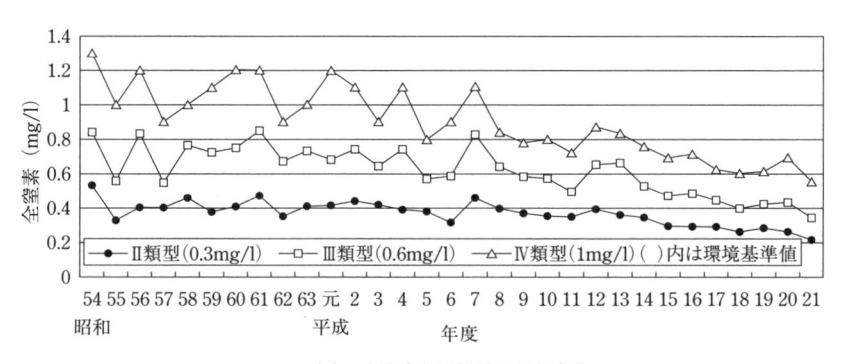

(b) 全窒素年平均値の経年変化

(c) 全りん年平均値の経年変化

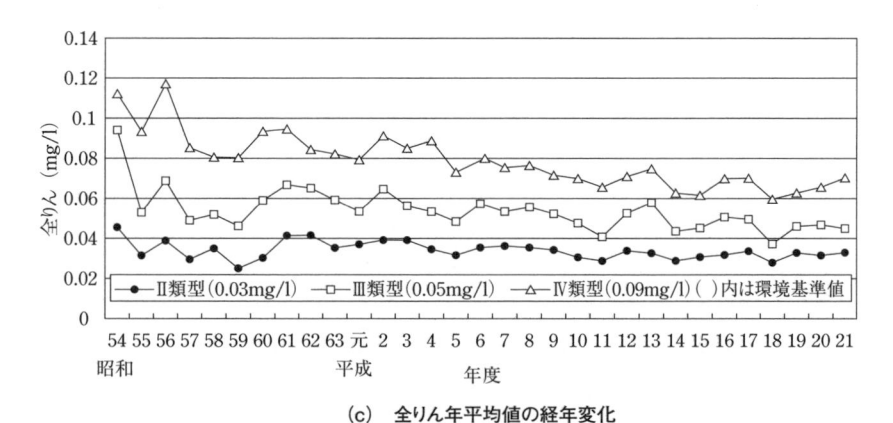

図-8.2.2 大阪湾のCOD，全窒素および全りん濃度の経年変化

8.3 大阪湾への流入河川

淀川は，東丹波の山地や亀岡盆地からの桂川，琵琶湖を含む近江盆地からの宇治川，伊賀上野盆地からの木津川が京都府の大山崎町と八幡市の地点で合流し，下流部の派川の安威川・猪名川（以上は神崎川へ）に分流され，本川はさらに大川へも分流される。その大川へ寝屋川が合流する。通常，淀川流域内の水質問題では，これらの派川は別扱いされる。淀川の流量のおよそ半分を占める宇治川の，琵琶湖・天ヶ瀬ダムを通しての流量と，瀬田洗堰直前から取水される水力発電水路からの復流水の安定さを反映して，他の河川よりも流量変化が小さい。しかし，流域規模が大きいので豪雨の流出影響は長引く傾向がある。

淀川では，上流側の人口140万人の京都市をはじめ，京都－大阪間や京都－奈良間の諸都市の生活排水や工場排水を受け，十数年前までは桂川の淀川への3川合流後の右岸側で，アンモニア態窒素，BOD，塩化物イオン等の濃度が高く，大阪府や大阪市の水道原水を枚方市上流側左岸の八幡市境に近い楠葉まで遡り，水質の良好な宇治川や比較的良好だった木津川の取水を行ってきたほどである。淀川全体の流域規模は $8\,240\ \mathrm{km}^2$ で，下流域の支川の寝屋川（$228\ \mathrm{km}^2$），猪名川（$383\ \mathrm{km}^2$），大阪市内河川等を除いても，日本の全土の2％弱の大きさで，淀川新橋上流域での流域人口は約430万人で日本総人口の3.6％を超える。

淀川本川上流の左右両岸部の諸都市の近年の人口増加で汚濁した中小河川の流入で本川の汚濁が増加した。現在は，上流側の京都市の下水道処理水濃度レベルの改善とその周辺都市の下水道普及と，木津川中下流部や淀川本川上流左岸部での住宅開発等による汚濁負荷の増加に伴い，淀川新橋（高槻市・摂津市－寝屋川市）地点では左右両岸部や中央の横断方向での水質濃度差は小さい状況となった。最近では，木津川上流域等の下水道の普及遅れなどによって，淀川左岸側の水質が悪いまま取り残された状況になっているが，BODでは通常，1～2 mg/lの範囲にあって，BODでは有機汚濁の変化をとらえ難くなっている。また，淀川本川の枚方大橋（高槻市－枚方市）の下流側からは，淀川大堰・毛馬水門による緩い背水区間となっている。

桂川，宇治川，木津川で取水された上水（水道水），工業用水は下水処理や工

場排水処理されて，排水はそれぞれの河川に戻って来る。この3川が合流して淀川となってから，枚方市，寝屋川市および守口市の水道原水，大阪府や大阪市の水道原水や工業用水の原水，尼崎市と神戸市を含む阪神間諸都市の阪神水道企業団の原水が取水される。これらの水道水は大阪府の全域と阪神間都市や神戸市にわかれて下水処理されて大阪湾の西側から南側までの広域に排出される。また，工業用水は工場排水処理されたり下水処理を経て，河川を通じてや，大阪湾に直接排出されている。したがって，淀川の水は，淀川だけでなく，水道・工業用水道・下水道を通して，大阪湾に広く分かれて排出されることになる。

　大和川は，1704年までは寝屋川とともに河内平野を北流して淀川に合流する淀川支川であったが，付け替え工事で西流して大阪湾に直接注ぐ河川となっている。大和川は降水量の少ない奈良盆地の生活排水や工場排水を集め，東大阪市の柏原を経て大阪市住吉区と堺市の境界を流下して大阪湾に入る。流量が少なく汚濁した水質のため，堺市浅香山浄水場は早くに水道原水の取水停止に追い込まれている。奈良市はじめ橿原市・生駒市・大和郡山市ほかの人口増加に伴い，2001年には144万人の県人口の約130万人の生活排水の排出に加えて，大阪府内南河内諸都市を流下する石川・東除川・西除川を合流する。

　大和川は，数年前まで河川の汚濁のワースト5の上位を占めていたが，近年の下水道整備や精力的な水質汚濁防止対策が効果を発揮し始めて，水質改善が進んでいる。兵庫県南東部を流下して西宮・尼崎両市の市境で大阪湾に流入する武庫川は，流域規模や水質負荷量では大和川よりさらに小さい。

8.4　淀川での水質変化

　流域規模の大きい淀川はその流下区間が短く，大阪湾口から約75 kmの琵琶湖から流出した宇治川に左岸側から木津川が，右岸側から桂川が合流して淀川となる。桂川・宇治川・木津川の水質変化はそれぞれの流域の特徴を反映して異なったものとなる。これらが合流した淀川は，淀川新橋までの約14 km流下過程では上記3河川の水質の特徴が横断方向分布として見られる。なお，琵琶湖からの流出水は瀬田川の南郷洗堰を経て宇治川の天ヶ瀬ダムを経由するものと，洗堰直上流で取水され関西電力宇治発電所を経て宇治橋上流で宇治川に合流する流

量が常時約 60 m³/s 存在する．また，琵琶湖南湖の三井寺付近から琵琶湖疎水を経由して京都市の水道水として利用されるものと，修景・維持用水等として鴨川・桂川を経て流出する分が約 23.7 m³/s ある．

淀川本川の淀川新橋（寝屋川市－高槻市・摂津市；大阪湾から 24.5 km 上流地点）地点で流水幅約 240 m を三等分してそれぞれの中点を右岸側・中央・左岸側として 3 日に 1 度の定期調査を 5～11 月の 7 ヶ月間の連続的に継続した．水質分析は，右岸側・左岸側および中央の試水を等量ずつの混合（コンポジット）試水として行った年や，3 地点ごと個別に行った年がある．流量は淀川新橋の約 4.2 km 上流側の枚方地点の流量データを国土交通省淀川河川事務所から提供して頂いた．

淀川新橋での水質調査について，流量や水質濃度変化が比較的大きい 4 月から 11 月の 3 日ごとの高頻度定時調査について，TOC と DOC 濃度および流量変化の 2005 年の例を図-8.4.1 に示す．この 2005 年の定時調査の場合は，右岸側，中央，左岸側の試水を等量ずつのコンポジット試水として分析した．また，同じ 2005 年の T-COD および TOC の流出負荷量と流量の変化を示したのが図-8.4.2 である．2 回の出水時の流出負荷量が飛び抜けて大きい．現在の淀川新橋での横断方向の水質分布では，右岸側，中央，左岸側の水質濃度差はかなり小さく，出水時に左右両岸部や中央で差が顕著に現れる．淀川や桂川・宇治川・木津川は流域規模が大きく，上流部にダムや琵琶湖が存在して長時間高流量で高負荷量状態が続くので，降雨時流出とは言わずに，ここでは降雨後の長時間の高流量状態を出水時と称することにした．

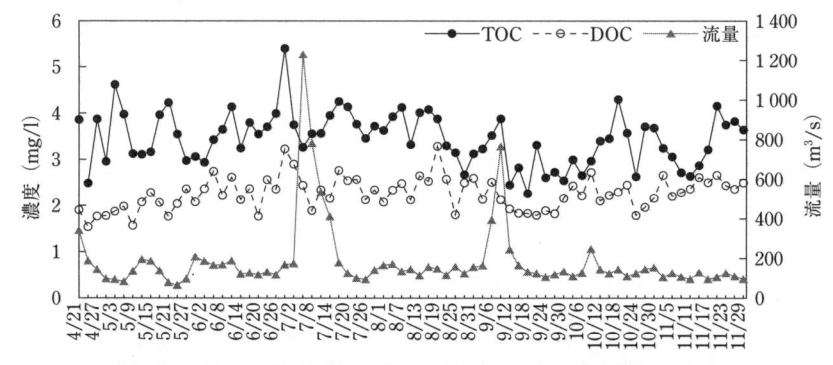

図-8.4.1　淀川（淀川新橋）でのTOCとT-CODの濃度変化（2005）

8.4 淀川での水質変化

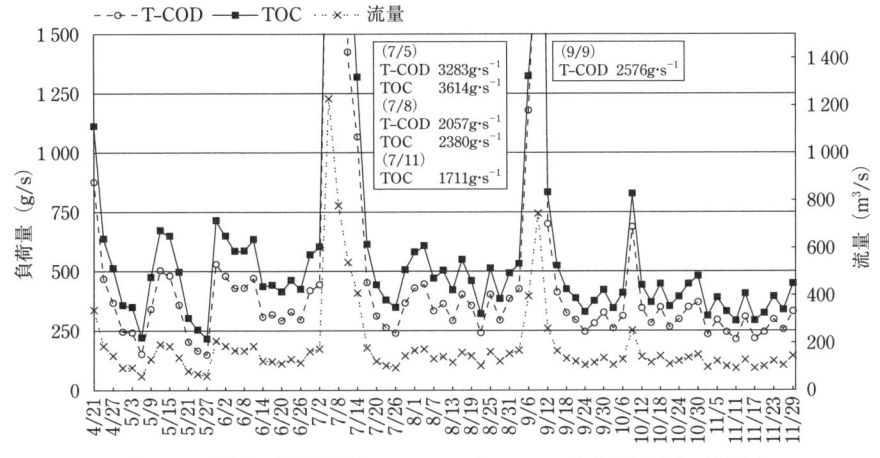

図-8.4.2 淀川（淀川新橋）でのTOCとT-CODの負荷量変化（2005）

同じ淀川新橋で，1週間近く調査を続けた出水時の右岸側，中央，左岸側のTOCの濃度変化を図-8.4.3に示す。出水時初期には，右岸側では上流の右岸側の高槻市の芥川や京都市からの桂川の流出影響が見られ，左岸側では上流の左岸側の枚方市の天野川・穂谷川等の流出影響が見られた。さらに，5回の出水時の出水時調査期間内の総流出負荷量と，3日おきの定時水質調査日の間の水質負荷量や流量は両調査日の間を線形変化すると仮定して，水質負荷量や流量の出水時

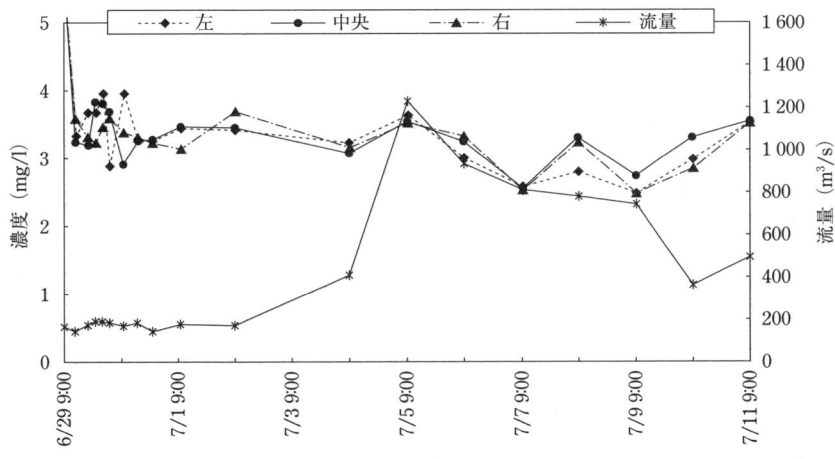

図-8.4.3 淀川（淀川新橋）での出水時の横断方向3地点のTOC濃度変化（2005）

111

第8章 内湾・内海と流入河川

表-8.4.1 定期水質調査と出水時調査による総流出量の比較 (2005)
(負荷量：10^6 kg (Chl-a：10^3 kg), 流量：10^6 m^3)

調査	Flow	T–COD	D–COD	TOC	DOC	SS	Chl-a	Cl$^-$	NO$_3^-$–N	SO$_4^{2-}$–P	PO$_4^{3-}$–P	Na$^+$
出水時調査	1 158	2.9	2.0	3.2	2.6	20.6	6.6	12.4	0.7	12.5	0.07	11.1
定時調査	947	2.3	1.5	2.5	2.0	11.4	4.4	10.9	0.6	12.2	0.08	9.9

期間の定時調査による総負荷量を推定して，両者を比較したものが表-8.4.1である。3日おきの定時調査のみによる総流出負荷量は，PO$_4^{3-}$–Pを除いた水質項目で，さらに細かく調査した出水時調査による総流出負荷量を下回っている。3日おきの高頻度調査で，大規模流域河川の場合でも，降雨による流出負荷量のウエイトは大きい[3]。

淀川本川くらいの大規模河川になると，地域限定的な豪雨等による出水では，左右両岸部に水質濃度変化が見られるにとどまることが多い。宇治川では，上流の琵琶湖や天ヶ瀬ダムの滞留があるので，宇治市や京都市東部・南部等の下流域の豪雨による直接影響は抑えられて現れる。しかし，京都府内の桂川と三重県内の木津川では降水量の違いに加えて，降水の有無の違いもあって，桂川，宇治川，木津川それぞれの下流端で調査すれば，それぞれの水質変化の違いがさらによくわかる。

3日に1度の高頻度定時調査のほかに，毎月1回は，桂川の久世橋・宮前橋，宇治川と木津川の御幸橋の3川合流前から，合流後の前島（右岸側，高槻市），磯島（左岸側，枚方市），枚方大橋（中央および左・右岸側，枚方市－高槻市），淀川新橋（中央および左・右岸側），鳥飼大橋（中央，守口市－摂津市）の13地点で定期水質調査を行った。その調査の晴天時流出の場合のCODと塩化物イオン濃度の分布について図-8.4.4と図-8.4.5に示す。

有機物質や塩化物イオン濃度は，最近の十年間では淀川の左右両岸部や中央での濃度差が小さくなっている。CODやCl$^-$の生活排水由来の水質濃度は，宇治川や木津川下流部に規模の大きい下水道終末処理場の処理放流水が流入し，枚方市の生活雑排水の河川を通した流入による汚濁の影響が加わったことによると考えられる。しかし，2001年から枚方市の淀川左岸流域下水道終末処理場からの処理放流水の放流先が淀川本川から寝屋川に変更になり，淀川新橋の左岸側のCODや塩化物イオン濃度に少し変化が生じている。

8.4 淀川での水質変化

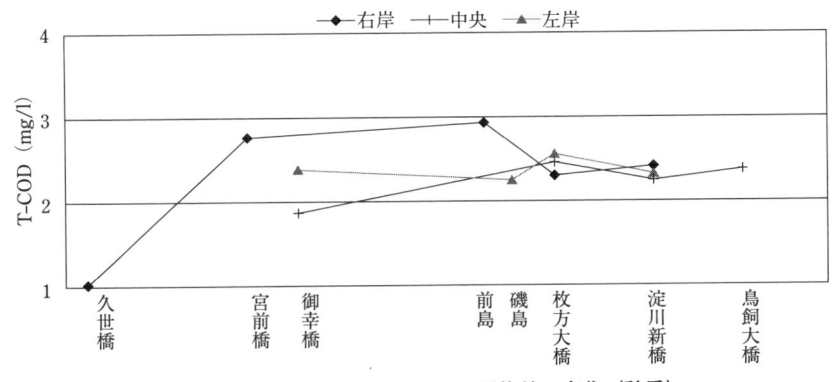

図-8.4.4 T-CODの流下過程による平均値の変化（秋季）

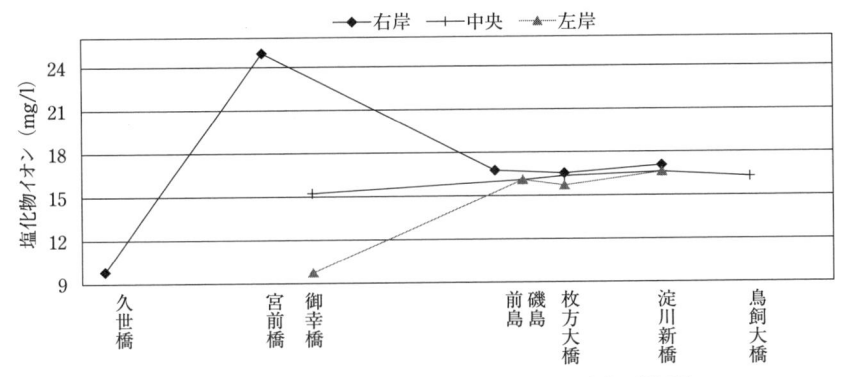

図-8.4.5 塩化イオンの流下過程による平均値の変化（秋季）

　淀川をさらに下ると，摂津市一津屋，守口市八雲，大阪市東淀川区江口の境界付近で，神崎川に一部，分水された水は，直ぐ下流で安威川と合流し，兵庫県東部の大阪府寄りを流下する猪名川と合流して，兵庫県尼崎市と大阪府西淀川区の境界で，淀川とともに大阪湾に流入する。神崎川に分水後の淀川は，大阪市東淀川区，都島区，北区の境界で淀川大堰で堰き止められ，一部は淀川（新淀川）として兵庫県寄りの西淀川区で大阪湾に流出する。多くは毛馬水門を経て大川（旧淀川）となって大阪城の北西端で寝屋川を合わせて流下して，横堀川（さらに下流は道頓堀川）に分水し，安治川や木津川（道頓堀川と合流する）にわかれて大阪湾に流入する。淀川大堰は治水制御もあるが，海水の侵入を防ぎ淡水状態での利水の役割が大きい。大阪市や阪神地区の水道水・工業用水の原水のほか，神戸

市の水道原水の約 75 % などの原水供給の役割を有している.

8.5　淀川の支川：桂川・宇治川・木津川の水質変化

　京都府と大阪府の境界の京都府八幡市と大山崎町で，丹波山地や京都盆地を流下してきた桂川，琵琶湖から瀬田川へ流出して天ヶ瀬ダムを経由する河川分と南郷洗堰直上流から関西電力水力発電所水路経由（常時約 60 m^3/s）で宇治市で合流する復流水も併せて流下する宇治川，三重県の伊賀盆地，奈良県の南東部や北部および京都府の南山城地区を流下する木津川が合流し，淀川本川となる．桂川は，大都市の京都市下水道処理水の放流先でもあり，近年では大きな点源負荷となっている．宇治川は琵琶湖からの安定した流量と比較的良好な水質濃度で，上流3川の中では流量で約 66 % と大きなウエイトを占めている．琵琶湖流域だけでなく，京都市東部や南部と宇治市からの汚濁負荷が加わって少し汚濁度が増す．木津川は，伊賀盆地や南山城地域の農地や下水道整備の遅れた住宅地からの汚濁負荷を受けるため，近年水質が悪化してきた．

　桂川・宇治川・木津川の3川で，2008，2009 年の両年は4月から12月までは毎週1回定時に，それ以降の 2009 ～ 2012 年は4月から11月まで3日に1度の定時水質調査を実施した．桂川は宮前橋で，宇治川は御幸橋で，木津川は御幸橋で水質調査をし，それぞれの調査地点直前の納所・淀・八幡地点の流量データは国土交通省淀川河川事務所から提供して頂いた．

　3川の 2011 年の COD 濃度変化を図-8.5.1 に，Cl$^-$ 濃度変化を図-8.5.2 に示す．3川合流後約 14 km 下流の淀川本川淀川新橋地点の右岸側，中央，左岸側の水質変化はそれぞれの上流側の3川と，合流後の右岸側に流入する高槻市の芥川ほか，左岸側に流入する枚方市の天野川ほかの市街地河川の影響が混ざった形で現れる．しかし，豪雨による大出水時以外の左右両岸部や中央の水質濃度差は小さい．

　3川の合計流量や合計負荷量に占めるそれぞれの比率を示した円グラフを，流量，T-COD，Cl$^-$ 負荷量について 2011 年の例を図-8.5.3 に示す．流量で大きな比率の宇治川に対して，桂川は T-COD 負荷量で流量の比率を上回る．さらに，宇治川は Cl$^-$ 負荷量で流量の比率を上回っている．

8.5 淀川の支川：桂川・宇治川・木津川の水質変化

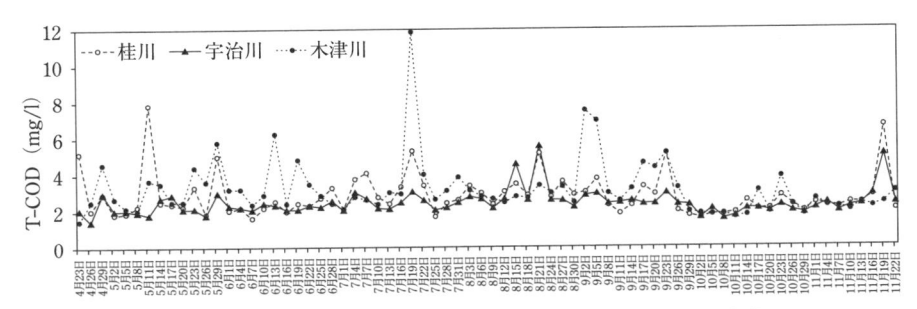

図-8.5.1 2011年 春季～秋季 3河川におけるT-CODの経日変化

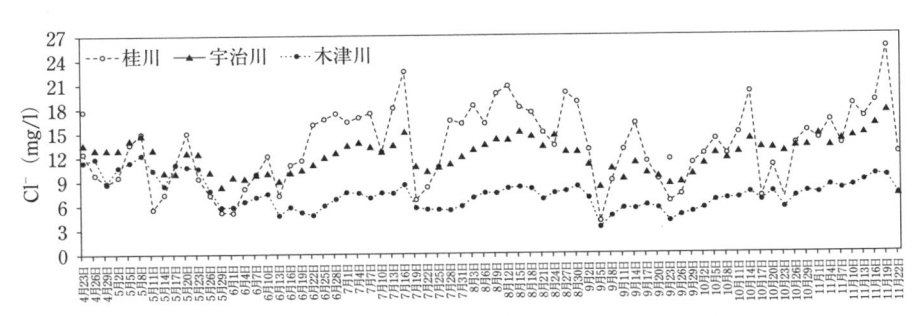

図-8.5.2 2011年 春季～秋季 3河川におけるCl⁻の経日変化

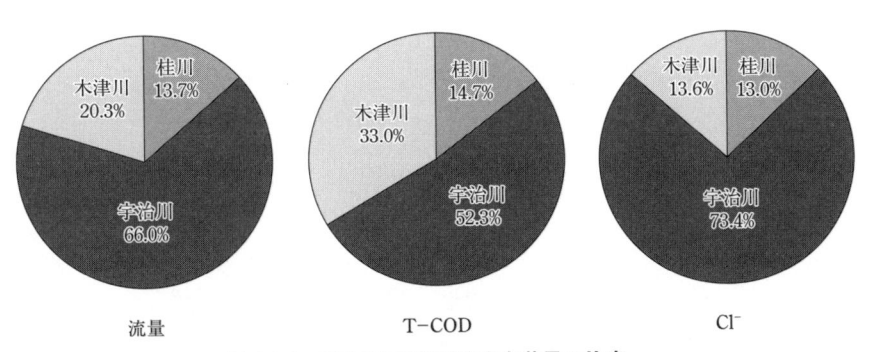

図-8.5.3 3河川の期間総流出負荷量の比率

第8章　内湾・内海と流入河川

◎文　献

1) 中西弘，武岡英隆（1993）：東京湾と瀬戸内海を比較する，東京湾—100年の環境変遷—，小倉紀雄編，p.193，恒星社厚生閣），155-173。
2) 門谷茂（1996）：瀬戸内海の環境と漁業の関わり，瀬戸内海の生物資源と環境（岡市友利，小森星児，中西弘編，p.272，恒星社厚生閣），1-40。
3) 大阪府ホームページ，http:www.pref.osaka.jp/kannkyohozen/osaka-wan/sea-status.html．平成23年度水質測定結果の概要。
4) Ebise S. and H.Kawamura（2008）：Frequency of routine and flooding-stage observations for precise annual total pollutant loads and their estimating method in the Yodo River，J. of Water and Environment Technology，6，93-101。
5) 海老瀬潜一（2009）：桂・宇治・木津川と淀川本川の塩化物イオン収支の一考察，水環境学会誌，32，441-449。

第9章　水質トレーサー

9.1　水の挙動とトレーサー

　流水がいつ，どこから，どこを経て，どれくらいの時間を要して流れて来たかを知ることができれば，水質変化機構の解明だけでなく，汚濁負荷削減対策の提案へとつなぐことができる。人為的に追跡子（トレーサー）を投入するような手を加えなくても，流水中の物質の流出経路をたどって，排出源や流達時間を推定することが可能な場合がある。流出過程での流水の移動に対する水質の追従性から，トレーサーとしては溶存態成分の水質がとくに有効である[1]。

　規模の大きな流域では，土地利用も複雑に入り交じっていて一部地域の流出水質の特徴はとらえにくいことが多い。しかし，ある地域から特定項目の水質が排出されたり，他の地域からの濃度の数倍以上の濃度で排出されるような水質項目が見られる場合には，水質をトレーサーとして，流出経路と排出源を知り，それらの下流域への影響度等を明らかにすることができる。トレーサーとする物質は，定常的に放出されているもの，周期的に放出されるもの，降雨のような一時的な流出挙動に伴うものなどがある。

　自然のものとして火山・温泉や，人為的なものとして鉱山（休廃鉱山を含む）や工場排水がある。面的な広がりのある特定作物の栽培地の人為的な肥料や農薬，他の農業資材の施用による排出物質も，利用可能な水質トレーサーである。家庭から排出される生活雑排水の流域内からの負荷量に占める寄与度を知るには，各種の合成洗剤の成分を水質トレーサーとして利用できる。特殊なトレーサーとし

て，放射性物質（核種）も存在するが，利用できる場や条件が限定的である。

　また，大規模な河川の流水幅の広い下流域での流入支川の本川での水質混合度を検討するにも，その支川での特異な物質に注目して，流水の流下過程での混合度を推定することも可能である。これを人為的に行う混合や拡散調査に投入される水質トレーサーには，食塩水や色素・染料がある。トレーサーによる水の挙動の追跡には，トレーサーが吸着，化学反応，生物による摂取等によって変化しないものが望ましく，トレーサーそのものやトレーサーの水溶液の比重も流水のそれと同じ程度でないと，流水の挙動への追従性が問題になる。また，追跡する現象の場や時間のスケールによって，利用できるトレーサーが限られる。

9.2　塩化物イオン（Cl^-）

　最もよく用いられるトレーサーは食塩水であり，Na^+やCl^-を手間のかかるイオン分析をしなくても，所定の水深に電気伝導度計のセンサーを投入すれば簡単にその相対的な濃度変化を知ることができるからである。しかし，水中の濃度よりも高濃度（通常，数オーダー高い濃度）で投入された食塩水は対象水塊より高密度であり，必ずしも投入した周囲の水塊とすぐ同じ動きをしない。食塩水の濃度にもよるが，その高密度水塊の動きと周囲の水塊との動きのズレを無視できる程度の現象の追跡ならば，十分利用できるトレーサーである。食塩水は，地下水と多数の井戸の揚水による影響解析のトレーサーとして地下水に注入して移動追跡に利用される。

　塩化物イオンは，流水中での粒子態物質への吸着や生物の蓄積がなく保存物質として取り扱えるので，流下過程での流量収支との関係で物質収支としてチェックでき，各種排出源からの流出のトレーサーとして利用できる。ダム貯水池内の流入水の流動層水深の検知と流速測定に利用された例は6.2に詳述した。流域内の人為起源や自然起源の種々の排出源からの負荷の大きさを知るために，大規模河川での頻度の高い定時調査結果から，各種の排出源の原単位の推定を行った例を示す。

　大阪湾に流入する淀川は瀬戸内海への流入河川でも流域面積と流量で最大規模の河川で，京都市・大阪市だけでなく大阪府・神戸市・阪神間諸都市を含めた近

9.2 塩化物イオン（Cl⁻）

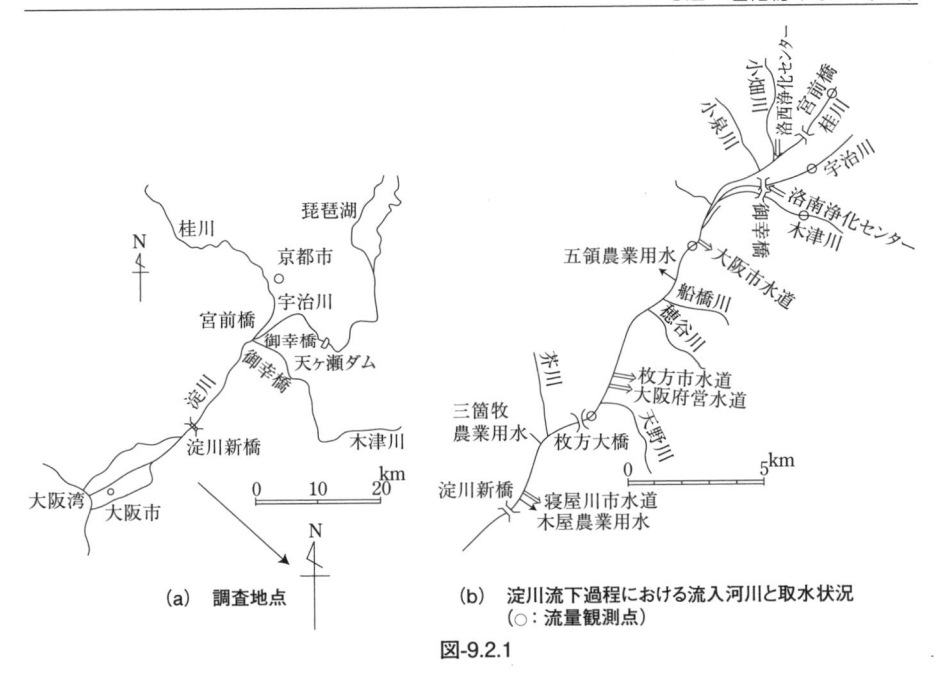

(a) 調査地点

(b) 淀川流下過程における流入河川と取水状況
（○：流量観測点）

図-9.2.1

畿圏約 1 690 万人の生活用水の水源となっている。流域人口としては約 1 200 万人である。最下流部の大阪市で大きく 3 川にわかれて大阪湾奥部に流入するので，淀川本川としては大阪市直前までの流域となる。調査は 2007 年に**図-9.2.1** に示す大阪湾口から 21.4 km の淀川新橋（流域面積 7 385 km^2）の横断方向 3 地点で 3 日に 1 度定時調査と，その上流の桂川宮前橋（流域面積 1 052 km^2；大阪湾口から 39.4 km），宇治川御幸橋（流域面積 4 523 km^2；大阪湾口から 37.3 km），木津川御幸橋（流域面積 1 596 km^2；大阪湾口から 37.0 km）で毎週 1 度定時の調査を実施した。

淀川新橋までの淀川の流域面積は滋賀県のほぼ全域を含み日本の国土面積の約 2 ％を占め，流域人口は約 430 万人で旧 6 大都市の京都市域を含んで全国人口のほぼ 3.6 ％と，規模が大きい。したがって，この大規模な流域で塩化物イオン（Cl⁻）の排出源と，日本国内での平均的な原単位を考察することには意義がある。

図-9.2.2 に桂川・宇治川・木津川の毎週定時調査による Cl⁻ 濃度の 4～12 月の変化を示す。平均濃度は桂川が 17.7 mg/l で 3 川の中では最も高くて変動も大きい。

第9章 水質トレーサー

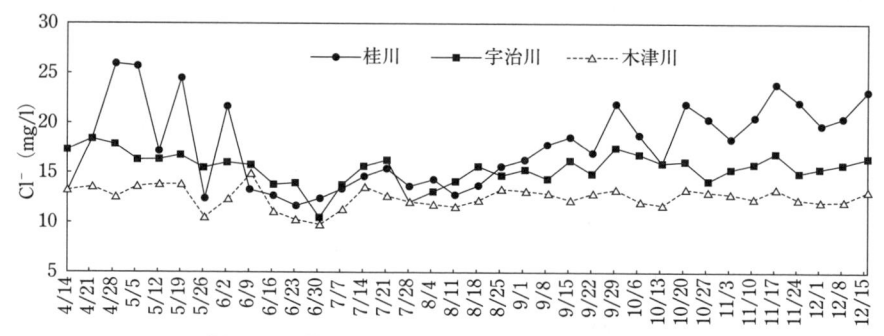

図-9.2.2 桂川・宇治川・木津川の Cl^- 濃度の変化

宇治川は 15.4 mg/l で，木津川は 12.6 mg/l と 3 川では最も低く，宇治川と木津川の変動係数は桂川の半分以下で安定していた。淀川の三大支川の桂川・宇治川・木津川の 3 川合計流量に占めるそれぞれの流量比率はこの調査時には 13：66：20 であるが，Cl^- 負荷量は桂川で 0.49 g/s，宇治川で 2.04 g/s，木津川 0.56 g/s で，その比率は 15：68：17 で木津川の比率が流量比率より小さくなった[2]。

ちなみに，2007 年の 1 月 1 日から 12 月 31 日のその流量比率は 14：66：21 で調査期間との相違は小さかった。淀川新橋横断方向 3 地点では，上流の影響を受けて右岸側で 17.0 mg/l と他より高く，中央と左岸側では 16.8 mg/l であった。桂川・宇治川・木津川は淀川新橋の約 14 km 上流のほぼ同地点で 3 川が合流し，その間の流下過程には小規模河川群の流入と水道原水や農業用水の大量取水がある。

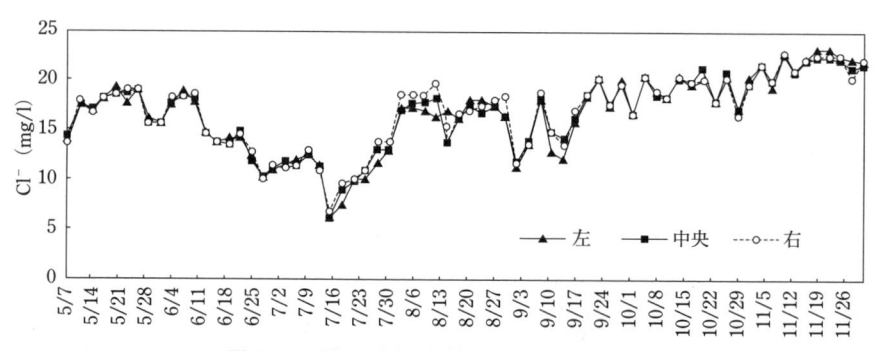

図-9.2.3 に，下流側の淀川新橋の左岸側・中央・右岸側の横断方向 3 地点の 3

図-9.2.3 淀川（淀川新橋）の Cl^- 濃度の変化

日に1度の定時調査によるCl⁻濃度変化を示す。上流側の3川と比べて，調査頻度が高いため小刻みな変化を呈するが，横断方向の差は小さくなっている。それぞれの地点での調査期間内のCl⁻平均負荷量をもとにすると，3川の合計負荷量は3.37 kg/sに対して，淀川新橋での高浜地点（大阪湾口から32.9 km）流量による負荷量は3.56 kg/sで，0.19 kg/sの増加となり，3川合計流量による負荷量は3.35 kg/sで0.02 kg/sの減少になった。例年，1〜3月や12月の定時調査期間外は全般的に流量が少なくて，水質濃度が安定している時期である。

したがって，定時調査期間内の流量とCl⁻平均負荷量の回帰式（経験式）を用いて調査期間外にも同じ調査頻度で，3日に1度調査したと仮定してCl⁻負荷量を推定し，年間負荷量として同様の比較を行った。その結果，3川合計負荷量3.09 kg/sに対して，淀川新橋での負荷量は高浜地点流量によると3.10 kg/sで0.01 kg/sの増加，3川合計流量によると2.98 kg/sで0.11 kg/sの減少となった。3川調査地点下流から淀川新橋地点までの4つの水道原水と3つの農業用水の取水による減少を，その取水量と最寄り地点のCl⁻濃度の積として減じ，小規模河川でも大きい川は同様の定時調査結果で，小さい川は1回の現地調査結果から年間平均値に換算して加えた。また，2つの大きな下水処理場と1つのし尿処理場の放流水による負荷は実測負荷量を加えた。

その結果，3川調査地点下流から淀川新橋までで，0.32 kg/sの取水，0.24 kg/sの流入となって，差し引きこの流下過程では0.08 kg/sの減少と推定できた[2]。これは，流量収支の精度も併せて評価すると，大規模流域河川の場合，上記の定時調査期間や年間での2つの流下過程の物質収支としては良い精度ではあるが，負荷量収支は主として流量の精度に左右されることを明らかにできた。

9.3 自然の水質トレーサー

下流側の水質変化を監視していると，通常の河川水中に溶け込んでいる物質（溶存態成分）の濃度変化によって，排出される場所や排出される量の変化があったことを知ることができる。したがって，利用できる場合でも，トレーサーとなる物質の存在状態，濃度，供給速度，分布状態などによって利用が限られる。その例として，NO_3^-や溶存ケイ素（dis SiO_2）について示す[3]。

(1) 硝酸イオン（NO_3^-）

　NO_3^-あるいは硝酸態窒素（NO_3^-–N）は，降水中にも流水中にも存在し，溶存酸素の存在下でNH_4^+やNO_2^-から比較的速やかに形態変化して安定的に存在する。一般に，陸域での窒素の大循環では，主として降水や植物体から分解されて供給されるため，表土層内の上層近くに多く貯留される。とくに，樹木の落葉・落枝，草本の枯死体などは細菌類の多い地表面で好気的な状態で分解されるため土壌層の上層付近に高濃度で分布する。有機物質から無機物質の窒素酸化物に分解された後，土壌水に溶出して，浸透してきた降水と入れ替わって流出したり，両者が混合しながら降下浸透や側方浸透してやがて流出することになる。

　一般に，晴天時流出では，地下水流出と先行降雨の遅い中間流出によって流出するため，安定した流量が維持されればほぼ一定の濃度が保たれる。しかし，降雨時流出では，晴天時流出分の地下水流出と先行降雨の遅い中間流出をベースに，当該降雨の表面流出と早い中間流出が加わるため，流量の増加は後者の流出によってもたらされる。後者の流出でもとくに早い中間流出の影響が大きければ，特徴あるNO_3^-の高濃度流出が見られる。すなわち，十分な長さの先行晴天期間があること，先行降雨の規模が大きくなければ，土壌層上層での貯留量が多いので，NO_3^-の濃度変化現象は顕著となる。

　比叡山・比良山系から琵琶湖西岸部へ流入する大宮川・真野川・和迩川において，同一降雨の流出を対象とした降雨時流出調査を行った。図-9.3.1(a)は隣り合う3つの川のNO_3^-濃度が，SSやCOD濃度変化と異なり，流量ピーク時より遅れて出現して，濃度ピーク後も徐々に濃度低下を呈しながらも，降雨流出前より高濃度レベルを維持し続けた流出変化の観測例である。図-9.3.1(b)は，真野川と大宮川についての流量とNO_3^-負荷量の経時変化を示す。流量ピークが先行し，NO_3^-負荷量ピークが遅れて出現している。

　図-9.3.2(a)，(b)に流量に対するT–COD_{Cr}とNO_3^-の負荷量の経時変化を両対数紙上に示した。流量ピーク時より先に濃度ピークが先行する多くの水質では，時計回りの経時変化を呈するが，NO_3^-負荷量は反時計回りの経時変化となる点が大きく異なる。この流量ピーク時より遅れて出現したNO_3^-の高濃度部分は中間流出成分によるものと考えて，図-9.3.3のように表面流出Q_1を第1段タンク，中間流出Q_2を第2段タンク，先行晴天日数の大きさから降雨前の流量Q_0を地

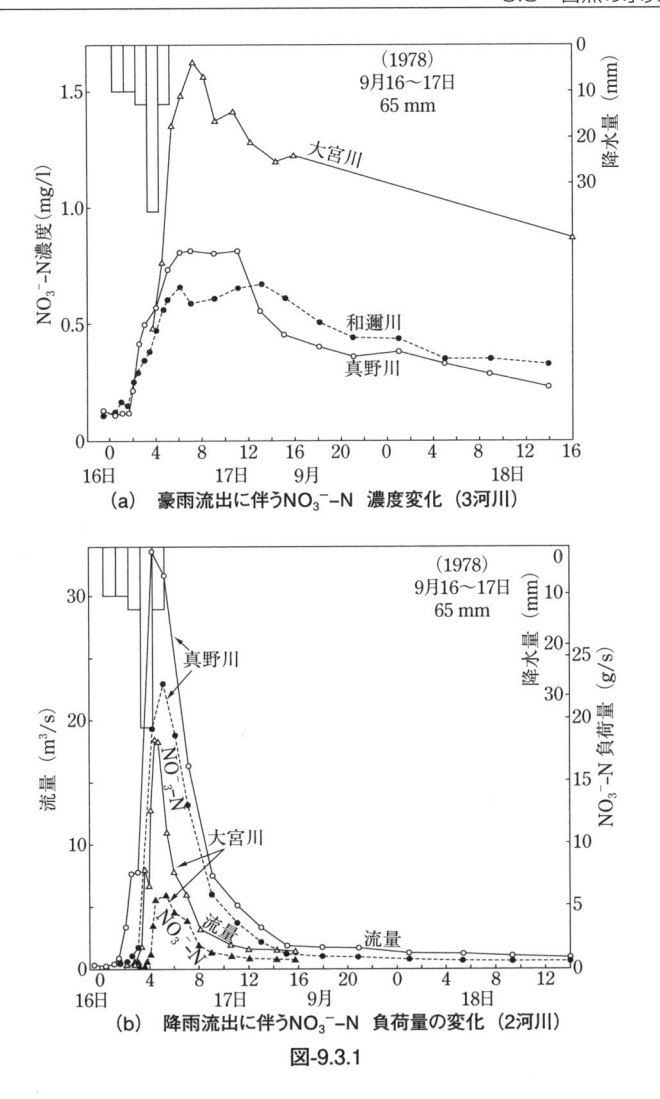

(a) 豪雨流出に伴うNO$_3^-$-N 濃度変化（3河川）

(b) 降雨流出に伴うNO$_3^-$-N 負荷量の変化（2河川）

図-9.3.1

下水流出の第3タンクとして，タンクモデルによる流量変化をシミュレーション解析で近似した[3),4)]。流量の成分分離の結果を**図-9.3.4**に示しておく。

この3つの流出成分による流出負荷量で全流出負荷量Lを表現するシュミレーションを行った。すなわち，NO$_3^-$をトレーサーとした降雨流出成分の流出分離解析である。NO$_3^-$濃度は第3タンクの濃度では降雨前濃度C_0とし，第2タンク

第9章 水質トレーサー

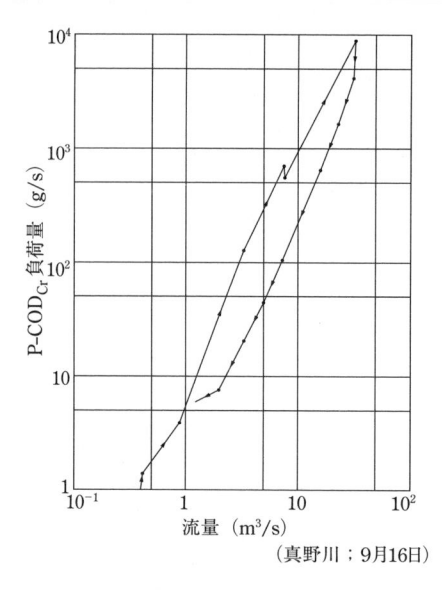

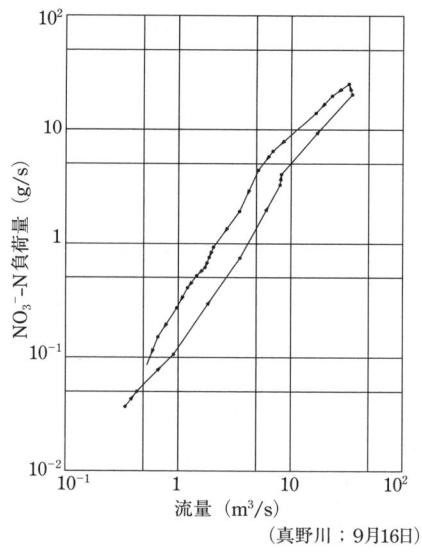

(a) 降雨流出時の流量変化に対するP-COD負荷量変化

(b) 降雨流出時の流量変化に対するNO$_3^-$-N負荷量変化

（真野川；9月16日）

図-9.3.2

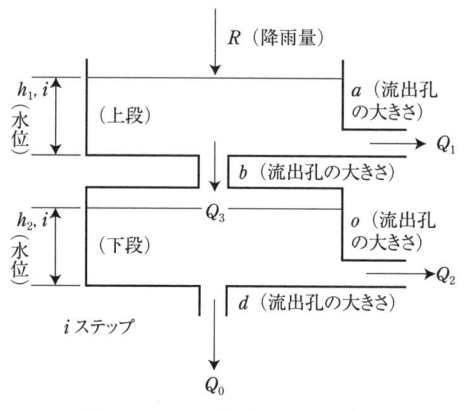

図-9.3.3 2段直列タンクモデル

の濃度ではピーク前後の高濃度状態の平均濃度，第1タンクの濃度 C_1 では降水の平均的濃度より少し高い濃度をまず仮定して，シミュレーションを始めればよい。この降雨イベントの真野川でのシミュレーション結果を図-9.3.5に示すように，よく近似できている。ここで，流出負荷量の各流出成分の和は次式で表される。

$$L = C_1 \cdot Q_1 + C_2 \cdot Q_2 + C_0 \cdot Q_0 \tag{9.1}$$

同様の現象は霞ヶ浦流入河川でも見られた。図-9.3.6は恋瀬川の支流で，筑波山から流下する小桜川の山地から水田地帯への変化地点の上流部（辻，2.36 km^2），

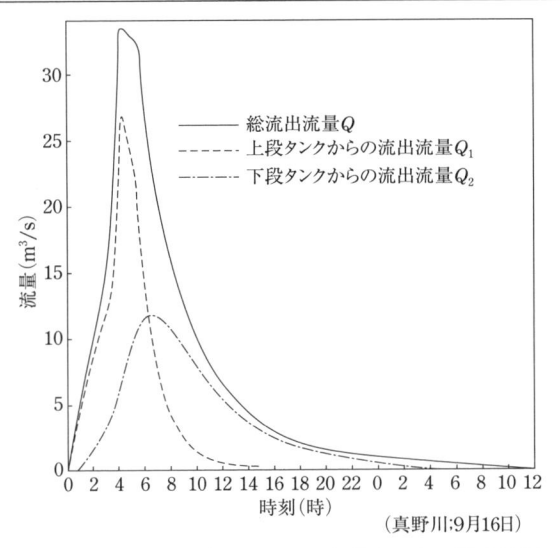

図-9.3.4 タンクモデルにおける各段タンクの流出流量の変化

水田地帯の中流部（朝日橋，7.99 km^2），および下流部（小桜橋，17.63 km^2）の3地点での流量とNO_3^-濃度の経時変化である。流域の上下流の境界付近は山地で，下流部ほど平地（水田）面積比率が増加する。前半の少量の降雨に続く降雨量の増加に伴って，流量ピーク直前から濃度も上昇し，ピーク濃度後も1日近くは少しずつ減少しながらもNO_3^-は

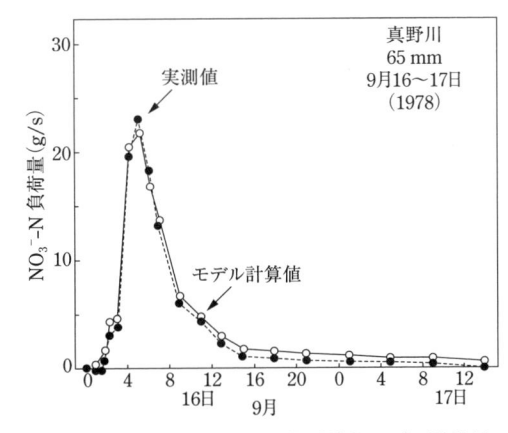

図-9.3.5 NO_3^--N 負荷量の実測値とモデル計算値

高濃度を維持し続けた。これは水田面積比率が大きくなる中流部でもNO_3^-の高濃度流出が見られたが，山地から水田地帯の変化地点の上流部，すなわち，山地からの流出水で高濃度を維持していた[6]。

図-9.3.7 は，同じ降雨時流出の上流部辻地点での流量変化と，Cl^-およびNO_3^-

第9章 水質トレーサー

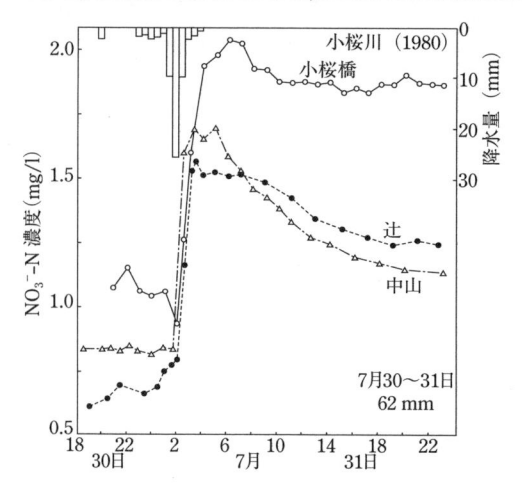

図-9.3.6 豪雨流出に伴うNO_3^--N濃度変化（3地点）

負荷量変化を示した。Cl^-負荷量変化が流量ピーク時にピークとなるのに対して，NO_3^-負荷量は流量ピーク後にピークが出現している。**図-9.3.8**は，同じ恋瀬川支流で筑波山から隣接して流下する支川で大作沢（3.11 km²）と寺山沢（6.31 km²）での195 mmの豪雨による流出の場合である。時間降雨量で3つの山のある豪雨に対して，3つの流量と濃度ピークが見られ，しかもそのピーク濃度が3つ目で最も高くなり，2週間を超える長期間にわたって降雨時流出前の濃度を上回った現象である。また，**図-9.3.9**のように，上記の2河川と小桜川の3河川で同じ3つの降雨ピークからなる85 mmの豪雨の降雨時流出の観測例で，3河川で上記と同様のNO_3^-濃度変化を確認している。

このように，土壌層の上層の浅い部分で先行晴天期間に貯留されていたNO_3^-が押し出されて流出してくるために高濃度が出現することになる[7]。したがって，その滞留していた層からの流出成分としてのトレーサーになる。これが早い中間流出成分と推定されるので，流出成分を分離する手段として利用できる。

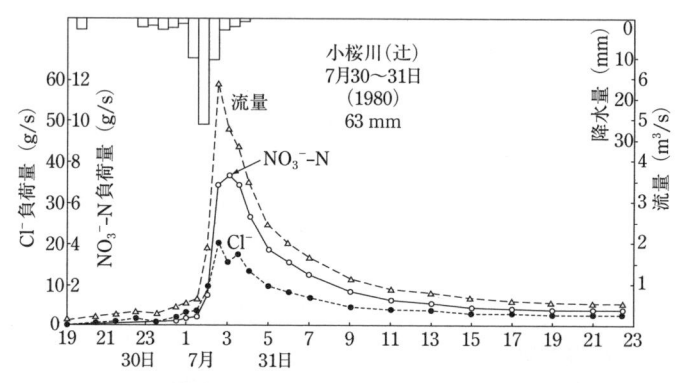

図-9.3.7 降雨流出に伴う陰イオン負荷量の変化（中流部）

9.3 自然の水質トレーサー

図-9.3.8 寺山沢・大作沢での豪雨流出の流量と NO_3^--N濃度変化

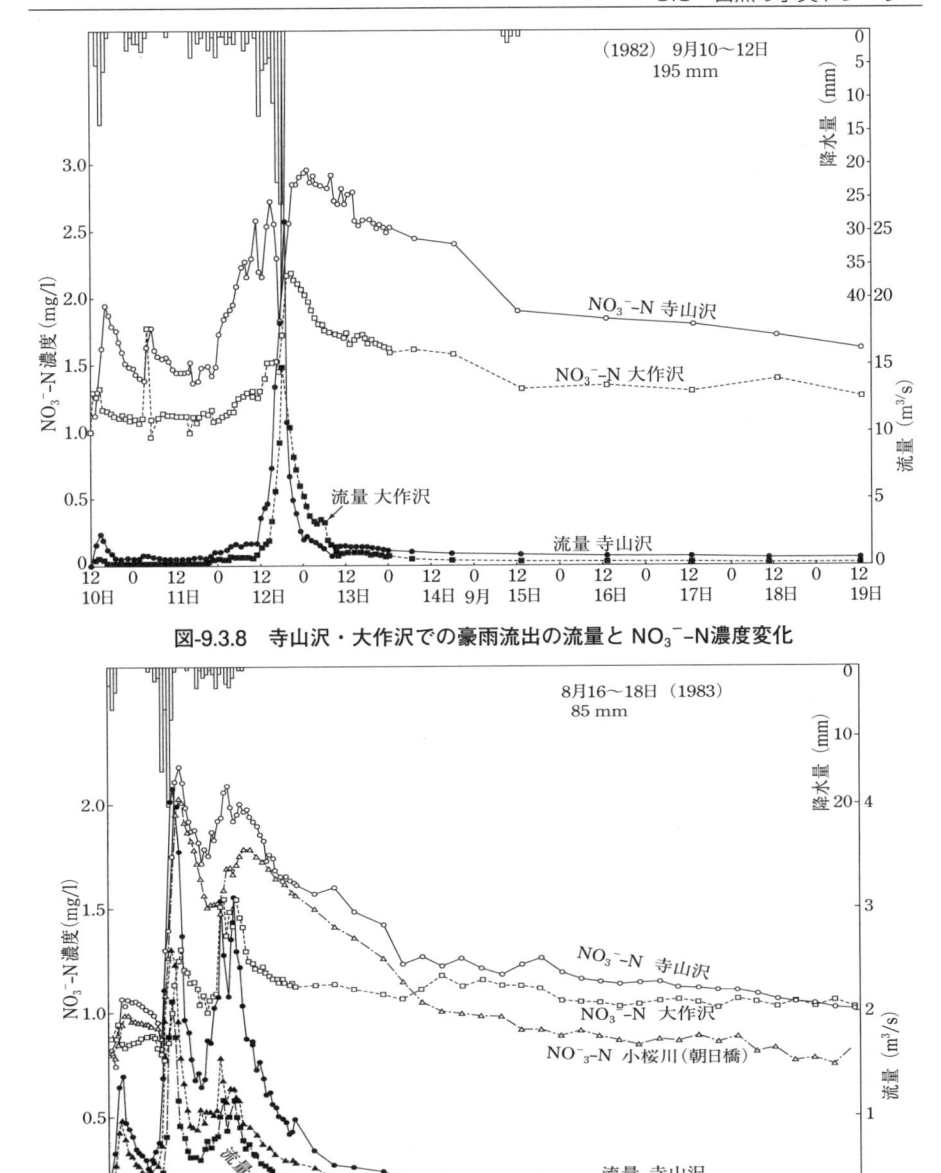

図-9.3.9 小桜川・寺山沢・大作沢での豪雨流出の流量と NO_3^--N濃度変化

(2) 溶存ケイ素（dis SiO$_2$）

　ケイ素（Si）は地球表面付近の岩石圏では酸素に次いで多く存在する元素である。土壌層や基盤岩層中に多量に含有されて存在して，単一の分子状態で分散したものが溶存ケイ素（dis SiO$_2$）あるいは溶性シリカで，その流出は存在位置から地表および地表面下での物質移動としてとらえられる。溶存ケイ素は安定した状態で，無機イオンとほぼ同じ流出様態を示す。珪藻の殻の重要な構成成分ともなるため，藻類の栄養塩の窒素やリンのように1次生産の制限因子ともなり，近年沿岸海域の「磯焼け」現象の要因としても注目される栄養塩類である。

　溶存ケイ素の降雨時流出における濃度変化は，小量の降雨の場合，**図-9.3.10**の筑波山から隣接して流下する大作沢と寺山沢ように，流量ピーク後にゆっくりしたわずかな濃度増加として現れて，流量減少より少し遅れて減少することが多い[2]。降雨強度や降雨量の大きな降雨では，急激な流量増加時や流量ピーク前後には濃度減少し，多くが地下水流出成分によって流出していることが推定できる。山地傾斜部では降雨浸透に伴って，基盤岩層との境界面上の表層土下部で土壌水中の溶存ケイ素の濃度増加が起きていることが明らかにされている。

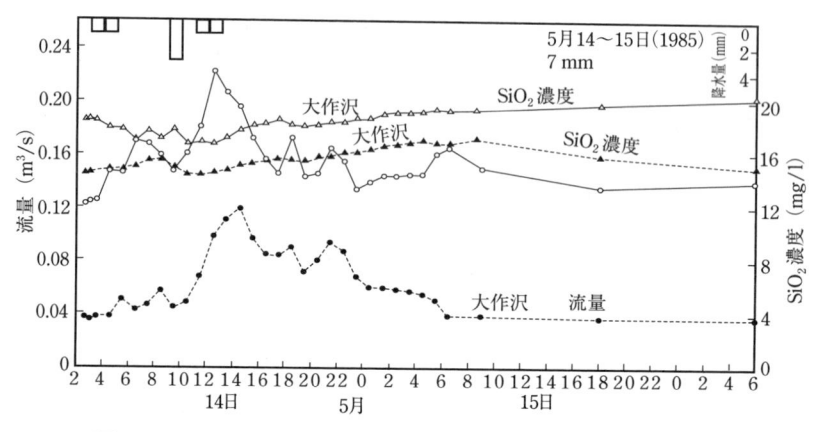

図-9.3.10　大作沢と寺山沢でのSiO$_2$濃度と流量の降雨時流出変化

9.4 染料・色素トレーサー

混合・拡散状態や流下時間などを知るために人為的に投入される食塩（NaCl）水のような自然の水域中に存在するものから，蛍光物質のローダミンBやウラニン（フルオレセインナトリウム）や染料などがトレーサーとして利用される。ウラニンは入浴剤としてよく用いられている成分である。

ローダミンB（紅桃色）やウラニン（緑黄色）は，観察者もそのトレーサーの動きを目視で追跡できるが，光によって退色するので長時間の現象には注意が必要である。目視では追跡できない濃度になっても，蛍光光度計による測定ではさらに数オーダー低濃度になるまで追跡は可能である。

淀川の上流側の左支川の木津川中流部の奈良県と京都府の境界に近い木津川市東端の左岸側にN市水道局の取水地点があり，その上流側右岸に複数自治体組合のし尿処理場が新設され，処理水が小河川に放流されて木津川右岸に流入することになった。**図-9.4.1**のように木津川での約920 mのほぼ直線状の流下区間において，処理水の移流・拡散状況と水道取水口への影響について現地調査を行った。低水敷は100 m前後であったが，秋季の低水流況下のため砂州が随所に存在して流水はおよそ20〜40 mの範囲で変化し，流れは右岸側から左岸側へ移行した。この小河川下流端から現場の河川水にウラニンを溶かしたものを投入し，その流下を追跡した。

取水口上流側で，横断方向では水深の大きい左岸側には長いボートを固定して調査員が張り付き，浅い部分には流水中に調査員が立ち，数m間隔で数分ごとに採水した。試水は蛍光光度計で濃度測定して，経時変化を求めた。ウラニンのトレーサーは木津川と合流後希釈されて，流水の傍では目視による確認ができなかった。右岸側堤防沿いの道路を移動する監視員にはかすかに確認できたので，トレーサーの流下に合わせて，流水中の調査員は採水のタイミングの

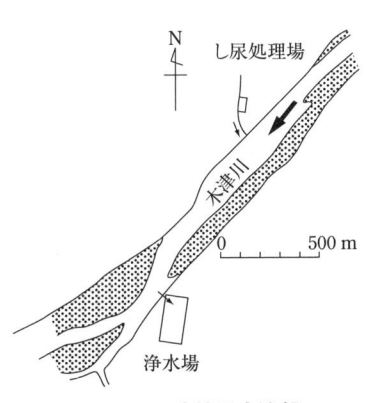

図-9.4.1 木津川中流部

第9章　水質トレーサー

指示を受けた。

　試水の蛍光光度計による測定は低濃度でも十分測定可能であった。920 m という流下距離の短さに加えて，上記の流水幅や平均流速 0.6 m/s 程度の流下状況では，小流量で合流する流入河川水の影響は，本川の主流部での混合は進まず，横断方向のほぼ半ばまでの影響にとどまって，対岸となる左岸側の流水までは影響が及んでいなかった。

　桂川・宇治川・木津川が合流した約 14 km 下流の淀川までは，左右両岸側の水塊の混合が生じ難いことからも，この直線的な河川形状で短い流下距離では，少量の側方からの流入水の混合影響範囲は限定的であることが明らかになった。

　流入時点の小河川やトレーサー到達時点前後での木津川の COD や Cl^- の水質分析も併せて行い，小河川水の影響度を確認したが，水質濃度の差違で判定するにはその濃度差は小さ過ぎた。また，小河川が合流する本川の流量が多い状態下ほど横断方向の混合は生じ難いことも出水時や平水時の横断方向水質分布調査から明らかになっている。

9.5　重金属と農薬

　重金属について，公共用水域では環境基準が，工場排水等には排出基準が設定されている。工場群からの工場排水や下水処理場放流水の排出先の公共用水域では，重金属が検出されることが多い。しかも，各種の排水処理を経て排出される重金属は，溶存態成分が多い。低濃度でも高流量で排出されれば，小河川から合流を繰り返して，規模の大きな河川になった下流部でも検出されるし，合流した他の河川よりかなり高濃度ならば混合度の指標にできる。また，排出される金属が特殊な金属であれば，そのトレーサーとして際だったものになる。近年，重金属の流出濃度は低下しているが，各種の排水を集めて処理する大規模下水処理場は，低濃度ながら重金属が常時かなりの負荷量で排出される目立った排出源となってきている。

　淀川は，宇治川に右岸側から桂川が，左岸側から木津川がほぼ同地点で合流して淀川となる。かつては京都市内の大量の生活雑排水や下水道処理水を受けていた桂川のように，淀川になってもあまり混合が進まず，左岸側で NH_4^+–N や Cl^-

が高濃度となっていた。とくに，高濃度の NH_4^+–N は消毒塩素量の増加や臭いなどから水道水源として好ましくなく，木津川や宇治川からの水を取水するため，水道水源の取水地点が上流の左岸側に設けた浄水場を活用するような結果をもたらした。それほど，偏った横断方向の水質分布が下流まで続くような状況があった。

しかし，近年は桂川・宇治川・木津川のいずれも濃度レベルに差が明瞭でなくなってきて，最近は木津川の有機物濃度がわずかに高くなる傾向にある。桂川，宇治川，木津川は，ほぼ同一地点で合流して淀川になり，さらに下流で，流域内に工業団地を有する枚方市内や高槻市内を縦断して流下する支川が左右方向から合流する。流域内の各河川の負荷の特徴が異なっており，3川の中では京都市街地を流域内に抱える桂川の重金属の濃度の高さが目立ち，合流後の3川の流下過程での横断方向の混合度は大きくない。

それは，図-9.5.1(a)，(b)のように，これらいくつかの重金属濃度の横断分布

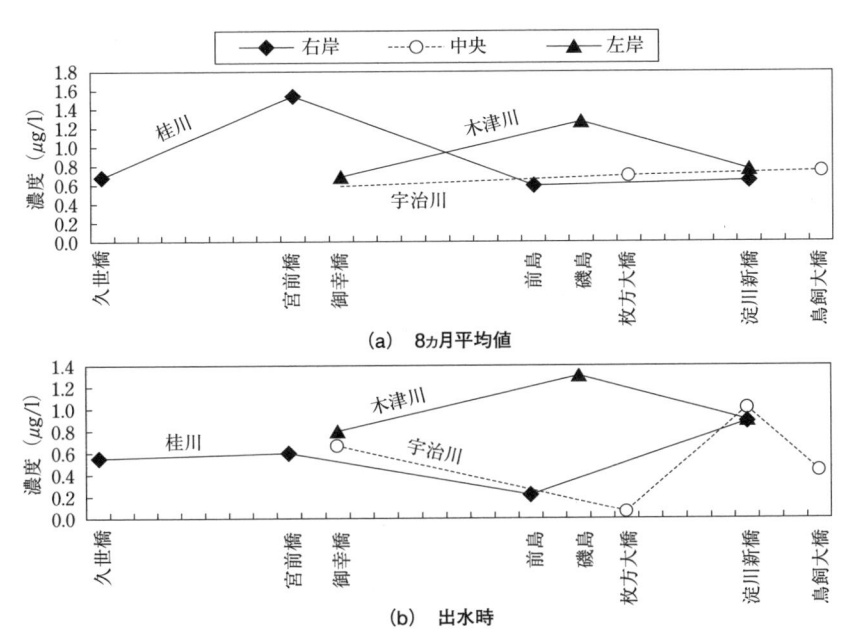

(a) 8ヵ月平均値

(b) 出水時

図-9.5.1 淀川流下過程の8回の毎月調査の平均および9月の出水時の溶存態 Ni 濃度の横断方向分布の変化

の流下過程を毎月調査して明らかになった[8), 9)]。とくに，重金属は工場排水や下水処理場処理水が大きな排水源になっているほか，交通量の多い道路を多く抱える市街地からは，自動車のタイヤに含まれるZnが，路面排水中に含まれて降雨時流出で流出している。さらに，自動車の排気ガスとして排出される石油系化学物質の粒子態成分も微量ながら流出する。

また，農地の水田・畑地・樹園地，ゴルフ場などで散布される農薬には，その場の作物や植生によって施用される農薬種が異なり，その農薬が降雨時流出や用排水の人為的管理によって流出したりする。それらが下流河川で検出されると，上流側のその農薬散布地からの流出と知れる。上流側に多くの散布地が集中したり，散在したりの違いや，それら散布地からの流下時間の差で下流側の濃度も変わる。流域の上流から下流までの流下過程では，農薬濃度の経時変化におけるピーク濃度の流下時間の追跡から流下時間の実態を知ることができる。

この状況で，桂川や木津川の農薬の散布時期の違いや散布農薬種の違いが見られた場合，上記3川が合流した淀川の流下過程の横断方向分布の変化では，図-9.5.2(a), (b)のように，流水幅も広く横断方向の農薬濃度に違いが見られる[10)]。とくに，図-9.5.2(c)のように，出水時の淀川の淀川新橋での横断方向3地点では，左右両地点の農薬濃度に違いが見られ，農薬をトレーサーと見立てると，横断方向の混合があまり進んでいないことが明らかとなる[11)]。3川の年間平均流量は，桂川が46 m^3/s，宇治川が176 m^3/s，木津川が50 m^3/sであるが，琵琶湖や天ヶ瀬ダムでの流量制御を受ける宇治川の流量は安定していて，晴天継続時には桂川や木津川は3川の合計流量の15%以下のため，真ん中の宇治川の流水が3川の合計流量の70%以上を占め，横断方向の混合を阻むような存在になっている。

農薬の多くは農地に散布され，地域ごとに栽培期間が限定されて，特定の栽培作物の特定の生長時期に集中して散布されるために，その流域河川が湖沼や海域に流出して河川水が湖沼水や海水と混合する過程を把握するトレーサーとして利用することができる。

霞ヶ浦や琵琶湖では河川下流端から河口域・沖合部への拡散・混合状況の実態がとらえられている。図-9.5.3は霞ヶ浦高浜入での濃度分布を示したものである。河川から同じ農薬が時期的に集中して高濃度で流出し続ければ，霞ヶ浦の湾形部のように農薬濃度も長期間にわたり高濃度を維持する[12), 13)]。直線的な形状の広

9.5 重金属と農薬

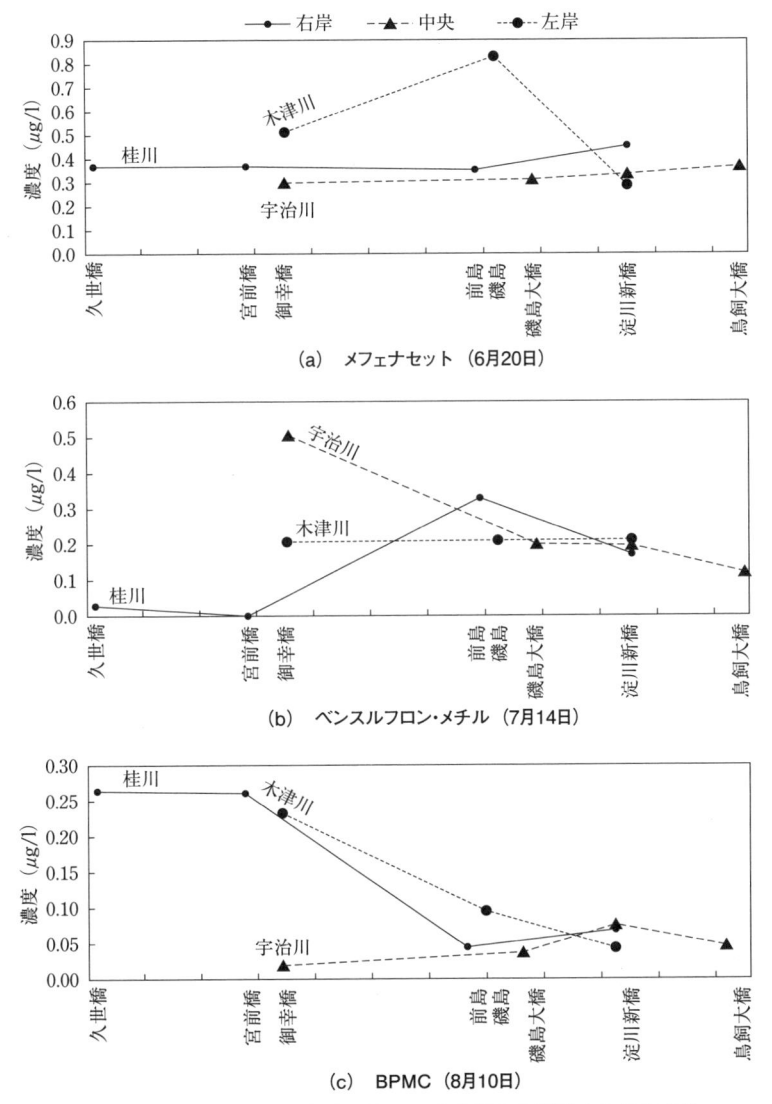

凡例: ● 右岸　▲ 中央　● 左岸

(a) メフェナセット（6月20日）

(b) ベンスルフロン・メチル（7月14日）

(c) BPMC（8月10日）

図-9.5.2　淀川流下過程の毎月調査での農薬濃度の横断方向分布変化

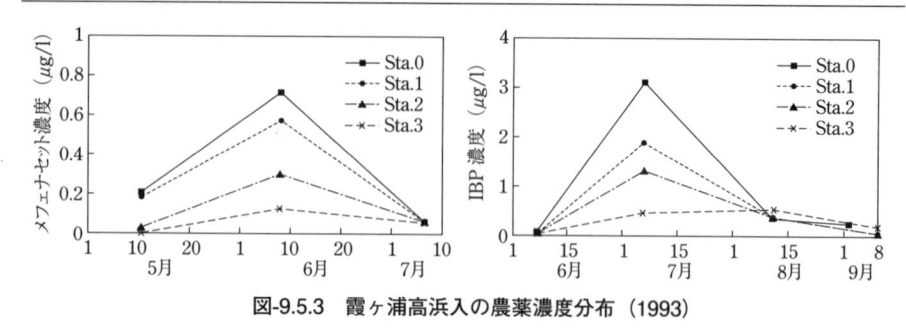

図-9.5.3　霞ヶ浦高浜入の農薬濃度分布（1993）

大な湖岸部へ流出する河川からの農薬流出は，拡散水域の急な拡大によって，湾形部に比べると当然ながら沖合部への濃度減少は大きい。

9.6　同位体トレーサー

近年，隔離水界や小規模試験地のように限定された領域内で安定同位体の移動からその物質移動の機構や速度を追跡する実験研究が実施されるようになった。これには，自然界に比較的多量に存在する元素で，炭素の安定同位体 ^{13}C，窒素の安定同位体 ^{15}N，酸素の安定同位体 ^{17}O と ^{18}O，硫黄の安定同位体 ^{33}S, ^{34}S, ^{36}S および水素の安定同位体の D などが含まれる。これらは，それぞれの元素で自然界中で圧倒的なシェアの質量数の元素と比べて，**表-9.6.1** のように ^{34}S の 4.21 ％と ^{13}C の 1.11 ％が少し多い程度で，残りは 1 ％未満の稀少な存在量である[14]。

それぞれ自然界での分布や移動のほか，利用域を限定しての散布や，生物による摂取後の移動の追跡に利用され，それぞれの元素によって利用される場に違いがある。水の移動，あるいは，水循環のトレーサーとしてみれば，^{18}O と ^{2}H（D）が考えられるが，重水素の ^{2}H は ^{1}H と比べて 2 倍の質量であり，その利用法が限定的である。有機物質の物質移動には ^{13}C が，栄養塩の移動には ^{15}N が，大気中の汚染物質の移動では ^{33}S, ^{34}S, ^{36}S がよく利用される。

安定同位体自体が高価なこともあって，人為的な投入による移動の追跡は狭い範囲に絞ってマイクロコズムや隔離空間等のような場を限定した利用と，自然のフィールドに存在する同位体の存在比の差違を利用する場合とがある。さらに，

表-9.6.1　国際基準物質とその安定同位体比 [14]

元素	国際基準物質	安定同位体	存在比（モル分率）
水素（H）	VSMOW	^1H	0.99984426
		^2H	0.00015574
炭素（C）	VPDB	^{12}C	0.988944
		^{13}C	0.011056
窒素（N）	大気	^{14}N	0.996337
		^{15}N	0.003663
酸素（O）	VSMOW	^{16}O	0.9976206
		^{17}O	0.0003790
		^{18}O	0.0020004
硫黄（S）	VCDT	^{32}S	0.9503957
		^{33}S	0.0074865
		^{34}S	0.0419719
		^{36}S	0.0001459

範囲をもう少し拡大して実験的な場での研究例が見られるようになった。また，安定同位体を計測できる質量分析計は少し安価になったとはいえ，いまだに相当に高価であるが，いくつかの分析機関で依頼分析も可能になっている。

　水文学の分野ではある降雨での流出水が先行降雨のものか当該降雨のものか，降水と流出成分の同位体比率の違いを利用して，表面流出成分・中間流出成分・地下水流出成分の流出成分の分離に利用される。また，富栄養化現象に注目して，どの形態の無機栄養塩がどのように植物プランクトンに摂取されるかを物質移動とその移動速度を追跡するのに利用されたりする。

　水文学のフィールド分野での同位体トレーサーの利用は，たとえば，酸性雨の原因物質の硫黄酸化物の由来の追跡である。硫黄の発生源としては，海塩粒子起源，火山ガス起源，生物体分解ガス起源の自然起源と，化石燃料燃焼および金属精錬ガスの人為起源に分けられる。とくに，他の化石燃料よりも石炭には硫黄分が多量に含まれ，その石炭も産地によって硫黄同位体比が異なり，とくに前三者の同位体比とも異なる性質を利用して，発生源を特定するトレーサー解析に利用される。中国大陸から偏西風で長距離輸送されて日本列島に沈着する湿性沈着物中の硫黄同位体の比率の違いから，その降水の発生源が推定されている。中国産石炭も揚子江以北産の石炭の $\delta^{34}S$ の平均値は揚子江以南のものより高く，日本

第9章 水質トレーサー

国内の人為発生源のそれよりも高い分布をもっている。この推定は，偏西風帯の日本海や東シナ海上空の航空機による大気汚染物質の採取・分析調査結果からも支持されている。

◎文　献

1) 海老瀬潜一（1993）：降雨流出過程におけるトレーサーとしての溶存物質，ハイドロロジー，23，47-58。
2) 海老瀬潜一（2009）：桂・宇治・木津川と淀川本川の塩化物イオン収支の一考察，水環境学会誌，32，441-449。
3) 海老瀬潜一（1979）：タンクモデルを用いた降雨時流出負荷量解析，用水と廃水，21，1422-1432。
4) 海老瀬潜一，村岡浩爾，大坪国順（1982）：降雨流出成分の水質による分離，土木学会第26回水理講演会論文集，26，279-284。
5) 海老瀬潜一，村岡浩爾，佐藤達也（1984）：降雨流出解析における水質水文学的アプローチ，土木学会第28回水理講演会論文集，28，547-552。
6) Ebise S.（1984）：Separation of runoff componennts by NO_3^-–N loading and estimation of runoff loading by each component, Hydrochemical balances of freshwater systems（Edited by Erik Eriksson），IAHS Publication, 150, 393-405。
7) 海老瀬潜一（1985）：降雨による土壌層からのNO_3^-の排出，土木学会衛生工学研究論文集，21，57-68。
8) 海老瀬潜一，三木一克（2001）：高頻度調査による淀川本川およびその支川の重金属の流出特性と流出リスクの評価，水環境学会誌，24，715-723。
9) 海老瀬潜一，尾池宣佳，福島勝英（2004）：高頻度調査による淀川本支川の溶存態重金属流出特性の統計解析，環境科学会誌，17，49-59。
10) 海老瀬潜一，福島勝英，尾池宣佳（2003）：淀川本支川の農薬の流出特性と流出リスクの評価，水環境学会誌，26，699-706。
11) 海老瀬潜一（2006）：淀川本川の高頻度定時調査と出水時調査による農薬流出評価，水環境学会誌，29，705-713。
12) Ebise S.,T.Inoue and A.Numabe（1995）：Runoff characteristics of pesticides from paddy fields and their influence on lake water, Proc. of 6th Intern. Conf. on the Conservation and Management of Lake-Kasumigaura '95, 1011-1014。
13) Ebise S.（1995）：Behabior of pesticides in inflowing rivers and the lake, Environmental map of Lake Kasumigaura（Edited by M.Aizaki, Bunyodo）
14) 宮島利宏（2008）：なぜ安定同位対比なのか，（流域環境評価と安定同位体，永田俊・宮島利宏編，京都大学学術出版会，p.476），p.16。

第10章 特異な流域や特異な条件としてのフィールド調査の選択

10.1 特異な地域と特異な気象・水文条件（場と時）

　流域への降水や汚濁負荷の入力に対する流域の応答としての出力の流出負荷量をとらえるには，特異な地形条件の流域フィールドや，特異な水文条件のケースに水質調査を実施できれば，特別な条件の結果としての解析には好都合である。すなわち，理想的な条件には恵まれないため，特定の地形や特定の水文条件（場と時）を選んで，特筆すべき要因と調査結果の関係を比較的単純な形でとらえて，多様な流域の複雑な現象とを対比して検討することになる[1]。

　流域規模が大きくなると，調査対象流域内の土地利用形態が単一であるような場合はほとんどない。調査対象流域内の土地利用形態で単一の土地利用形態が80％を大きく上回って，他の形態からの流出負荷量の寄与が全流出負荷量の中で無視できるほど小さい場合は，ほぼ単一の土地利用形態と見なすことができる。そのような土地利用形態が山地，農地あるいは市街地ならば，その流域河川はそれぞれ山地河川，農地（田園地）河川および市街地河川と呼べるであろう。

　これとは別に，注目する水質現象をより明瞭にとらえるには，対象流域が特異な地形条件であったり，調査時期が特異な水文条件のケースであった方が良かったり，そうでないととらえられなかったりすることがある。例えば，降雨時流出の水質変化を追跡するには，一定の降水量以上の降雨規模が必要であり，降雨時流出の直前の状態も把握していないと正確な水質変化の解析はできない。降雨時流出は，対象とする降雨（イベント）だけでなく，先行降雨の規模や先行晴天期

間（日数）などによって水質変化の影響の大きさが異なるので，必要な条件を満たす降雨（イベント）を求めて実行しなければならない。また，降雨時流出の水質変化の終了時点の設定のし方も，解析結果に影響するので，流量あるいは水位，または現場で計測できる電気伝導度等の水質レベルなどでの対応が必要である[2),3)]。

　土地利用形態に起因する汚濁負荷の排出には季節，週間，日間などの変化を伴うので，対象の水質変化現象との対応を考慮しなければならない。例えば，稲作主体の農地河川では，水稲移植前の耕起から収穫までの栽培期間はむろんのこと，畑地状態の非栽培期間もとらえていないと，年間を通した流出評価はできない[4)]。

　人為的な汚濁現象で，かつて30〜40年前には，河川水質の特異日があった。お正月3が日と旧盆の15日前後数日間である。正月3が日はデパート・商店や工場等は休業して，家庭では洗濯もほとんどされることなく，正月はお節料理で過ごすことが多かった。このため，工場排水の排出がほとんどなく，生活雑排水の排出も少なく，市街地河川下流部でも汚濁されていない清澄な水質状態が出現した。これは，京都市南部の市街地河川で年末年始や旧盆前後の連続水質調査を実施して確かめられた。

　人為的な水質汚濁をなくせたら，このように清澄な水質を，良好な水環境が取り戻せることを実現できる，究極のゴールを示す水質の特異日があった。正月や旧盆前後の数日間は，工場等が休業した。お盆休み（夏休み）でも正月3が日に近い清澄な水質状態になった。現在は，幸いにも下水道が普及し，工場排水の処理水質レベルの改善もあって，かつての深刻な水質汚濁状況を脱しており，元日からスーパー・商店や食堂等が競って営業するような状況で，さほど明瞭な水質変化状況は見られなくなっている。

10.2　並はずれた豪雨流出

　降雨強度とひと雨降水量がともに大きな降雨は豪雨と呼ばれ，台風や前線停滞時に起きることが多い。降水量の観測は，各地の気象台やAMeDAS観測地点のほか，他の行政機関や鉄道，道路維持管理事務所，大学の演習林や製紙会社の社有林等でも観測されている。このうち，気象庁管轄の場合は公式記録として既往

10.2 並はずれた豪雨流出

の記録として残るが,他の観測記録は一般には公にならないので,局地的には公式記録を上回る降水量も存在する。

また,転倒枡型自記雨量計はコンクリート型枠等で三脚の固定台座を造れば,容易に調査現場にも設置可能であり,著者の降雨時流出調査には常に現地に持参して参考にした。口径の大きい円筒状のステンレス製調理容器を,開けた空間を確保した場所に水平に設置すれば,湛水水深と全降水容量の測定でも簡易測定は可能である。

著者の降雨時流出調査の最大降水量は,霞ヶ浦流入河川の恋瀬川支流での2河川同時調査の195 mmの豪雨イベントであった。流量変化の激しい時間帯の半時間間隔を含む毎時調査から,流量低減状態に入って2時間,3時間,4時間,6時間,8時間,12時間,24時間間隔のように順次調査間隔を広げて,結果として10日間の調査となった。この降雨時流出のNO_3^-–N濃度と流量変化は9.3の図-9.3.8に示してある。時間降水量と流量の3つのピークに応じてNO_3^-が濃度上昇をした例である。これは比較的長い先行晴天日数後に加えて,降雨強度や降水量とも大きかった豪雨の条件下で生じた流出である[5]。

これに次ぐ豪雨時調査は,屋久島宮之浦川湯川橋下流地点での1994年3月5〜6日の129.5 mm,屋久島ではあまり珍しくない程度の降雨イベントで,流量は流水断面と流速測定の実測値の1.9 m³/sから,水位上昇かつ流水断面の拡大のため実測不能となったが,水位と浮流物の流速で推定した最大流量の約300 m³/sまで変化した。水位変化と水質濃度変化を図-10.2.1(a)〜(d)に示す。水位ピーク時のK^+とCa^{2+},溶存ケイ素(dis SiO_2)の濃度低下が大きく,Na^+とMg^{2+}の濃度低下は小さかった。また,DOCは水位ピーク時に濃度増加を示した。15日前には189 mmの先行降雨があり,その後は0.5〜3.5 mmの降雨しかなかったことと,屋久島の渓流河川流域は急勾配斜面で土壌層厚さが薄いため,先行降雨の規模が大きくても,半月後への影響はかなり小さいと考えられる[6]。

もう1つの調査豪雨は別格の1996年の台風6号による豪雨の淀川(安房川支流荒川の上流部,標高1 380 m,流域面積2.5 km²)の淀川小屋(トラス橋)での観測例である。7月17〜18日の総降水量は円筒バケツでの簡易測定で約700 mm,最大1時間降水量は116 mmにも達した。このときの東部海岸低地の屋久島測候所(標高37 m)で総降水量273.5 mm,南部海岸低地の尾之間

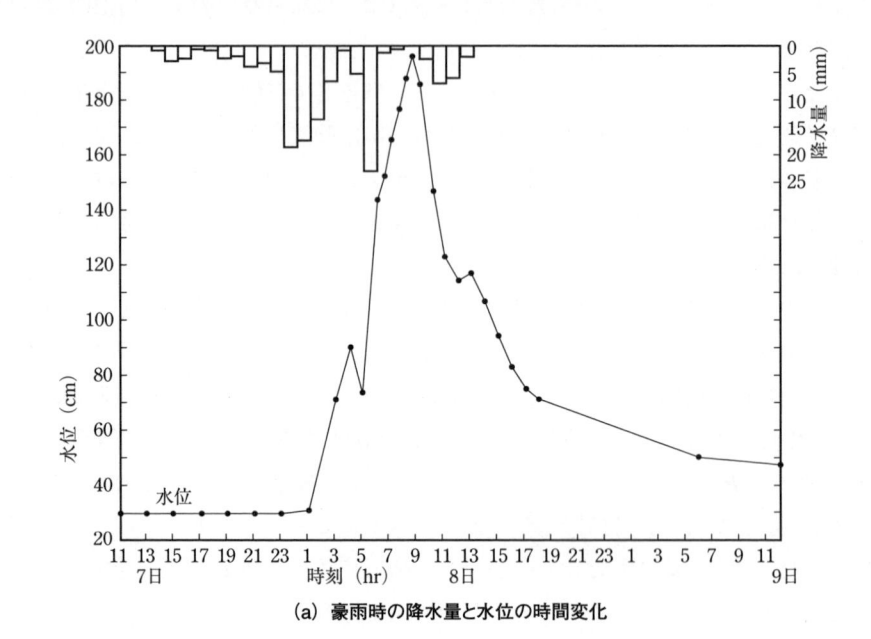

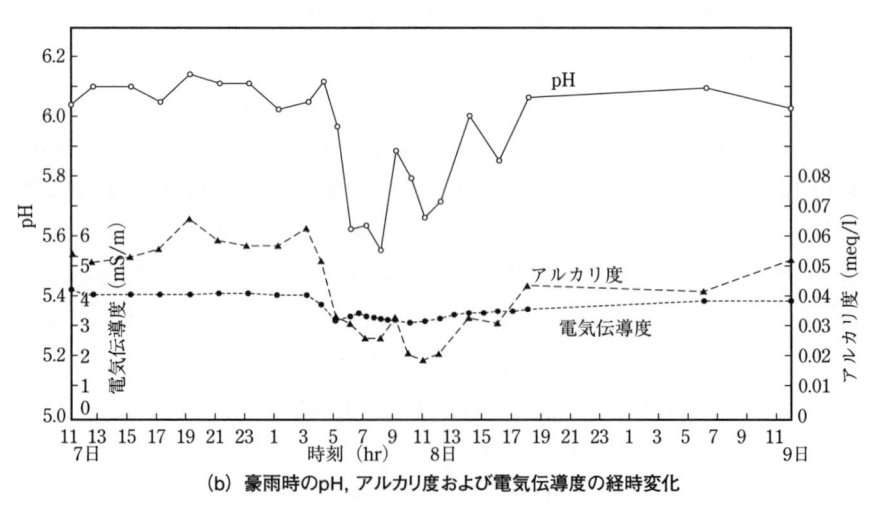

第 10 章 特異な流域や特異な条件としてのフィールド調査の選択

(a) 豪雨時の降水量と水位の時間変化

(b) 豪雨時のpH, アルカリ度および電気伝導度の経時変化

図-10.2.1(1)

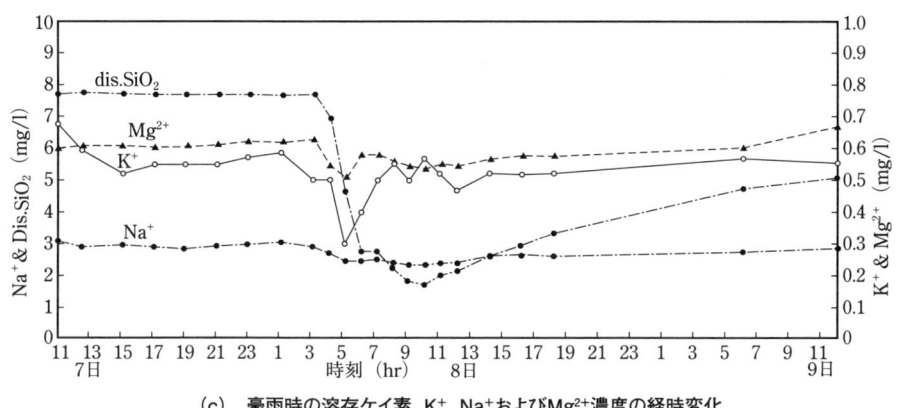

(c) 豪雨時の溶存ケイ素, K^+, Na^+およびMg^{2+}濃度の経時変化

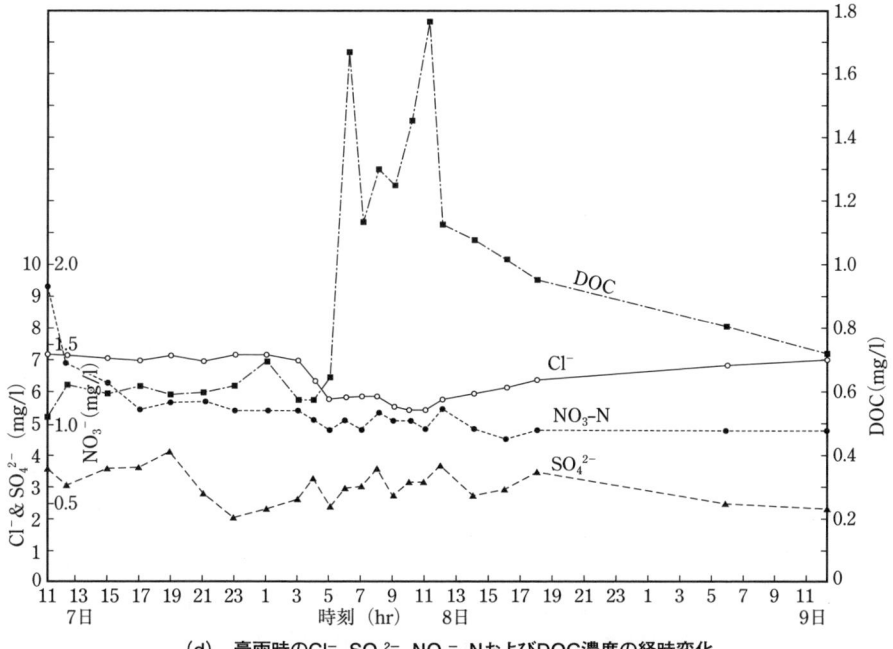

(d) 豪雨時のCl^-, SO_4^{2-}, NO_3^--Nおよび DOC濃度の経時変化

図-10.2.1(2)

第10章 特異な流域や特異な条件としてのフィールド調査の選択

AMeDAS観測では総降水量131 mmと少なかった[7]。台風は屋久島中央部を横断したため，18日午前には淀川小屋で一時，台風の目の青空が見られた。ちなみに，屋久島測候所は屋久島空港開設前に北部の一湊から東部の長峰に移転しているが，1937年観測以来，日降水量の最大は1942年8月に557.3 mmであり，尾之間AMeDAS観測は1976年以降で1977年7月の385 mmが日降水量の最大である。

この豪雨による降水量変化と水質変化を図-10.2.2(a), (b), (c)に示した。図には示していないが，水位変化は時間降雨量変化のピークにしたがって，最初の小さな水位ピーク，中盤での大きな水位ピーク，終盤でのさらに大きな水位ピークが出現した。最初の4回分は流水断面積と流速の測定ができ，最初は実測値で0.2 m^3/sから，終盤のピーク時には水位と浮流物の流速による推定値で100 m^3/s近くまで増大した。中盤の水位ピーク前から通常の流路を越えて約4倍に拡大した流路幅かつ高水位で流下する状況となった。約7日前の先行降雨は降雨強度のあまり大きくない降雨であり，その後の晴天期間の影響度は，この並みはずれの豪雨に対しては小さなものになっていると考えられる。この豪雨により，安房川河口部の最下流部集落では越流浸水を生じたほどである[4]。

主に土壌層と湿性沈着物に由来するNO_3^-–Nは，中盤の水位ピークで最大の濃度ピークを呈して，SO_4^{2-}等他のイオンとは異なる流出変化を示した。これは，琵琶湖や霞ヶ浦流入河川でも見られたように，土壌層からの早い中間流出によるものと考えられる。土壌・岩盤だけでなく，植生の葉面等からの溶出もあるK^+は，ファーストフラッシュとして流出初期に鋭い濃度ピークを呈して，中盤の水位ピークにも濃度ピークを示した。しかし，土壌層・基盤岩層から溶出する他のアルカリ土類金属のCa^{2+}, Mg^{2+}, Na^+とは流出時期が少しずれており，流量の流出成分による流出負荷量差違が見られる結果となった。また，DOCはファーストフラッシュ時に小さな濃度ピークを呈した後，水位変化に追随しないで小さな増減を繰り返しながら減少して，無機イオンとは異なる流出変化を示した。

この桁はずれの豪雨は希有の現象であり，流路周辺の浸食だけでなく，調査後の流域内の観察から，流域内に新たなみずみちを形成して，浸食しながら短絡的な流出を多く引き起こした状況が見られた。したがって，一般の山地河川で見られるファーストフラッシュ現象は同じであったが，その後の桁外れの降水量によ

10.2 並はずれた豪雨流出

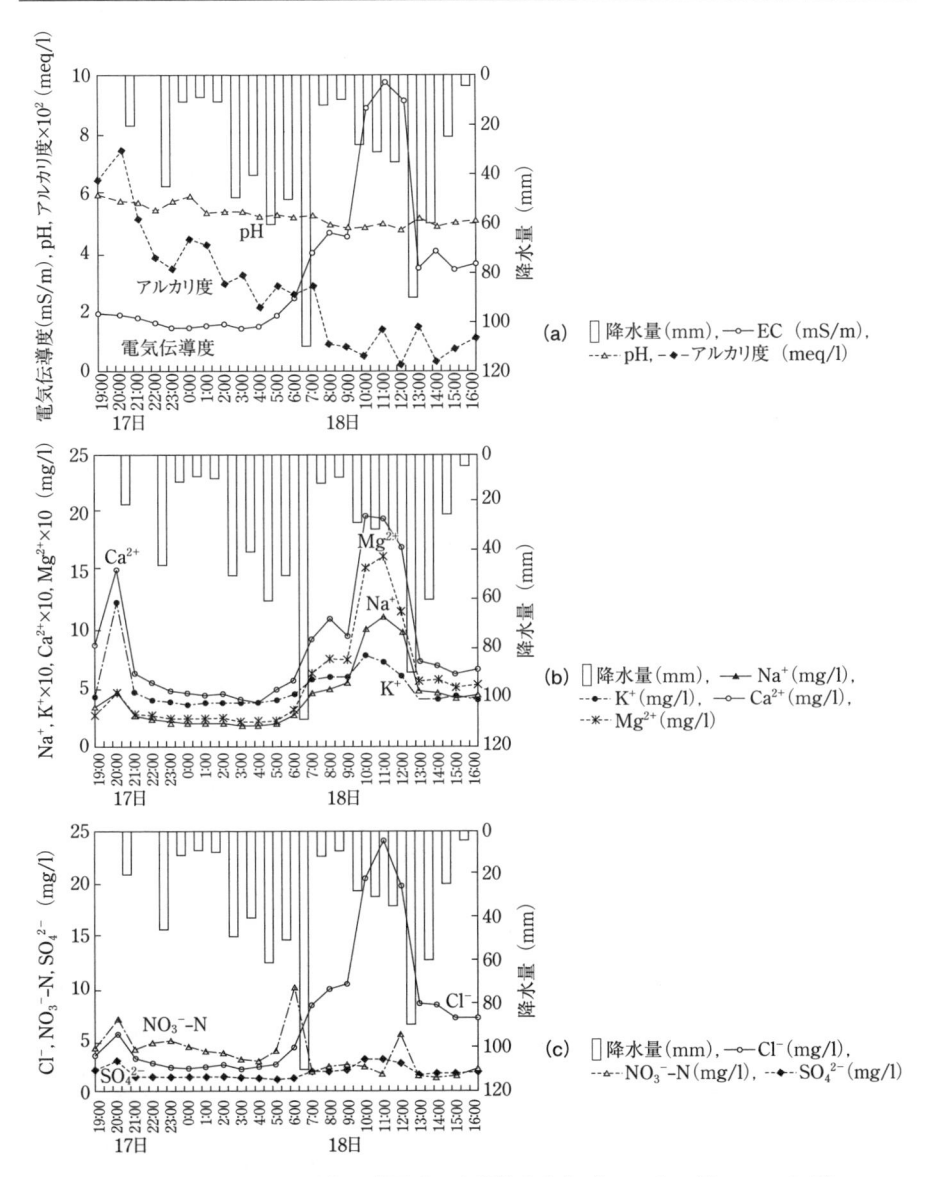

(a) □降水量(mm), ─○─ EC (mS/m),
--△-- pH, -◆- アルカリ度 (meq/l)

(b) □降水量(mm), ─▲─ Na⁺(mg/l),
--●-- K⁺(mg/l), ─○─ Ca²⁺(mg/l),
--✳-- Mg²⁺(mg/l)

(c) □降水量(mm), ─○─ Cl⁻(mg/l),
--△-- NO₃⁻-N(mg/l), --◆-- SO₄²⁻(mg/l)

図-10.2.2 安房川上流部の豪雨時の水質濃度変化（1996年7月17～18日）

第10章 特異な流域や特異な条件としてのフィールド調査の選択

る流出は特異な部分が生じていると考えられる．とくに，各種水質の負荷排出源が直接流出で流出しやすい地表面付近に存在する場合，流出可能な状態での存在量は有限量と推定され，溶出や反応後に流出するには一定の時間を要すると考えられる．

10.3 円錐形状高山の放射状流下渓流の水質方位分布

　台風や卓越風下の海塩や大気汚染物質の負荷による水質への影響は，その威力が大きいほど顕著な水質変化が現れる．また，地形的にどのような位置への水質影響が大きいかは，単純な地形条件，例えば，擂り鉢のような漏斗状の盆地や，円錐形状の独立峰の四周の斜面上に放射状に分布する河川群に方位的特徴が現れやすい．このうち，円錐形状の特異な地形は，利尻山・羊蹄山・岩木山・鳥海山・富士山・伊吹山・大山・阿蘇山・開聞岳などのように各地の旧国名付きの富士と呼ばれる山系や，独立峰ではなく高山群が中央部に集中している屋久島がこれに当たる．これらの円錐形状高山では，海塩や大気汚染物質沈着負荷の方位分布が見られやすい．ただ，これらほとんどの独立峰は火山活動が成因であり，その渓流には噴火や温泉等の火山活動の影響も現れやすい．

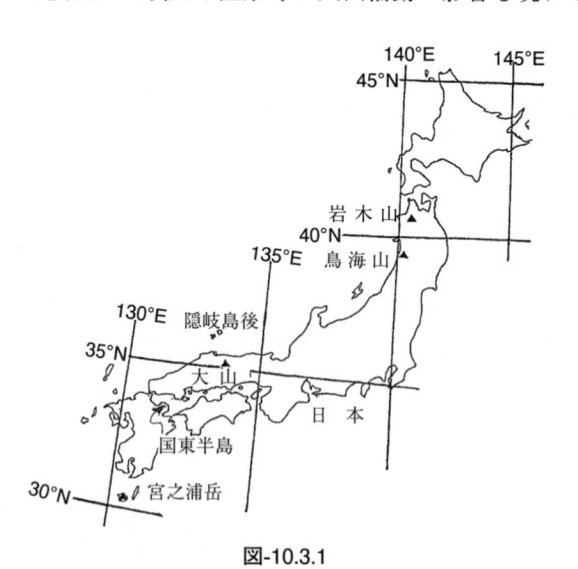

　また，当然予測されることではあるが，高山の山頂と山麓では同一降雨でも，海塩や大気汚染物質の降水負荷の質的・量的相違が考えられる．実際に，京都市と大津市の境界に位置する比叡山（標高848 m）の山頂部と山麓の京都市側の八瀬で実測した例がある[8]．

　円錐形状高山の卓越風に対する障壁効果として，高山の前面と背面での降水量の違い

図-10.3.1

10.3 円錐形状高山の放射状流下渓流の水質方位分布

に注目した気象学的・水文学的研究が，これまでに湯蓋山・桜島や羊蹄山で行われている。好ましい条件の状態下で高山の中腹・山麓のフィールドに観測地点を配置して，理論的に予測できる結果としての実証を得るにも大変な労苦を伴う[9)-11)]。

偏西風の影響が大きく反映される日本列島の日本海および東シナ海側に面して，冬季に冠雪する標高 1 600 m 以上の高山の独立峰で，放射状に流下する渓流数（方位ごとに 5 渓流以上）や山体規模（調査渓流総流域面積 150 km^2 以上）等を考慮して，図-10.3.1 に示すように，北緯 40°前後の岩木山（1 625 m，図-10.3.2）・鳥海山（2 230 m，図-10.3.3），35°に近い大山（1 729 m，図-10.3.4），独立峰ではないが島全体がほぼ円錐形状と見なせる北緯 30°に近い屋久島（宮之浦岳 1 935 m，図-10.3.5）を調査フィールドとして選んだ。利尻島・羊蹄山・阿蘇山について

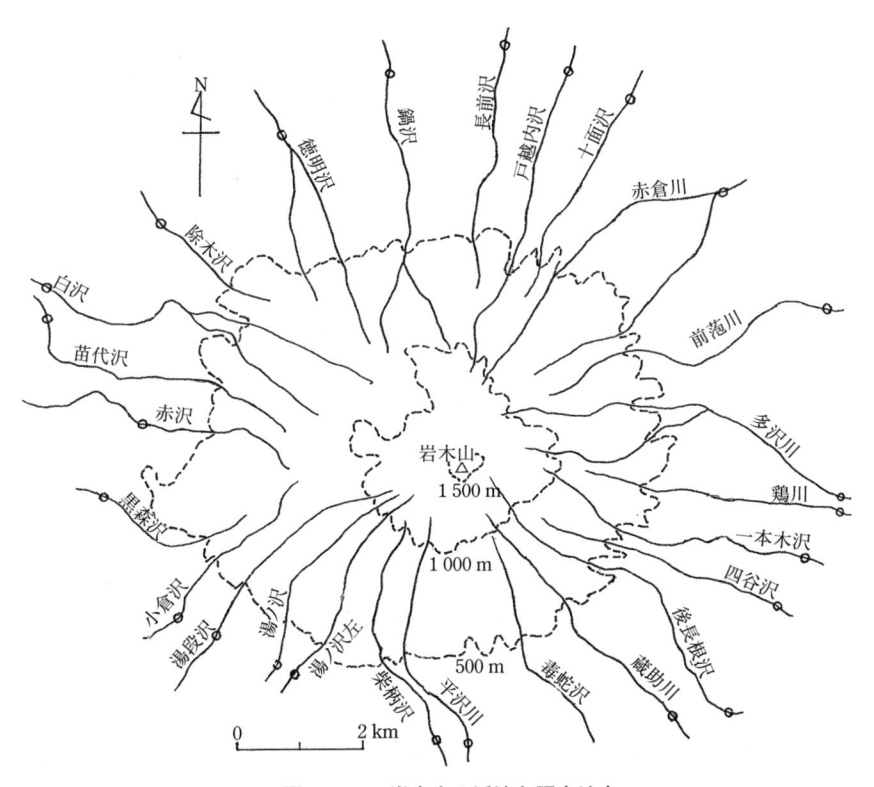

図-10.3.2 岩木山の渓流と調査地点

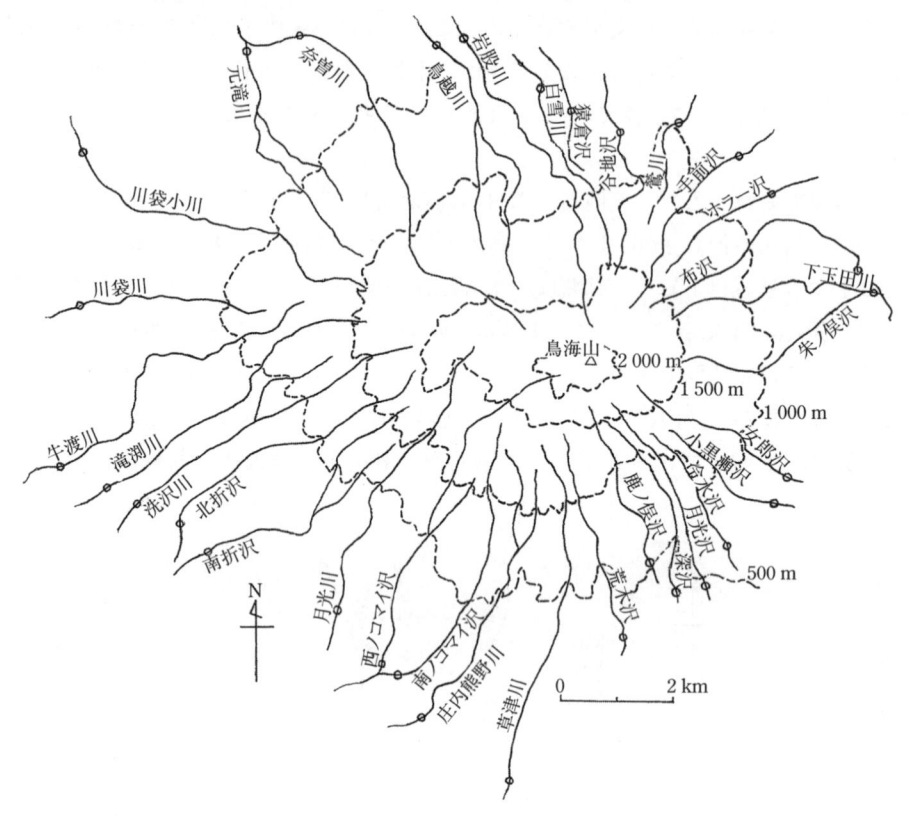

第10章 特異な流域や特異な条件としてのフィールド調査の選択

図-10.3.3 鳥海山の渓流と調査地点

も予備踏査を行ったところ，伏流等によると考えられる涸れ沢が多く，流水のある渓流数が少ないために統計的な精度の確保が難しく，対象外とした。

　大気汚染物質や海塩の陸水への影響は気象条件に大きく支配されるので，調査は2009～2010年の活発な生物活動や風化反応が見られる暖候期が過ぎた秋季後半，融雪の春季前半および生物活動や風化反応の終末の夏季後半の3回を連続的に調査した。気象・水文条件を考慮して1つの山系の対象とした全渓流の同一日調査を企図し，数日間の先行晴天日数後の晴天日に，日照条件を考慮して東側あるいは南側の渓流から反時計回りに調査を行った。しかし，鳥海山は標高が2 230 mと高く，山体規模も大きい上，山腹のほぼ同じ標高での周回道路に恵まれず，秋季・春季調査では日没のために，西側の数河川が翌日の早朝調査となっ

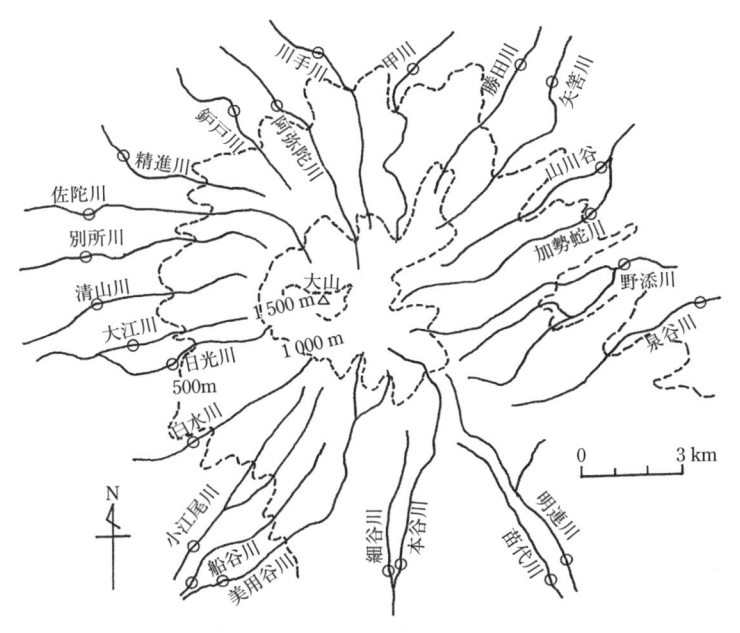

図-10.3.4 大山の渓流と調査地点

たが，その間に降水はなかった．とくに，鳥海山の東側林道は最高標高が880mであり，冬季の5ヶ月あまりは積雪のため通行不能で，2010年の融雪期の春季調査は他の3山系より1ヶ月以上も遅れた6月上旬の調査となった．**表-10.3.1**に4山系の調査渓流の特性を示し，秋季調査結果を**表-10.3.2**，春季調査結果を**表-10.3.3**，夏季調査を**表-10.3.4**に示した[1]．

偏西風の強い冬季を経た融雪期には，湿性沈着物や海塩の影響が現れることが期待できるので，春季調査の結果は**表-10.3.3**に東西南北の4方位別の渓流河川の水質濃度平均値の分布として示した．岩木山の南側渓流や鳥海山北西側渓流には火山・温泉影響の著しい数渓流は解析対象から除外したが，各方位とも5渓流以上が確保された．**表-10.3.2**では，4方位中で最大値を斜字体で，最小値を下線付きで表示している．明らかに方位分布が認められる水質項目があるが，統計的裏付けのために分散分析のF分布検定（m：水準（方位）；n：総データ数）を行って，5％や1％の有意水準（危険率）で方位分布があることを個々の水質ごとに確認することが望ましい．SO_4^{2-}で湿性沈着物やCl^-・Na^+・Na^+/Cl^-モル比

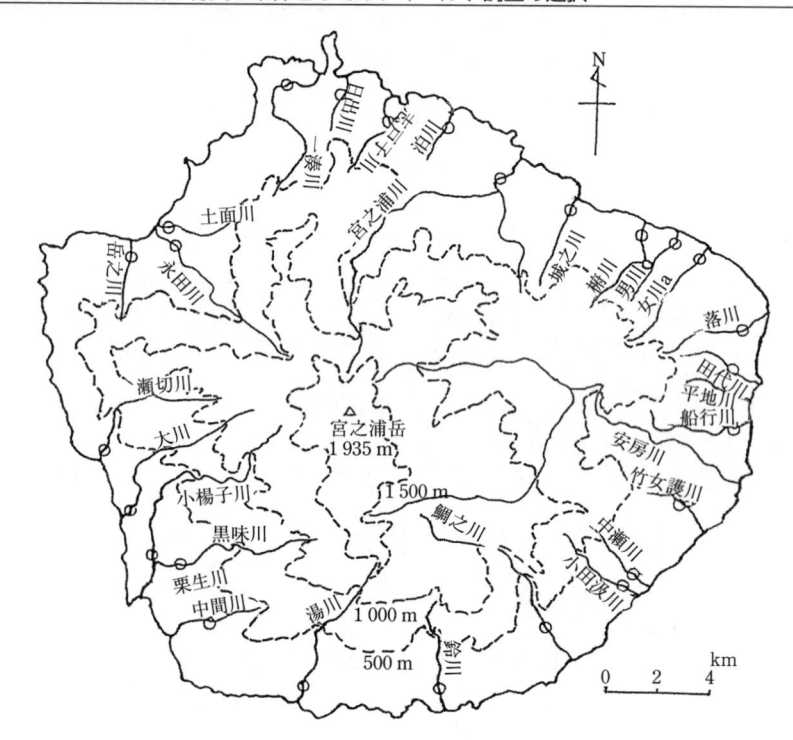

第10章 特異な流域や特異な条件としてのフィールド調査の選択

図-10.3.5 屋久島の渓流と調査地点

表-10.3.1 四山系と隠岐島後・国東半島の地理学的特性

山系・島	山頂標高 (m)	北緯	東経	海岸への 距離 (km)		渓流数	調査流域 総面積 (km²)	平均勾配
岩木山	1 625	40°39'	140°18'	NNW	15.0	28	115	1/4.3
鳥海山	2 236	39°06'	140°03'	W	14.7	32	230	1/4.7
大山	1 729	35°22'	133°33'	NW	14.8	25	181	1/5.5
屋久島	1 935	30°20'	130°30'	SW	9.7	65	430	1/6.2
隠岐島後	608	36°16'	133°13'	NE	5.5	37	95	1/12.5
国東半島	721	33°35'	131°36'	N	10.3	22	80	1/9.4

10.3 円錐形状高山の放射状流下渓流の水質方位分布

表-10.3.2 四山系の秋季調査の方位別平均水質濃度 (水温：℃；EC：mS/m；アルカリ度：meq/l；イオン：mg/l)

山系・島	方位	渓流数	水温	EC	pH	アルカリ度	Cl⁻	NO₃⁻-N	SO₄²⁻	NH₄⁺-N	Na⁺	K⁺	Mg²⁺	Ca²⁺	Na⁺/Cl⁻	TOC
岩木山	北	9	*11.5*	9.00*,**	6.86*	0.353*,**	12.24	0.026*,**	5.50*,**	*0.201*	9.17	1.292*	1.70*,**	4.81*,**	1.16*	1.45*,**
	東	8	10.5	<u>7.81</u>	6.80	0.399	<u>8.82</u>	0.034	<u>2.70</u>	0.173	<u>7.59</u>	1.522	<u>1.66</u>	4.63	*1.33*	*1.69*
	南	4	<u>10.1</u>	*17.25*	*7.51*	*0.693*	*17.83*	<u>0.020</u>	*25.51*	0.157	*12.02*	*1.630*	*4.06*	*10.92*	1.22	<u>1.38</u>
	西	8	11.3	8.74	7.06	<u>0.248</u>	13.86	*0.112*	5.21	0.160	9.34	<u>1.089</u>	1.92	<u>3.84</u>	<u>1.04</u>	1.39
鳥海山	北	9	8.9	7.72	6.98*,**	0.362	6.92*,**	0.020*,**	8.50*,**	0.140*,**	6.02*,**	1.115*,**	2.11	4.54	*1.34*	0.95*,**
	東	9	<u>7.4</u>	<u>6.22</u>	<u>6.54</u>	<u>0.192</u>	5.40	<u>0.019</u>	*9.68*	0.133	<u>4.53</u>	<u>0.952</u>	<u>1.54</u>	<u>3.76</u>	1.29	1.00
	南	8	9.3	8.11	6.92	*0.443*	6.24	0.135	8.13	*0.223*	6.15	1.177	*2.32*	*5.17*	*1.46*	*1.05*
	西	7	*10.8*	*9.14*	*7.08*	0.388	*13.30*	*0.230*	<u>3.05</u>	0.192	*9.40*	*2.110*	2.08	4.32	<u>1.10</u>	<u>0.88</u>
大山	北	5	12.4	7.98*,**	7.07*	0.393*,**	7.58*,**	0.510	2.67	0.077	7.04*,**	1.476*,**	2.20*,**	6.01*,**	*1.43*	*1.15*
	東	6	<u>11.6</u>	7.18	7.16	0.435	6.63	<u>0.359</u>	2.86	<u>0.064</u>	6.22	<u>1.352</u>	1.83	5.44	1.45	1.08
	南	6	12.0	<u>6.60</u>	7.16	0.429	<u>5.04</u>	0.376	<u>2.20</u>	0.071	<u>5.30</u>	1.791	<u>1.80</u>	<u>5.23</u>	*1.62*	1.02
	西	6	*14.0*	*11.23*	*7.51*	*0.717*	*10.17*	*0.565*	*3.88*	*0.184*	*9.58*	*2.843*	*3.35*	*7.61*	1.45	<u>0.94</u>
屋久島	北	13	15.0	5.79	6.38	*0.108*	*11.15*	0.159	3.93*,**	*0.033*	*7.22*	*0.534*	*1.28*	*2.56*	1.00	0.87*,**
	東	22	16.1	5.17	<u>6.39</u>	0.101	<u>8.92</u>	0.169	3.00	<u>0.029</u>	<u>5.82</u>	0.525	1.23	2.31	1.01	1.02
	南	13	*16.1*	<u>4.98</u>	6.30	<u>0.093</u>	9.03	*0.183*	3.14	0.034	5.87	<u>0.465</u>	<u>1.11</u>	<u>2.26</u>	*1.02*	*1.03*
	西	17	14.3	*6.14*	6.29	0.090	12.03	<u>0.096</u>	*4.31*	0.035	*7.68*	0.505	1.17	2.54	<u>0.99</u>	<u>0.89</u>

注）太字斜体：最大値，アンダーライン：最小値，＊：有意水準5％，＊＊：水準1％

第10章 特異な流域や特異な条件としてのフィールド調査の選択

表-10.3.3 四山系の春季調査の方位別平均水質濃度（水温：℃, EC：mS/m, アルカリ度：meq/l, イオン：mg/l）

山系・島	方位	渓流数	水温	EC	pH	アルカリ度	Cl^-	NO_3^--N	SO_4^{2-}	NH_4^+-N	Na^+	K^+	Mg^{2+}	Ca^{2+}	Na^+/Cl^-	TOC
岩木山	北	7	<u>6.1</u>	7.58*,***	7.07	0.423	14.85	0.117*	4.15*	*0.231*	8.91	0.740	*1.49*	5.27*,***	<u>0.93</u>	<u>1.33</u>
	東	7	7.0	<u>7.52</u>	<u>7.05</u>	0.352	<u>13.68</u>	0.125	3.23	0.219	8.35	0.912	1.88	6.45	0.95	*1.63*
	南	5	*7.2*	*11.67*	*7.31*	*0.508*	13.73	0.319	*10.24*	0.209	8.69	*0.973*	*2.19*	*8.70*	*0.98*	1.51
	西	8	6.1	8.44	7.10	<u>0.349</u>	*15.83*	*0.425*	<u>5.89</u>	<u>*0.206*</u>	*9.77*	<u>0.774</u>	1.93	<u>5.03</u>	0.95	1.38
鳥海山	北	7	11.6	6.86*,***	6.80*	0.284*,**	6.92*,***	0.103*,***	6.80*	0.169*,***	5.48*,***	*1.343*	2.16	4.15	*1.25*	0.86*,***
	東	8	7.8	<u>3.59</u>	<u>6.40</u>	<u>0.134</u>	<u>5.71</u>	<u>0.079</u>	8.86	<u>0.195</u>	<u>3.86</u>	1.079	<u>1.75</u>	<u>4.04</u>	1.04	0.92
	南	8	*7.2*	*11.67*	*7.31*	*0.508*	*13.73*	*0.319*	*10.24*	*0.209*	8.69	*0.973*	*2.19*	*8.70*	<u>*0.98*</u>	*1.51*
	西	8	*12.1*	9.27	6.83	0.320	12.86	0.221	<u>2.52</u>	0.208	*9.10*	*1.990*	2.11	4.20	1.10	<u>0.77</u>
大 山	北	5	7.7	7.05	7.11	0.427*,**	8.49	0.435	2.72	0.061	6.76	1.258*,***	*2.03*	6.57	1.22*,***	1.01*,***
	東	7	<u>5.8</u>	<u>5.57</u>	<u>6.97</u>	0.325	<u>6.78</u>	<u>0.373</u>	<u>2.26</u>	<u>0.051</u>	<u>5.35</u>	<u>0.769</u>	1.39	<u>6.37</u>	1.23	*1.15*
	南	7	*11.7*	6.39	7.09	0.441	7.13	0.429	2.41	0.067	5.76	1.351	<u>1.31</u>	7.22	1.29	1.07
	西	6	10.5	*8.45*	*7.12*	*0.441*	*8.59*	*0.508*	*2.99*	*0.071*	*7.23*	*1.761*	*2.17*	6.41	*1.30*	1.02
屋久島	北	13	13.9	5.80	<u>6.51</u>	0.087	12.39*	0.153	3.81*,***	0.068*,***	7.53*	0.453	1.11	2.54	*0.94*	0.98
	東	22	14.9	<u>4.93</u>	6.47	*0.091*	<u>10.38</u>	*0.222*	3.18	0.070	<u>6.14</u>	*0.536*	*1.12*	<u>2.34</u>	0.91	<u>0.95</u>
	南	13	*15.1*	5.02	6.45	0.078	11.98	0.194	<u>2.99</u>	0.079	6.50	<u>0.369</u>	<u>0.98</u>	2.38	<u>0.84</u>	1.13
	西	17	<u>13.3</u>	*6.04*	<u>6.38</u>	<u>0.070</u>	*14.34*	<u>0.134</u>	*4.29*	*0.082*	7.99	0.414	1.00	*2.64*	0.87	*1.20*

注：太字斜体：最大値，アンダーライン：最小値．*：有意水準 5%，**：水準 1%（北にのみ付与）

10.3 円錐形状高山の放射状流下渓流の水質方位分布

表-10.3.4 四山系の夏季調査の方位別平均水質濃度（水温：℃, EC：mS/m, アルカリ度：meq/l, イオン：mg/l）

山系・島	方位	渓流数	水温	EC	pH	アルカリ度	Cl⁻	NO₃⁻-N	SO₄²⁻	NH₄⁺-N	Na⁺	K⁺	Mg²⁺	Ca²⁺	Na⁺/Cl⁻	TOC
岩木山	北	7	15.0	8.70	7.09	0.448*	15.48	0.154	3.91***	0.245	9.71	0.742	1.50	5.35*	0.97	1.38
	東	7	14.7	10.09	7.21	0.504	14.19	0.137	3.34	0.212	9.10	0.926	1.82	6.84	0.99	*1.61*
	南	6	*13.7*	*13.98*	*7.30*	*0.539*	13.93	0.321	*9.71*	0.191	8.84	*0.947*	*2.12*	*8.46*	0.99	1.57
	西	8	*15.5*	11.77	7.12	0.344	*15.65*	*0.341*	6.51	0.205	*9.77*	0.704	1.97	5.22	0.97	1.39
鳥海山	北	8	*17.7*	*8.74***	6.92	*0.278**	*6.97**	0.100	*6.43**	*0.152***	*4.91**	*1.284***	2.15	4.53	*1.09*	0.89
	東	8	17.3	6.48	6.60	0.144	6.16	0.180	9.45	0.201	4.08	1.059	1.80	4.32	1.03	0.92
	南	8	17.1	6.81	*7.05*	*0.350*	6.78	0.116	4.74	*0.225*	4.56	1.242	*2.42*	*5.47*	1.04	*1.04*
	西	7	*16.4*	*10.36*	7.02	0.347	*13.83*	*0.228*	*2.43*	0.203	*9.46*	*1.949*	2.07	*4.11*	1.07	*0.79*
大山	北	5	14.6	*7.78***	7.27	*0.435*	*8.47*	0.642	2.84	0.063	*7.34*	*1.364***	*2.32***	*6.47***	1.33	1.05
	東	7	14.4	6.92	*7.21*	0.416	7.52	*0.443*	3.12	*0.052*	6.52	1.345	1.87	*5.41*	*1.39*	*1.08*
	南	7	*12.8*	*6.58*	7.24	0.484	*7.05*	0.465	2.95	0.071	*6.11*	1.844	1.99	*7.53*	1.34	1.06
	西	6	*14.9*	*9.52*	*7.37*	*0.604*	*10.66*	*0.664*	*3.81*	*0.072*	*8.96*	*2.503*	*3.39*	6.93	*1.30*	1.06
屋久島	北	13	22.7	*5.81*	*6.75***	*0.115*	*12.06**	*0.195***	*3.78***	*0.024*	8.07	*0.632*	*1.26***	*2.31***	1.03	*1.08**
	東	22	*21.6*	*4.67*	*6.76*	0.114	*11.73*	*0.232*	3.22	0.037	*7.26*	0.505	1.23	2.07	0.96	1.08
	南	13	*22.5*	4.75	6.60	*0.096*	12.26	0.169	*2.88*	*0.037*	8.17	*0.426*	1.06	2.31	*1.03*	1.07
	西	17	21.8	5.71	6.63	0.104	*13.65*	*0.124*	4.06	0.027	*8.64*	0.509	*0.99*	*2.58*	0.99	*1.14*

注）太字斜体：最大値，アンダーライン：最小値，*：有意水準5%，**：有意水準1%（北にのみ付与）

第10章　特異な流域や特異な条件としてのフィールド調査の選択

(a) 岩木山

(b) 鳥海山

(c) 大山

(d) 屋久島

―― 秋季　　----- 春季　　----- 夏期

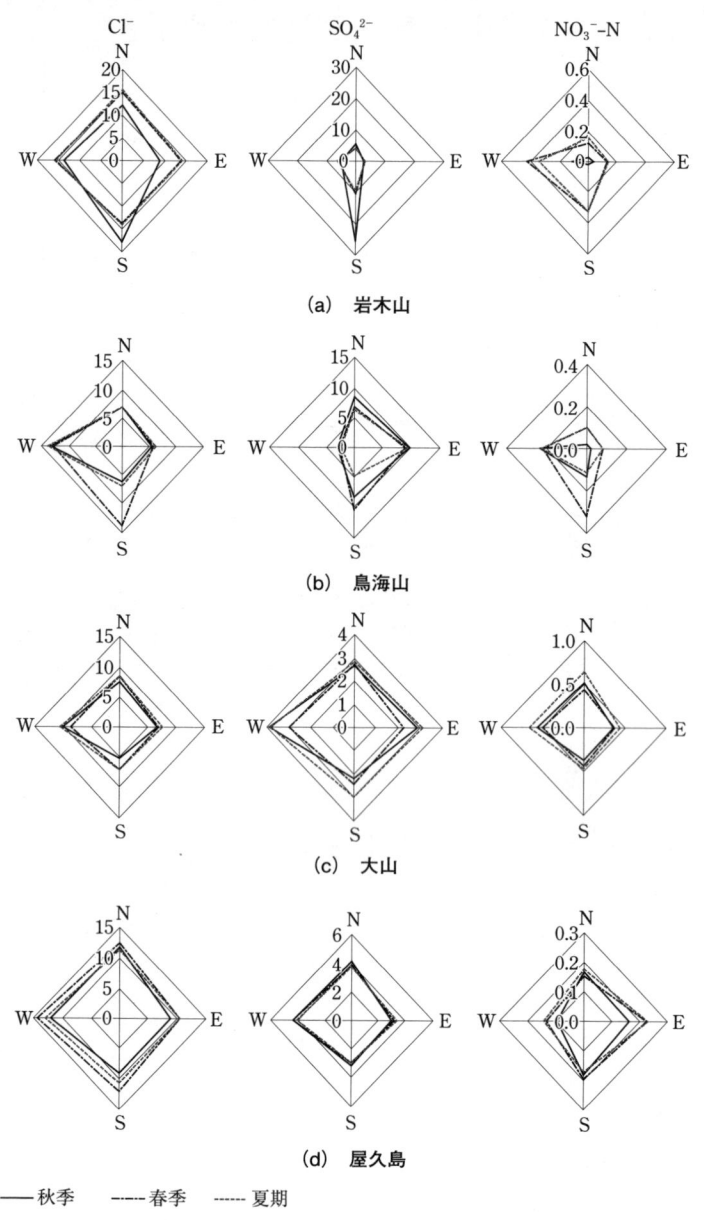

図-10.3.6　四山系の渓流水質の4方位分布

10.3 円錐形状高山の放射状流下渓流の水質方位分布

で海塩の渓流水質への影響を見ることができるが，海岸線からの距離よりも偏西風の方向で大きくなる傾向が見られたが，岩木山や鳥海山の水質方位分布では火山・温泉の影響の方が大きく現れる結果となった。

中国大陸方面から長距離輸送される大気汚染物質の影響が見られる SO_4^{2-}，飛来する海塩の影響の見られる Cl^-，さらに栄養塩として注目される NO_3^- の秋季調査・春季調査・夏季調査の方位分布のレーダー図を図-10.3.6に示す。それぞれの山系の方位分布の違いが比較できる。他の水質項目についても平均濃度に対する4方位での最大値や最小値の比率を示したのが図-10.3.7である。方位による相対的濃度差の違いが明らかになる。また，秋季・春季・夏季の3回調査の上

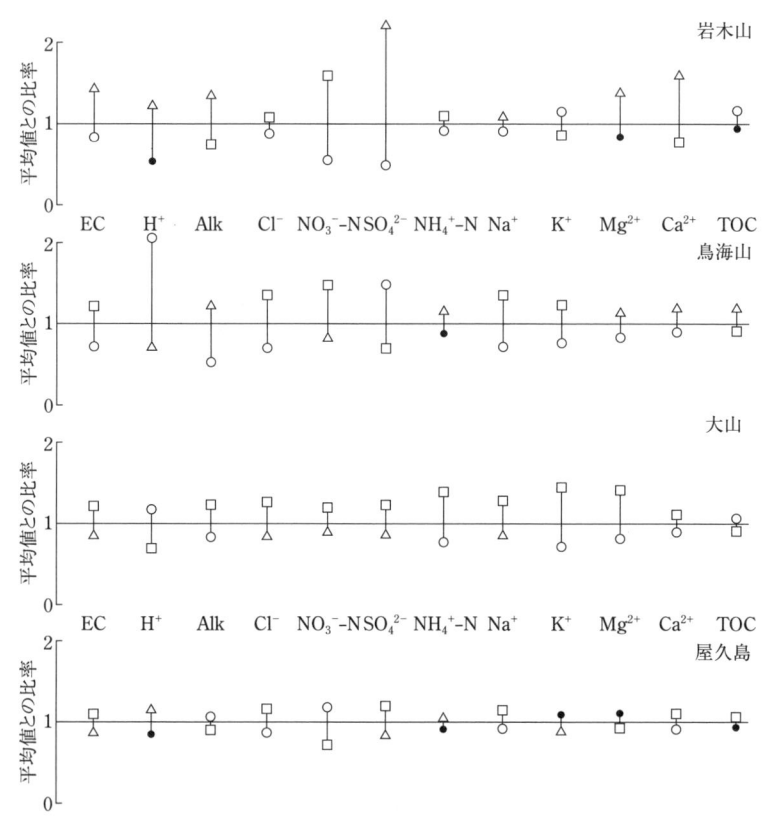

図-10.3.7 四山系の4方位の渓流水質平均濃度の全平均値に対する比率
（●：北，○：東，△：南，□：西）

第10章　特異な流域や特異な条件としてのフィールド調査の選択

記3水質項目の平均濃度の方位分布のレーダー図も図-10.3.8に示す。各山系の水質項目の方位分布と濃度レベルの違いを比較できる。図-10.3.9に，方位による相対的な濃度レベルの違いを，全調査水質項目について示した。全方位での調査河川が多い場合は，図-10.3.10(a)，(b)，(c)のように中心となる高山から，外周の調査河川の調査地点の方向に向けた直線の相対的な長さで濃度表示をすれば，全体的な方位分布形状の特徴を知ることができる。図-10.3.10(a)，(b)，(c)は屋久島の放射状分布河川群の例で，北西側でSO_4^{2-}が高く，南西側でアルカリ度が低くて，南側でNO_3^--Nが低い特徴を捉えることができる。

図-10.3.8　岩木山，鳥海山，大山，屋久島の4方位分布

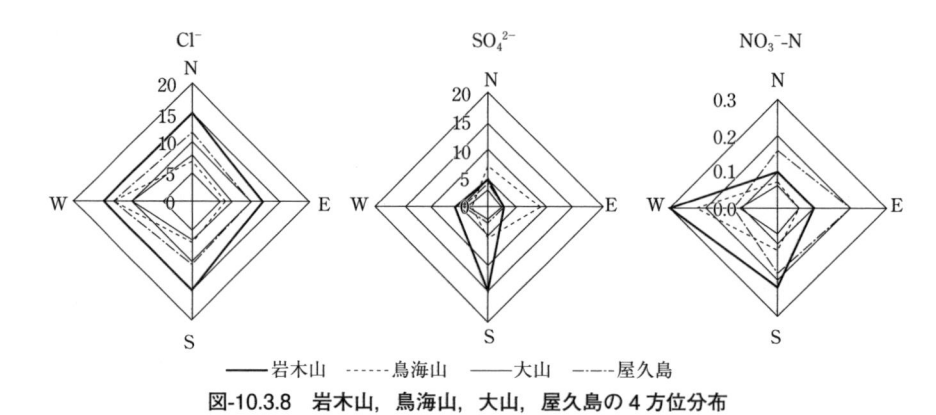

図-10.3.9　四山系の3回調査の渓流水質濃度平均値の分布
（●：岩木山，□：鳥海山，○：大山，△：屋久島）

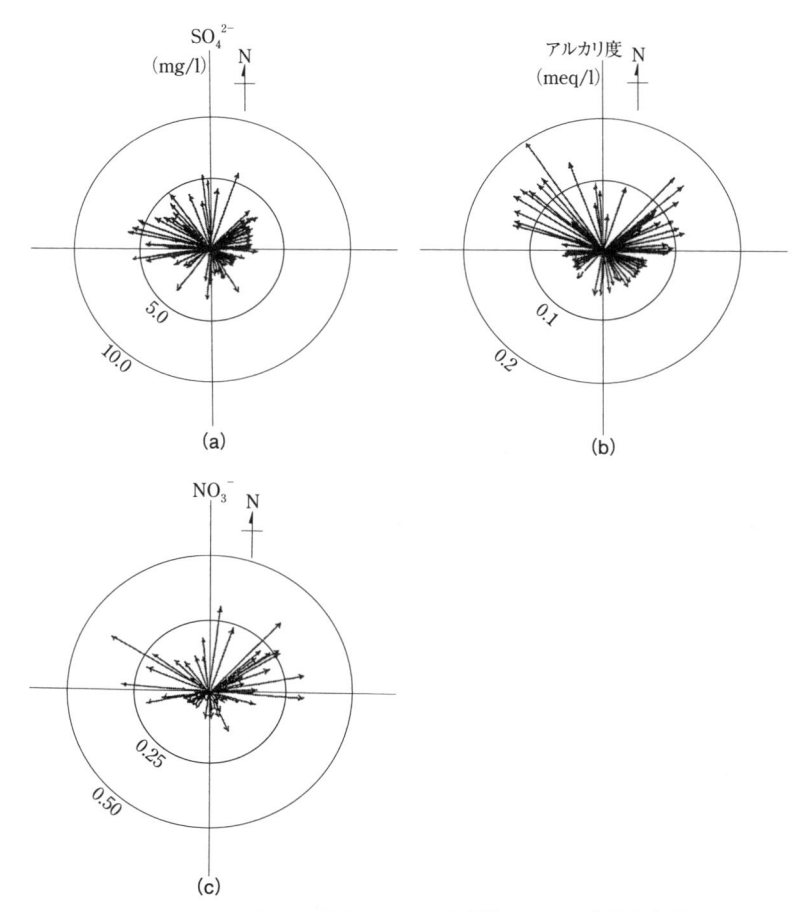

10.3 円錐形状高山の放射状流下渓流の水質方位分布

図-10.3.10 屋久島の放射状流下渓流水質濃度の円形方位分布表示

　岩木山や鳥海山では SO_4^{2-} や Cl^- 濃度の方位差が大きい原因は，火山・温泉の影響があったためである。屋久島では水質分布の方位差が定常的に見られるが，その濃度差は降水量の多さもあって比較的小さく，季節や気象・水文条件にも大きく左右されるが，調査河川数の多さとその方位分布範囲で統計的に安定した結果となっている[1]。

　なお，岩木山，鳥海山，大山の周囲4方向にはそれぞれ4地点に，屋久島には東と南側の2地点にAMeDAS等の観測所があり，年間降水量，平均気温，最多

風向等の気象データを入手できて、偏西風の確認が可能である。また、日本列島日本海・東シナ海側は環境省の国設酸性雨測定所[15)]や都道府県等の地方環境研究所[16)]が全国の多くの地点で酸性沈着物負荷量の観測を継続している。これらの調査結果が公表されており、これらを参考に酸性沈着物や海塩沈着物の影響の検討が行える。著者自身は、つくば市の国立環境研究所3階屋上と、摂南大学2階屋上で湿性沈着物負荷の観測を継続している。

10.4　四周の山地から盆地に流下する凹地形状河川群の水質方位分布

　凸状地形の円錐形状の高山渓流との対比で、四周が山地に囲まれた凹地形状の盆地に河川が集まる場合にも、気象・水文条件とともに大気汚染物質や海塩の影響による水質の方位分布が見られる可能性がある。この凹地形状河川群は、盆地の規模と形状に加えて、四周の山地の高低差の差違があり、円錐形状高山よりもさらに調査適地は少ない。多くの渓流が中央の凹地に集まる大きな規模の盆地としては、琵琶湖流入河川群と甲府盆地の河川群がこれに近い対象フィールドである。

　図-10.4.1に示す甲府盆地は、北側は西の八ヶ岳から東の甲武信ヶ岳へと2 000 m超の関東山地が連なり、西側は北の入笠山・釜無山から薬師ヶ岳を経て富士見山に至る赤石山脈の東の1 600～2 700 mの山地があり、南側は西の三方分山から節刀ヶ岳を経て東の御坂山に至る1 400～1 800 mの御坂山地が存在する。さらに、東側には1 200～1 600 mの大菩薩嶺等の連山が東西の分水嶺として存在する。

　琵琶湖流域（流域面積3 848 km^2、湖沼表面積674 km^2、図-7.4.1）は、滋賀県の全県面積（面積4 017 km^2）に近いほど大きい。東西63 kmに比べて南北に94 kmと長い盆地形状や、西部の比良山地、北部の野坂山地、東部の伊吹山地、南東部の鈴鹿山脈、南部の湖南アルプスに囲まれた四周の山地の高低差が大きすぎるなど、理想的な形状とは言い難い。しかも、日本海に近い北部は冬季の積雪地帯で年間降水量が南部と大きく違うほか、県境の山地の鞍部を越えて、若狭湾からの北西風、伊勢湾からの南東風、大阪湾から南西風が吹き込むなど、その影響が地域的に異なる[13)]。琵琶湖流域では平地が東南部に多く分布するため、東

10.4 四周の山地から盆地に流下する凹地形状河川群の水質方位分布

図-10.4.1 甲府盆地の調査河川

南部に数多くの河川が流入する。また，アップダウンコースの渓流部へのアクセスを考えると渓流水質の1日調査には，数チームが必要であろう。下流部での水質調査は，地域的に山地河川・農地河川・市街地河川の分布特性や河川流域規模にも分布特性が見られる。

琵琶湖への河川の有機汚濁物質や栄養塩の流入負荷を算定するために，64の主要な流入河川の湖への流入端近くで同日水質負荷量調査を，春季（5月），夏季（9月），秋季（11月）の3回行った。湖への流入端近くなので，山地渓流ではなく流域の流末での人為的汚濁を含んだ調査であった。保存性の水質と言われ，土壌等の吸着の少ないCl^-と，海塩以外に土壌・岩石からの溶出もあるNa^+との

第10章　特異な流域や特異な条件としてのフィールド調査の選択

Na^+/Cl^-モル比を縦軸に，Cl^-濃度を横軸にとった分布として，5月と11月調査の場合を図-10.4.2(a)，(b)に示す．その分布を見ると，5月調査では，3河川でNa^+/Cl^-モル比の高いのを除くと，Cl^-濃度が高くなるにつれてNa^+/Cl^-モル比が小さくなり，海塩のモル比の約0.86に近づく傾向が見られる．滋賀県内での工業用も含む食塩の消費量の内訳を参考にすれば，そのモル比の低い河川の所在位置は北部の流域がほとんどで，冬季幹線道路等で使用される融雪剤の工業塩（塩化ナトリウム）や，日本海に近くて湿性沈着負荷も大きい海塩の影響による分布の傾向であることが推察できる．

2013年4月13～14日の2日間に，高山に残雪の残る凹地形状の甲府盆地で渓流水質調査を実施した．甲府盆地は，富士五湖，都留・大月市等の桂川，早川流域側を除いた山梨県（全県面積4 465 km^2）の大きさである．調査結果の4方位別の平均水質濃度を表-10.4.1に示す．方位別の最大値は太字斜字体で，最小値には下線付きで示している．

火山・温泉等の影響のある渓流を除くと，東麓（東側）と南麓（南側）の渓流

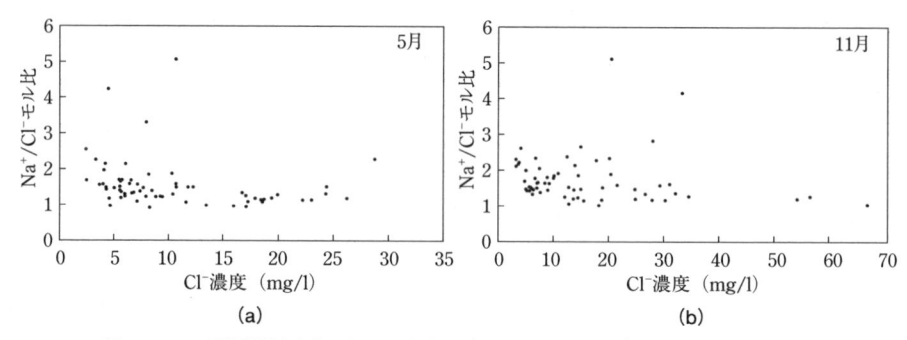

図-10.4.2　琵琶湖流入河川の下流端でのCl^-濃度とNa^+/Cl^-モル比の分布

表-10.4.1　甲府盆地渓流水質方位分布　(m；mS/m；meq/l；mg/l)

方位	渓流数	標高	EC	pH	アルカリ度	TOC	Cl^-	NO_3^-–N	SO_4^{2-}	Na^+	NH_4^+-N	K^+	Mg^{2+}	Ca^{2+}	Na^+/Cl^-
北麓	15	*1173*	5.15	6.97	0.282	*1.08*	2.19	0.450	3.23	2.36	0.048	0.775	0.99	6.06	1.64
東麓	4	900	8.05	*7.27*	0.512	0.91	1.79	*0.908*	4.08	*2.64*	0.066	*1.716*	2.01	10.28	*2.33*
南麓	5	354	10.33	7.24	0.658	0.69	1.91	0.598	*9.92*	2.45	*0.071*	0.758	*3.34*	*13.93*	1.95
西麓	13	468	*10.68*	7.20	*0.815*	1.00	*1.73*	0.622	6.76	2.12	0.066	0.862	2.34	13.77	1.92

注）　太字斜体：最大値，アンダーライン：最小値

数が少ないが,海岸線から遠いため Cl^- と Na^+ 濃度が低く,Na^+/Cl^- モル比が高かった。NO_3^--N は東麓で高く,SO_4^{2-} は南麓で高く,TOC が南麓で低かった。調査地点の平均高度が最も高いこともあって,北麓(北側)で pH,電気伝導度,アルカリ度が最も低かった。海岸部から遠い内陸部の盆地で,高山に取り囲まれているため,偏西風による大気汚染物質や海塩の水質影響は見定め難かった。

10.5 流域の形状や立地方位の差異による水質分布の違い

　同じ地域の同じ標高の河川でも,河川の流域形状や流域面積の相違で水質はかなり異なったものとなる。また,同じ渓流河川の右岸側支川群と左側支川群でも,それぞれの流域山腹の方向や勾配とその上流流域界の稜線の標高や方向の相違によって,水質濃度の平均値に相違が見られることもある。屋久島の渓流河川での調査例を示す。

　屋久島の渓流河川の中で最も流域規模の大きい安房川の上流部の2つの大きな支川の北沢と南沢は,屋久島の中央部に位置する宮之浦岳(1 935 m),栗生岳(1 867 m),翁岳(1 860 m),安房岳(1 830 m),投石岳(1 830 m),南側の黒味岳(1 831 m)と南北に1 800 m を超える高山の峰々が短い鞍部でつながり,東シナ海側と太平洋側を分ける高い連続壁の東側に位置し,太平洋側に流下する2つの支川である。北沢は,これら高峰の北側とさらに東に続く南沢より350〜500 m 以上低い高塚山(1 396 m)と小高塚山(1 501 m)の尾根筋を流域界とし,河道は東向きで,その流域山腹は西および南西向きの斜面となっている。南沢は,西側の高い壁とそれに続く東の石塚山(1 589 m)の比較的高い尾根筋に囲まれた流域界であり,河道は北東向きで北沢と合流する。その流域山腹は西および北西向きの斜面となっている。

　流域とその流下方向の鉛直断面図を図-10.5.1 に示し,北沢と南沢の支川群の平均水質濃度を表-10.5.1 に示した。高い壁の風下側の南沢の支川群が,少し低い壁の風下側の支川群と比べて酸性降下物の影響が反映される水質項目で低いことがわかる。

　もう1つの例として,同じ屋久島で2番目に流域規模の大きい宮之浦川において,ほぼ東から西へ流下する本川を挟んだ北側山腹(南向斜面)流域の支川群と

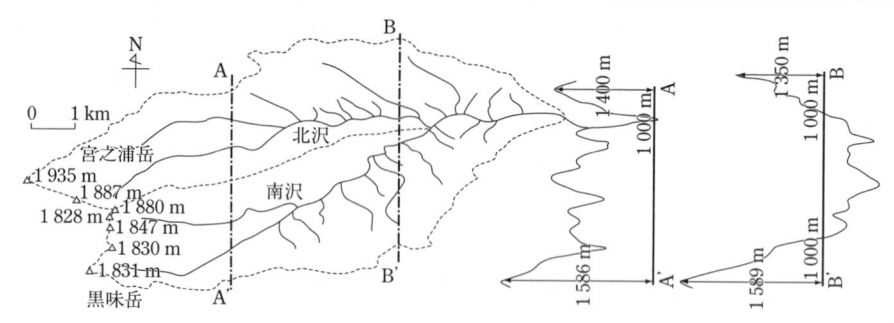

第10章 特異な流域や特異な条件としてのフィールド調査の選択

図-10.5.1 安房川上流部北沢・南沢とその縦断面図

南側山腹（北向斜面）流域の支川群での水質濃度の平均値を比較してみた。この2つの北側南向の山腹斜面の支川群と南側北向の山腹斜面の支川群は，その最上流の流域界の尾根筋の標高

表-10.5.1 安房川上流の左岸側支川と右岸測支川の比較（EC（電気伝導度）：mS/m，アルカリ度：meq/l）

	北沢（左岸，$n=20$）			南沢（右岸，$n=27$）		
	EC	pH	アルカリ度	EC	pH	アルカリ度
3月	2.91	5.38	0.031	3.08	5.92	0.050
7月	2.70	5.54	0.037	2.75	6.07	0.055
9月	2.75	5.61	0.042	2.95	6.12	0.060
11月	2.81	5.76	0.052	2.96	6.06	0.061

と向きに対する上空の気流の卓越風向との関係が見られるかを検討した。高い尾根筋を背にした南側山腹斜面の支川群が少し低い尾根筋を背にした北側山腹斜面の支川群と比べて，酸性降下物の影響が反映される水質項目で，少し低い水質濃度の傾向がみられたが，その差は小さかった。

　屋久島の渓流河川ではいくつも滝が見られるように，急傾斜の河床勾配の河川形状である。中でも鯛之川は島中央部南側のジンネム高盤岳（標高1 734 m）から南東に流下し，さらに南南東に向きを変えて千尋滝やトローキ滝を経て太平洋に流入する全長11.2 kmで流域面積16.8 km^2，1/6.6の河床勾配の細長い笹の葉状の急流である。鯛之川の標高1 350 mの上流10地点と標高約100 mの下流1地点の春季・夏季・秋季の水質濃度差を表-10.5.2に示す。下流地点の調査は上流地点の前日に行って，その間に降雨のない条件であるが，先行降雨条件等によって，アルカリ度のように平均では上下流地点でわずかに逆転することもあった。全般に，季節では春季の濃度差が小さいが，海塩影響の高度差は明らかである[7],[14]。

　また，島内の二大河川の安房川や宮之浦川は本川両側に支川が多くて流域の幅

10.5 流域の形状や立地方位の差異による水質分布の違い

表-10.5.2 鯛ノ川の水質濃度の高度による差異（1999年）

3月上旬

	pH	EC (mS/m)	アルカリ度 (meq/l)	SO_4^{2-} (mg/l)	NO_3^- (mg/l)	Na^+ (mg/l)	Cl^- (mg/l)
上流 ($n=10$)	5.77±0.19	1.25±0.12	0.031±0.07	1.34±0.12	0.022±0.077	2.50±0.14	3.50±0.37
下流 ($n=1$)	5.70	2.40	0.026	1.68	0.089	2.54	4.12
下流－上流	－0.07	1.15	－0.005	0.34	0.067	0.04	0.62

7月中旬

	pH	EC (mS/m)	アルカリ度 (meq/l)	SO_4^{2-} (mg/l)	NO_3^- (mg/)	Na^+ (mg/l)	Cl^- (mg/l)
上流 ($n=10$)	5.96±0.15	1.80±0.10	0.038±0.009	1.27±0.04	0.106±0.038	2.13±0.14	2.93±0.15
下流 ($n=1$)	6.12	2.28	0.025	1.44	0.159	2.40	4.62
下流－上流	0.16	0.48	－0.013	0.17	0.053	0.27	1.69

10月下旬

	pH	EC (mS/m)	アルカリ度 (meq/l)	SO_4^{2-} (mg/l)	NO_3^- (mg/l)	Na^+ (mg/l)	Cl^- (mg/l)
上流 ($n=10$)	5.94±0.14	1.92±0.07	0.040±0.004	1.25±0.10	0.066±0.018	2.08±0.07	3.12±0.24
下流 ($n=1$)	6.34	2.54	0.059	1.52	0.244	2.83	4.55
下流－上流	0.40	0.62	0.019	0.27	0.178	0.75	1.43

表-10.5.3 大きな河川の流域特性と上下流部の SO_4^{2-} と NO_3^- 濃度（1999年5月）

河川名	方位 (NSEW)	流域面積 (km²)	河川長 (km)	平均流域幅 (km)	勾配	下流 SO_4^{2-} (mg/l)	下流 NO_3^- (mg/l)	上流 SO_4^{2-} (mg/l)	上流 NO_3^- (mg/l)
安房川	E	86.1	21.2	4.06	0.091	1.92	0.077	1.19	0.020
宮之浦川	NE	62.8	15.9	3.95	0.121	2.51	0.087	2.34	0.063
永田川	NW	36.3	11.0	3.30	0.171	2.77	0.051	－	－
小楊子川	SW	29.7	16.2	1.83	0.119	1.41	0.015	1.25	0.011
黒味川	SW	21.7	12.4	1.75	0.140	1.59	0.035	－	－
鯛之川	SE	16.8	11.2	1.50	0.150	0.95	0.014	1.09	0.019

が広い広葉形状の流域もある。これらに次ぐ流域規模の永田川や小楊子川・黒味川（河口部で合流して栗生川）を加えて，水質濃度差を比較したのが**表-10.5.3**である。同じ急流でもこれらの流域形状の違いによる上流部と下流部の水質濃度差にかなり大きな差違が見られる。平均流域幅（流域面積／河川長）の広い河川

第10章　特異な流域や特異な条件としてのフィールド調査の選択

では，河床勾配が比較的緩く，流下時間も長くなるので上下流地点の濃度差は大きくなる傾向がある[7]。河床勾配と平均流域幅と，上下流の高度差と濃度差の対応から，針葉あるいは笹の葉状の急流河川の鯛之川の流下に伴う水質濃度変化の小ささは明らかである。

10.6　円形島隠岐島後や国東半島の放射状流下渓流の水質方位分布

図-10.6.1に示すように，島根半島東部美保関の北70 kmの日本海上にある隠岐道後は，半径9 km弱のほぼ円形の島で，中央部がほぼ北緯36°15′，東経

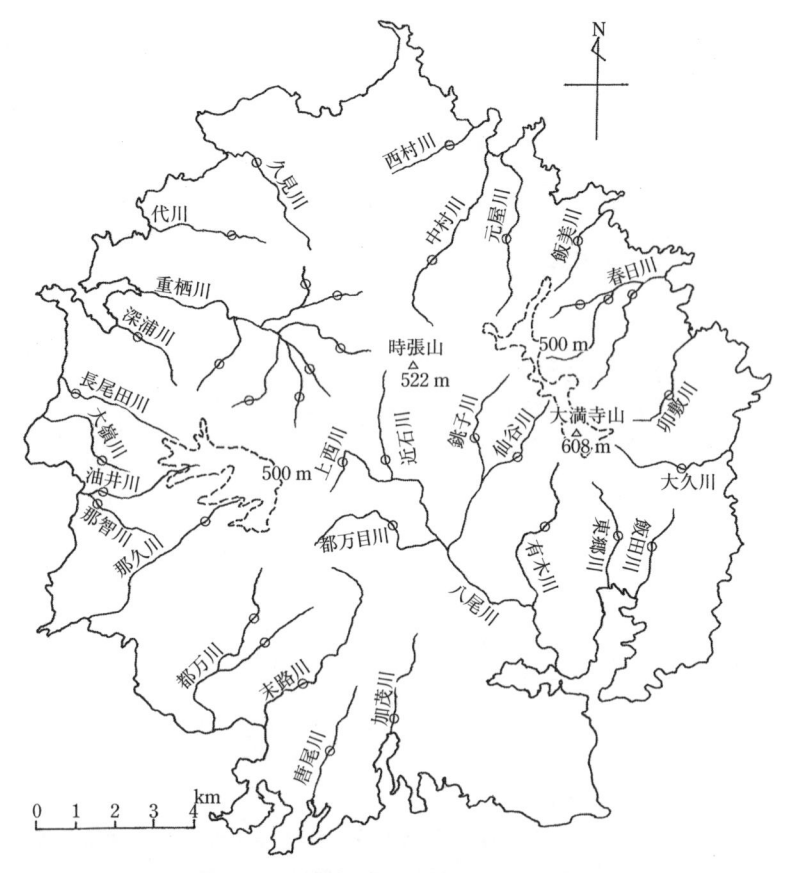

図-10.6.1　隠岐島島後の調査河川と調査地点

162

10.6 円形島隠岐島後や国東半島の放射状流下渓流の水質方位分布

133°17′に位置し、海岸線の凹凸は激しい。面積は242 km²と、半径がほぼ13 km弱の屋久島のおよそ半分で、日本の四大島を除くと15番目の大きさである。島内には北から南東側へ、608 mの大満寺山を最高峰とする北東寄りの山地と、西から南側へ標高573 mの横尾山を最高峰とする南西寄りの山地が平行するように存在し、屋久島のような円錐形状とはなっていない。地質は、約500万年前の火山島であるが、浸食で火山地形が失われて玄武岩・粗面岩・流紋岩等の第三紀の火山岩類である。南南東部西郷での年間降水量の平年値は1 795 mm、平均気温14.3 ℃で、最多風向は北西で、西北西部の福浦に国設酸性雨測定所が存在する。

図-10.6.1のように島中央部から円形状周縁部への放射状河川が存在する。この中で南西部に流下する八尾川と西北部に流下する重栖川が二大流域河川で、その流域面積や支川数の多さが目立つ大きさである。島の中央部を南北に縦断する2つの道路とそれから海岸線の集落とを結ぶ林道などがあり、人為的な汚濁が懸念されたが、渓流水質への大きな影響は見られなかった。

調査は2012年5月13日午後～14日午前の晴天日の両日調査であった。調査地点は20河川の上流支川を含めて人為汚染の少ない渓流部下流端の38地点で実施した。他と比べてCl^-やSO_4^{2-}濃度やECが高かった1地点を除いて、島中央部で、島で5番目の標高522 mの時張山を中心に、各流域を東西南北の4方位に分割して各水質の平均値を求め、表-10.6.1に示した。平均値では、EC、Cl^-、SO_4^{2-}、NO_3^-–N、Na^+、K^+、Mg^{2+}、Ca^{2+}が西で最も高く、EC、SO_4^{2-}、NO_3^-–N、K^+、Mg^{2+}、Ca^{2+}が東で低くなり、全般には北西で高く、南東で低い傾向となった。方位別分布差が有意かどうかのF分布検定では、有意水準5％でNa^+とK^+に方位分布差が認められた。偏西風の影響はあるものの、その方位分布差は比較的小

表-10.6.1 隠岐島後の春季調査（水温：℃、EC：mS/m、アルカリ度：meq/l、イオン：mg/l）

方位	渓流数	水温	EC	pH	アルカリ度	Cl^-	NO_3^-–N	SO_4^{2-}	NH_4^+–N	Na^+	K^+	Mg^{2+}	Ca^{2+}	Na^+/Cl^-	TOC
北	7	*14.9*	16.4	*7.31*	*0.442*	27.5	*0.183*	*7.94*	*0.016*	17.2*	2.01*	*3.63*	*6.32*	0.98	1.28
東	7	13.1	13.4	7.08	0.378	22.5	0.132	9.99	0.014	12.9	1.24	2.50	3.60	0.89	1.18
南	6	13.8	15.5	7.25	0.434	24.9	0.140	9.92	0.015	15.7	1.90	2.90	4.81	0.98	1.25
西	9	14.3	*17.4*	7.27	0.409	*27.9*	0.161	9.14	0.015	*17.8*	*2.34*	3.00	5.19	*0.99*	*1.29*

注）太字斜体：最大値、アンダーライン：最小値、＊：有意水準5％（北にのみ付与）

第 10 章　特異な流域や特異な条件としてのフィールド調査の選択

さいことが明らかになった[15]）。

　隠岐島後とほぼ同じスケールの国東半島は，図-10.6.2 に示すように標高 721 m の両子山を中心に放射状流下渓流群が存在する。島ではないが北および東側が瀬戸内海に面している。年間降水量の平年値は 1 420 ～ 1 560 mm の範囲である。調査は 2013 年 8 月 28 日午後～ 29 日午後に行った。8 月はほとんど降雨のない記録的な長い渇水状態が続いた後，8 月 24 日～ 26 日に 50 ～ 120 mm の降雨は地域による差が大きかった。先行晴天日数は 2 日と短かったが，渓流の流量はかなり少ない状況であった。両子山を中心とした 4 方位別の渓流水質の平均濃度を表-10.6.2 に示す。旧火山ではあるが，火山・温泉影響と推定される影響は見られなかった。

　国東半島の西側には背振山（1 055 m）や英彦山（1 200 m）が存在するが，それ以上の高山はなく，北西から北，北から東側は海岸に面している。両子山から半径 4.3 ～ 5.6 km の円形状に調査地点が設定でき，調査地点は南側の平均標高

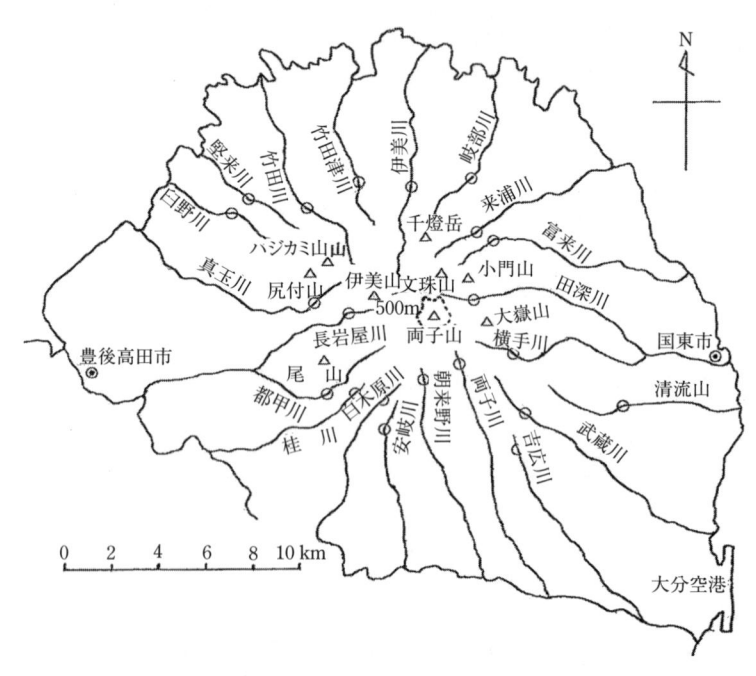

図-10.6.2　国東半島の調査河川と調査地点

表-10.6.2　国東半島両子山系渓流水質方位分布

方位	標高(m)	両子山との距離(km)	EC(mS/m)	pH	アルカリ度(meq/l)	TOC(mg/l)	Cl⁻(mg/l)	NO_3–N(mg/l)	SO_4^{2-}(mg/l)	Na^+(mg/l)	K^+(mg/l)	Mg^{2+}(mg/l)	Ca^{2+}(mg/l)	Na^+/Cl^-
北	105	5.8	14.6	7.22	<u>0.609</u>	*1.07*	6.05	***0.960***	8.82	8.60	1.86	2.80	12.58	2.22
東	200	4.3	12.4	*7.32*	0.625	0.99	4.98	0.581	9.23	7.80	<u>1.73</u>	2.62	<u>11.22</u>	2.44
南	272	4.8	<u>12.0</u>	<u>7.09</u>	0.654	<u>0.94</u>	<u>4.43</u>	<u>0.457</u>	<u>4.92</u>	<u>7.04</u>	2.26	<u>2.58</u>	12.06	*2.48*
西	133	6.0	*16.1*	7.32	*0.779*	0.95	*6.91*	0.825	*14.66*	*9.50*	*3.08*	*3.29*	*15.54*	<u>2.12</u>

注）太字斜体：最大値，アンダーライン：最小値

が272 m と最も高く，北側の平均標高が103 m と最も低かった。偏西風の影響が大きいのか，西側で海塩成分やSO_4^{2-}の濃度が高い結果を示した。

10.7　特異地形の海塩影響とNa^+/Cl^-モル比

円錐形状の独立峰や島，円形島および凹地形状の盆地について，その放射状流下渓流の水質の方位分布への酸性沈着物や海塩影響を 11.3, 11.4 および 11.6 で説明をした。海塩影響は，それぞれの流域の海岸線からの距離と高度に大きく支配されている。Cl^-は土壌や生物体での保存性に乏しく，トレーサーとして利用できることを9.2で例を交えて説明している。Na^+は，土壌や岩石からの風化・溶出によって流出してくる。この両者の比であるNa^+/Cl^-モル比は，海塩影響を相対的に比較して評価する手段として利用できる。

図-10.7.2 に，円錐形状高山で独立峰の岩木山，鳥海山および大山，円錐形状の高山島の屋久島，円錐形状の低い山の両子山（国東半島），円形島で低い山の隠岐島後，凹地形状の甲府盆地でのCl^-濃度とNa^+/Cl^-モル比の関係を方位分布がわかるように示している。四周が海で流域の平均高度が小さい隠岐島後のCl^-濃度が最も高く，内陸部に位置する甲府盆地で最も低く，北側と東側が海に面しながら西側の海岸線から遠い国東半島の両子山で次いで低くて，その間に3つの独立峰と屋久島が入る配置となっている。また，海岸線から遠い甲府盆地と国東半島の両子山ではCl^-濃度が低いこともあって，Na^+/Cl^-モル比が高くなっている。方位では，甲府盆地を除いて西側で高く，偏西風の影響が大きいことがわかる。

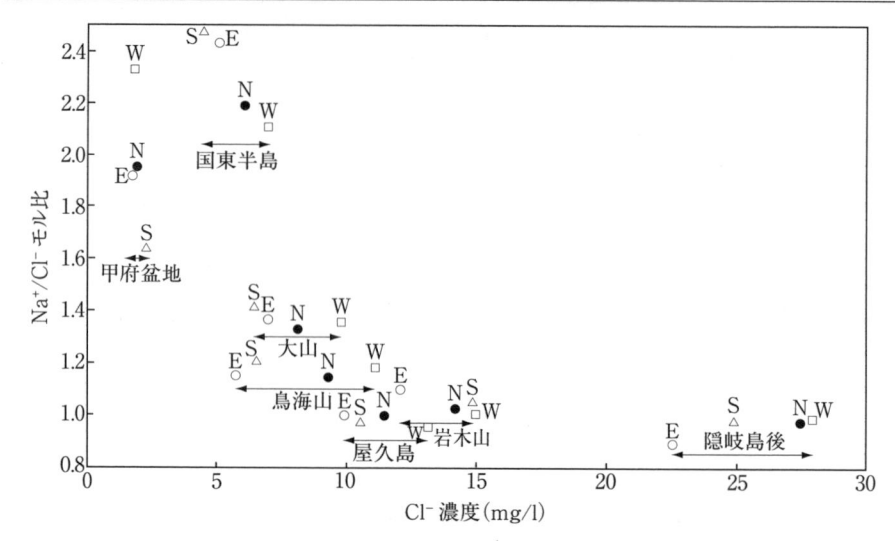

第10章 特異な流域や特異な条件としてのフィールド調査の選択

図-10.7.1 特異地形におけるCl^-濃度とNa^+/Cl^-モル比の分布

　屋久島は四周が海であるが，その流域高度の高さのほか，年間降水量が他の山系の3倍近いこともあって，Na^+/Cl^-モル比は低くなっている。このほとんどの山系の渓流の西側でCl^-濃度が最も高くなる傾向が明らかである。酸性沈着物の影響で注目されるSO_4^{2-}濃度について同様のプロットを行ったが，円錐形状の独立峰で火山・温泉影響が強く現れるため，特徴のある分布形状にはならなかった。

◎文　献

1) 海老瀬潜一（2013）：独立峰や円形島の放射状流下渓流水質の方位分布，環境科学会誌，26，461-476。
2) 海老瀬潜一（1983）：水質汚濁現象の数理モデル（3）負荷発生と流出・流達モデル，水質汚濁研究，6，125-133。
3) 海老瀬潜一（1983）：汚濁物質の降雨時流出特性と流出負荷量，水質汚濁研究，8，499-504。
4) 海老瀬潜一（1983）：集水域の総流出汚濁負荷量とその計測方法，水質汚濁研究，11，748-752。
5) 海老瀬潜一，村岡浩爾，佐藤達也（1984）：降雨流出解析における水質水文学的アプローチ，第28回水理講演会論文集（土木学会），28，547-552。
6) 海老瀬潜一（1996）：屋久島渓流河川の晴天時・洪水時水質への酸性雨の影響，環境学会誌，9，377-391。
7) 海老瀬潜一（2002）：屋久島渓流河川水質の流出特性と酸性雨影響，陸水学雑誌，63，1-10。

8) 東野達（1971）：昭和49年度，京都大学工学研究科衛生工学専攻修士論文。
9) 坂上務（1969）：山岳降水量に関する研究，九州大学農学部学芸雑誌，24，29-113。
10) 脇水健次，小林哲夫，林静夫（1992）：孤立した円錐山における雨量分布について，九州大学農学部学芸雑誌，46，237-242。
12) 菊池勝弘，大口修，上田博，谷口恭，小林文明，岩波越，城岡竜一（1994）：北海道羊蹄山周辺の降雨特性，北海道大学地球物理学研究報告，57，35-39。
13) 海老瀬潜一（2000）：降水量，琵琶湖—その環境と水質形成—（宗宮功編著，p.246，技報堂出版），83-90。
14) Ebise,S., and O. Nagahuchi（2006）：Influence distribution of acid deposition in mountainous streams on a tall cone-shaped island, Yakushima, J. of Water and Environment Technology, 3。
15) 環境省地球環境局（2011）：酸性雨モニタリング調査，平成21年度。
16) 全国環境研協議会（2011）：第5次酸性雨全国調査報告書（平成21年度）全国環境研会誌，36，106-146。

第11章 水質変化解析：統計解析と水質予測モデル

11.1 経時変化の追跡

　公共用水域の水質モニタリングは，人為的な汚濁に注目しており，安定した水質・流量状態での水質濃度の把握のために，晴天期間での毎月調査が前提になっている。しかも，BODやCODの有機物質による汚濁指標の環境基準は，最大濃度ではなく，小さい方から順に並べた測定値の下から75％値を環境基準としている。この1ヶ月間隔の定期調査がほぼ等間隔であれば，経時変化の統計解析に供することができる。

　一般に，降雨時流出では，とくにその流量ピーク前の流出前半期に汚濁物質の高濃度現象が見られることが多い。その降雨イベントの直前に大規模な豪雨があれば，汚濁物質の濃度や負荷量変化は少し多様な様相を呈する。先行晴天期間での貯留・堆積負荷の多少が影響するからである[1]。かなり長時間のひと雨降雨で，流出前半期の早い段階に大きな流量ピークがあって，かなり時間をかけて流量が低下した後に，また大きな流量ピークが出現した場合の後半の流量ピークの流出変化と似たケースとなる。したがって，通常，降雨時流出の水質・流量変化の大きい期間を避けて毎月調査が実施される。

　閉鎖性水域への汚濁負荷の影響では，滞留時間の大きさから時間的な影響が注目されるだけでなく，量的なインパクトの大きさも明らかにすることが望まれている。したがって，晴天時流出だけでなく降雨時流出等の影響までを含めた調査が望ましい。

第11章　水質変化解析：統計解析と水質予測モデル

　日本列島は偏西風帯に位置するため，主として西から東へと天候が移り変わって行く。日本海側の積雪地帯を除いて，九州から関東まででは，8時間以上にわたって降水量0mmの状態が続いた場合別の降雨として扱うと，約4日に1度で1mm以上のひと雨の降雨がある。年間およそ90回程度の降雨が，平均して15mm前後で出現している状況となる。したがって，定期調査は毎日や3日ごとなどの調査曜日が変化する間隔で，高頻度がよい。毎週調査の場合は，人為的な汚濁負荷量について1週間，7日間の平均的な曜日が望ましい。また，その調査日の定時の水質負荷量の周日変化や週間変化での位置づけを確認しておくことも必要である[2]。

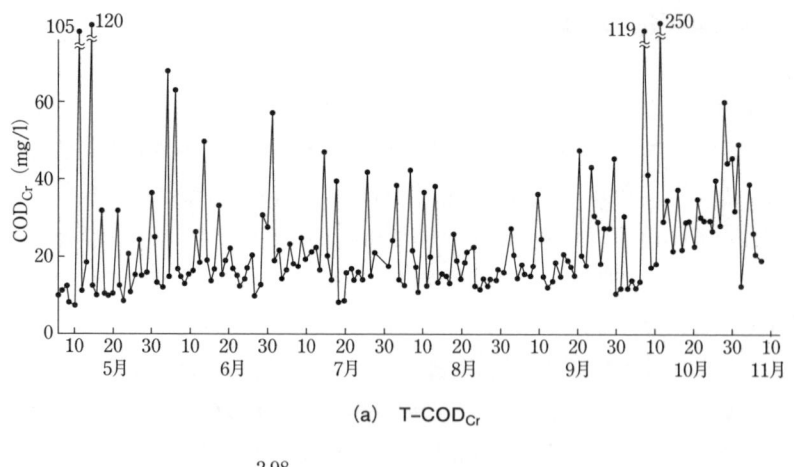

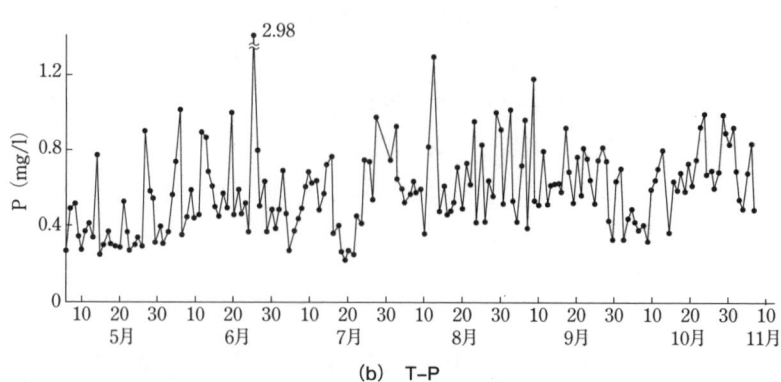

(a)　T-COD_{Cr}

(b)　T-P

図-11.1.1　毎日定時観測値の経日変化（相模川）

11.1 経時変化の追跡

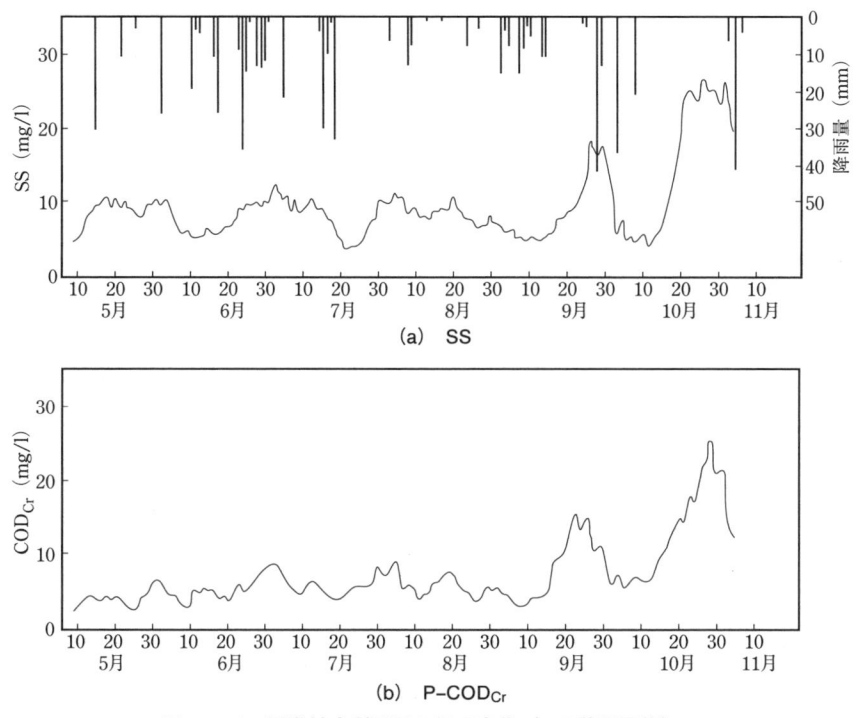

図-11.1.2 浮遊性水質因子の経日変化（7日移動平均）
(a) SS
(b) P-COD$_{Cr}$

　毎日定時で186日間の水質負荷量調査を行った琵琶湖流入河川で，下水道が未整備状態の市街地小河川の相模川の濃度変化を**図-11.1.1(a), (b)**に示す[3]。流域が小規模で，市街地でもあるために水質変化だけでなく，流量変化も激しいので，週間変化と長期変化を見るために，7日間の移動平均値の変化を合わせて**図-11.1.2(a), (b)**に示す[3]。調査後半に2回の長期間の晴天継続期間があり，SSとP-COD$_{Cr}$の濃度の大きなピークが出現しており，これは同時に実施した河床付着微生物膜調査での大増殖による剥離流出の影響が大きかった。この10月だけの経日変化を詳細に示したのが**図-11.1.3(a)**で，10月初旬の2回の降雨イベント後の増加状況が明らかで，11月のわずか6.5 mmの降雨イベントにもかかわらず，市街地河川ゆえに損失降雨が少なく流出率が高いことと，河床内の微生物膜の現存量が異常に大きかったために，濃度ピークの高いChl-aの流出が見られた。とくに，**図-11.1.3(b)**に示すように，全成分に対する粒子態成分の比のピーク時の

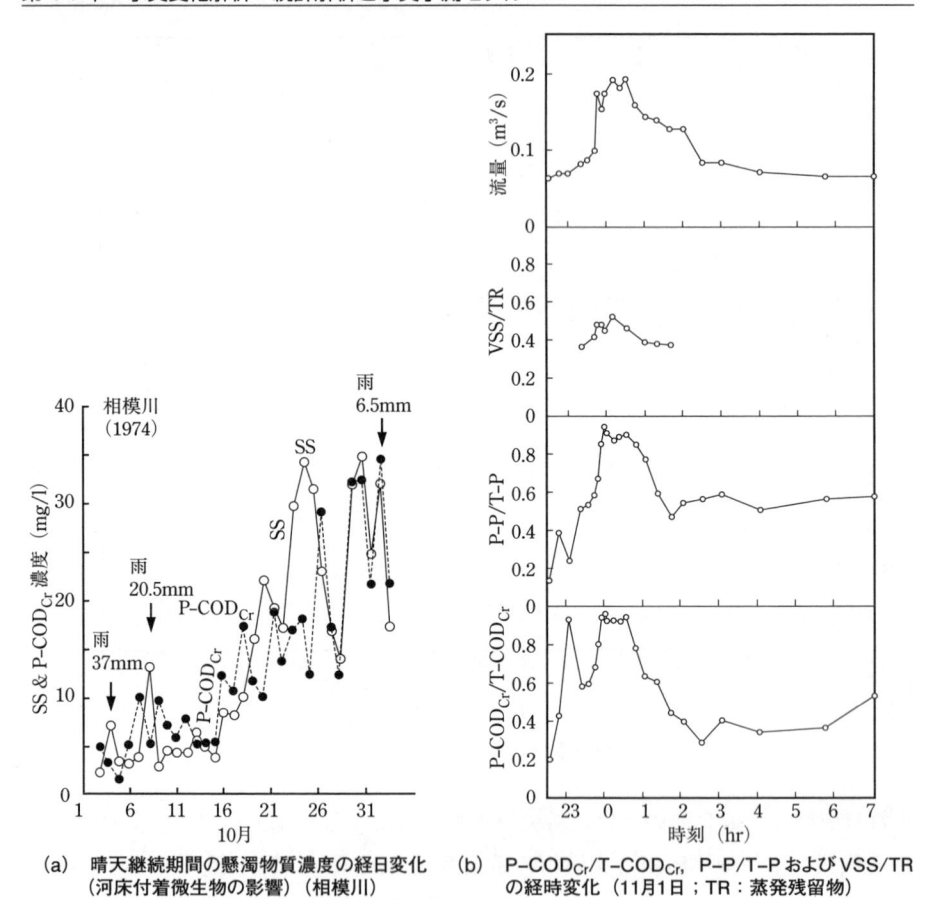

第 11 章　水質変化解析：統計解析と水質予測モデル

(a) 晴天継続期間の懸濁物質濃度の経日変化（河床付着微生物の影響）（相模川）

(b) P-COD$_{Cr}$/T-COD$_{Cr}$，P-P/T-P および VSS/TR の経時変化（11月1日；TR：蒸発残留物）

図-11.1.3

値が高かった。

　さらに，毎時調査を 4 日間継続した神戸市北区鈴蘭台の市街地河川の烏原川と小部川の調査例を**図-11.1.4** に示す。大規模住宅団地のベランダに置かれた洗濯機の洗濯排水が雨樋を通じて排出され，PO_4^{3-} 濃度の変化パターンが規則的に出現したが，TOC の変化の規則変化は少し弱い状況であった[4]。しかも，流域内に住宅団地の集中する烏原川の方の濃度ピークが，住宅団地の影響が少ない小部川のそれより，かなり大きかった。また，汚濁負荷が比較的少ない小部川では河床付着藻類の光合成活動によるアルカリ度の周期的変化が見られた[5]。

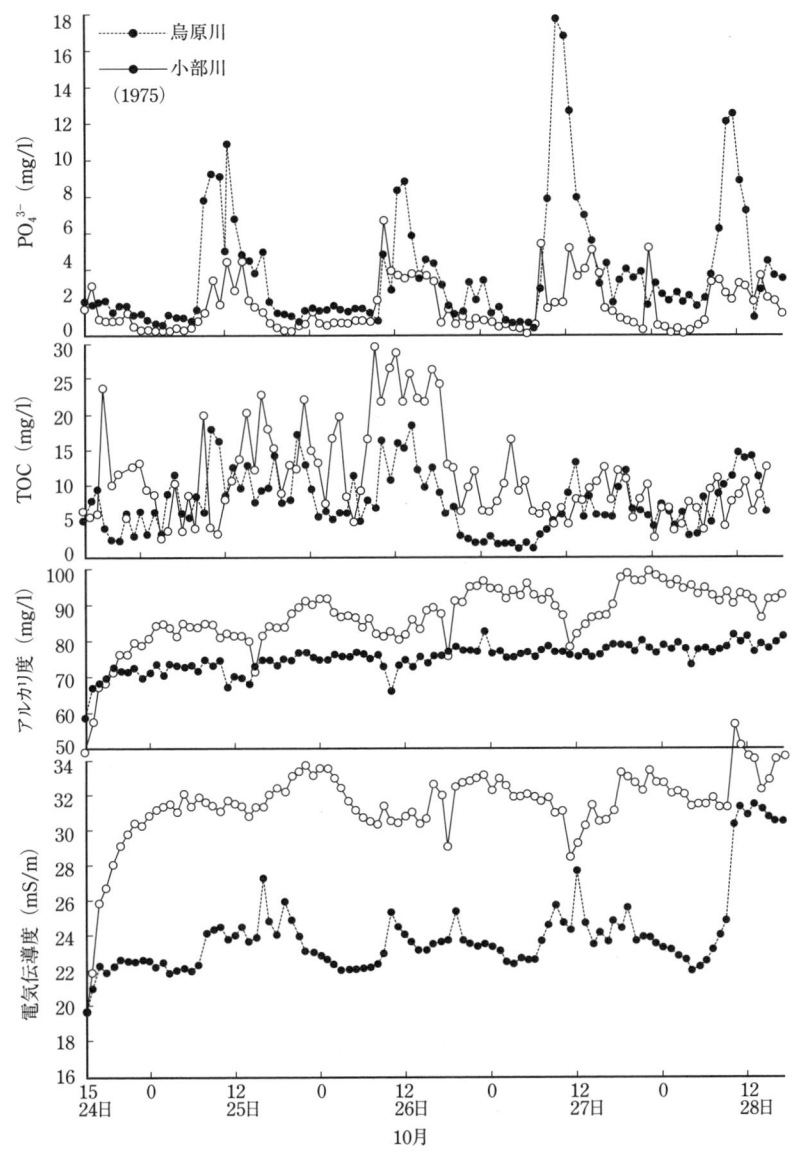

図-11.1.4 毎時調査による水質濃度の経時変化（烏原川, 小部川）

第11章 水質変化解析：統計解析と水質予測モデル

　降雨時流出調査，晴天時24時間調査，高頻度定時調査などでは，経時変化や経日変化を追跡するが，1つの水質項目の経時変化だけでなく，水質成分の構成比率の変化のように項目間で正や負の相関の高い項目間の比の変化から排出源や排出源からの流下時間等を推定できる場合がある。例えば，ナトリウムイオンと塩化物イオンは自然起源や人為起源とも海塩由来の比率が大きく，四周が海の日本列島では岩石・土壌の風化による溶出の寄与はさほど大きくない。しかも，雨や雪を伴う低気圧が海上を通過後列島を横切ると，降水自体の海塩成分の寄与が大きく，降水のNa^+/Cl^-モル比が標準海水の約0.87に近い1前後となることがある。したがって，晴天時流出と降雨時流出が交互に出現する河川での高頻度定時調査ではその比の変化の特徴が明らかになる。京都府と大阪府の境界に近い大山崎町と八幡市で合流して淀川となる桂川（流域面積1 052 km^2），宇治川（4 523 km^2），木津川（1 596 km^2）の流量変化の大きい4～11月のNa^+/Cl^-モル比の3日に1度定時調査の結果を図-11.1.5に示す。大規模流域の河川ほど，経日変化は小さく，濃度変化の幅も小さい[6]。

　また，河床で晴天継続時に光合成による増殖で現存量を増加し，降雨による流速・流量増大に伴い剥離流出して現存量を減少して，増減を繰り返す河床付着藻類の流出影響を，水質変化としてChl-a，SS，P-CODあるいはPOCやそれらの相互の比の関係としてとらえることができる。また，河床に人工付着板として素焼きタイルのほか，表面をヤスリで粗面にした塩ビ板や薄型のコンクリートブロックを設置して定期的に取り出しその付着板上の現存量をブラシで落として水質として定量すれば，河床付着生物膜の現存量構成成分比の経時変化を追跡できる[7]。ただ，人工付着板上には沈殿・堆積物も存在して増減するために，両者の

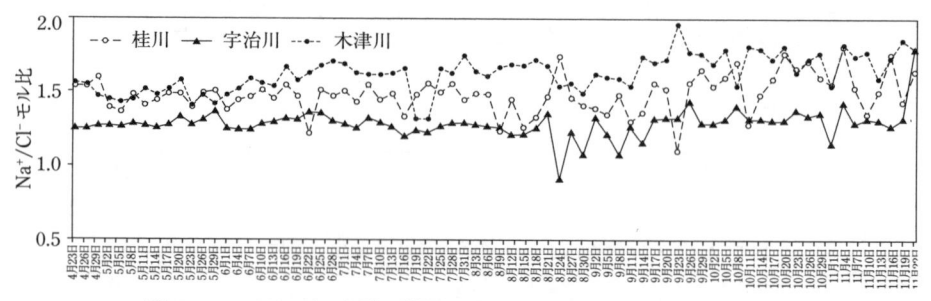

図-11.1.5　2011年 春季～秋季 3河川におけるモル比の経日変化

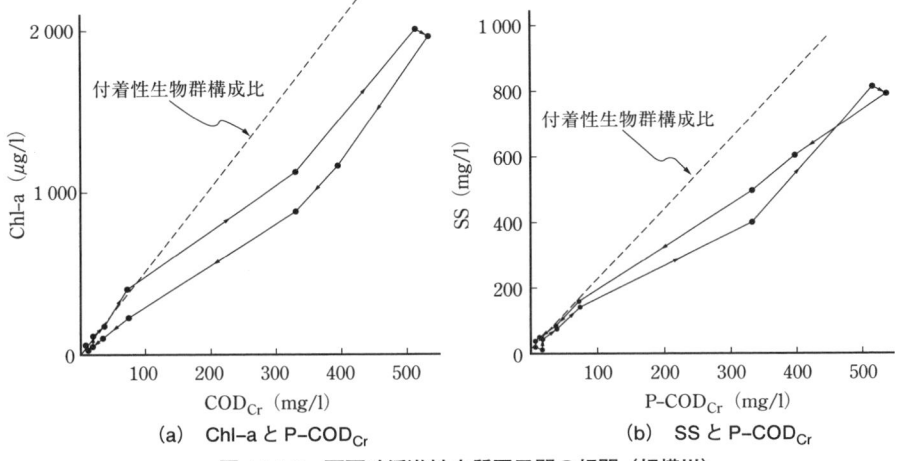

(a) Chl-a と P-COD$_{Cr}$

(b) SS と P-COD$_{Cr}$

図-11.1.6　雨天時浮遊性水質因子間の相関（相模川）

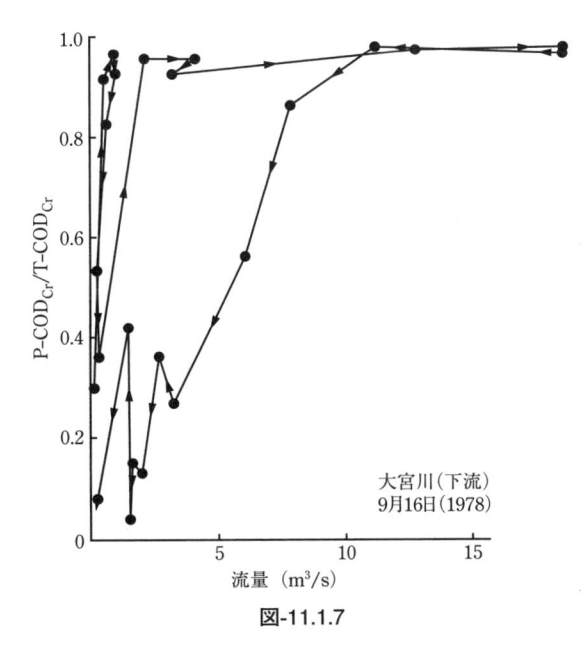

構成物としての追跡となる。例えば，Chl-a，P-COD$_{Cr}$，SS の相互間について，降雨時流出におけるそれらの比の経時変化を図-11.1.6(a)，(b) に示す[8]。他にも，例えば Chl-a/SS（× 10^3 倍程度での表示が良い）の比を図上にプロットしてみれば，その流出前半の勾配すなわち河床付着藻類の剥離流出として，直線的な経時変化からその後の折れ線状や曲線状に変化して，最初とは別の比になる状況が見られる。他に P-COD/SS，POC/SS 等でも同様に，河床付着藻類の流出を見ることができる。

図-11.1.7

また，有機物質や栄養塩の水質項目で全成分を T-COD，TOC，T-N，T-P のように表示し，それぞれの溶存態成分を D-COD，DOC，DTN，DTP とし，粒

子態成分をP-COD，POC，PTN，PTPと表示する。粒子態成分の全成分に対する構成比率，例えば，琵琶湖流入河川の大宮川での降雨流出時のP-COD/T-CODの経時変化を，**図-11.1.7**のように流量変化に対する変化として追跡すれば，懸濁態成分の流出挙動特性がより明瞭となる[9]。

先行晴天期間が10日前後もあれば，降雨流出前の流量の数十％の増加でも河床内の沈殿堆積物質の浮上流出や付着微生物膜の剥離流出が主で構成比率が2倍程度になり，流量が3〜4倍に達すると，流域地表面上の堆積物も加わって，構成比率は4倍程度になり，流量ピーク前にその比率は減少し始めている。この変化は，先行降雨の規模や先行晴天日数に加えて，降雨規模や河床内や地表面上の堆積負荷量の大きさに左右される。

11.2 時系列解析

頻度の高い一定間隔の連続調査結果は時系列データとして，時系列変動の長期変化傾向や周期変化を明らかにするために，時系列解析が行われる。時系列解析は経済現象の統計学的分析法の1つである。時系列変動は，一般には傾向変動，循環変動，季節変動，不規則変動の4つに分けられる。不規則変動における増減の長期傾向は，傾向線として直線を含む論理曲線（Logistic curve），多項式，指数式等で近似的に表示されることが多い。有機汚濁状況の悪化や改善でBOD，COD，TOC濃度など，富栄養化状況の進行や改善でT-NやT-Pなどには長期傾向が見られることが多い。

循環変動の周期変化はその周期および周期の倍数の期間で移動平均をとって，周期性を除去して傾向線が求められる。周期性を確認するには，通常，系列自己相関係数を求めて，コレログラム（Correlogram）を描けば周期性のパターンの有無をチェックできる。この統計解析のデータは等間隔のデータであることが基本である。

琵琶湖流入河川で，下水道が未整備の市街地河川の相模川で毎日11時定時に186日間継続するとともに，6〜10月の各月1回晴天時24時間水質負荷量調査も併せて実施した。5回の晴天時24時間水質負荷量調査の5日間の平均値について，生活雑排水等の人為的汚濁負荷が大半を占める$T-COD_{Cr}$と$D-COD_{Cr}$濃度，

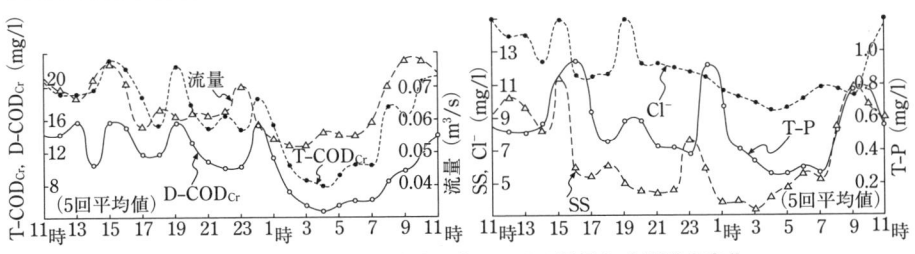

図-11.2.1 晴天時24時間調査における流量と水質濃度変化

流量およびCl⁻,T-P,SS濃度の周日変化を図-11.2.1に示す。図-11.2.1より生活雑排水の排出パターンに支配された濃度変化が明らかである。ちなみに，流量とT-COD,D-COD,Cl⁻負荷量の同様の変化も図-11.2.2に合わせて示しておく。人為的な生活雑排水の排出と見られる流量変化に支配された水質負荷量変化が明らかである[10]。

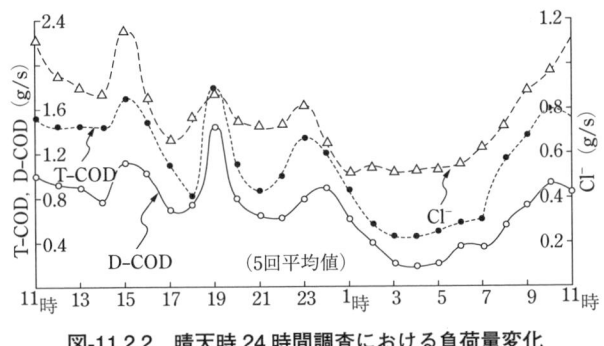

図-11.2.2 晴天時24時間調査における負荷量変化

さらに，186日間の水質負荷量変化の周期性を検討するために，時系列データの自己相関係数をフーリエ変換してパワースペクトル求めて，明瞭な周期成分の確認にとどまらず，潜在的な周期成分も見い出すためのスペクトル解析を行った。図-11.2.3(a), (b)に示すSS, Cl⁻, $T-COD_{Cr}$, $D-COD_{Cr}$, $P-COD_{Cr}$, T-Pの濃度スペクトルの波形から，SSを除いて7日前後の周期成分が認められた。また，20日以上の比較的長い周期成分を有するグループと，長い周期成分のないグループにわかれた。図-11.2.4に，水質負荷量のスペクトルの波形も合わせて示す[10]。毎日定時調査の終了前約1ヶ月間にはほとんど降雨のない晴天継続で，流量減少もあって河床付着微生物膜の付着藻類が大増殖して，人為的な排水による流速変化にも対応して剥離流出したことが，SSと$T-COD_{Cr}$の長期成分をもたらした要因と考えられる。

毎週定時で1987年6月〜1988年5月の1年間に，霞ヶ浦流入河川で52回水

第11章 水質変化解析：統計解析と水質予測モデル

図-11.2.3 水質濃度のスペクトル解析（相模川毎日調査）

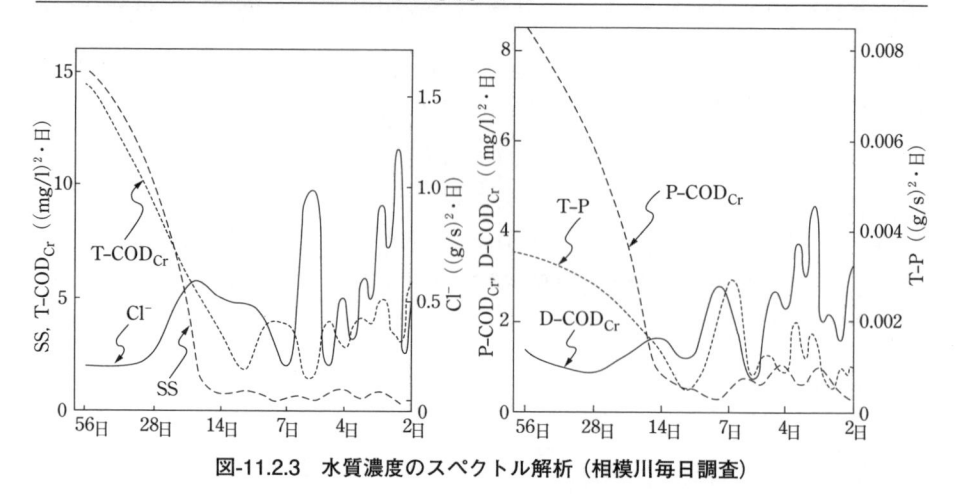

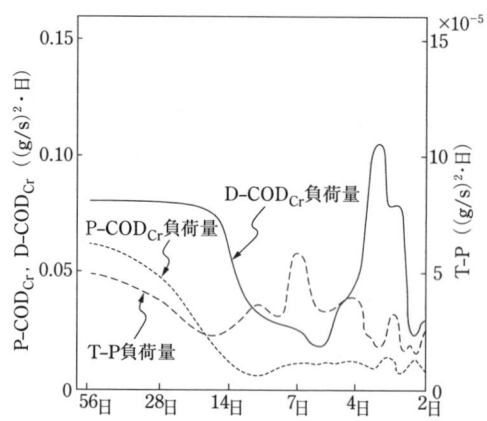

図-11.2.4 水質負荷量のスペクトル解析（相模川）

質調査を実施した。そのうちの市街地河川の山王川と田園地河川の恋瀬川での全成分に対する粒子態成分の比の流量に対する分布を図-11.2.5に，それぞれ別途に実施した降雨時流出調査における分布を図-11.2.6に示す。両図を比べて，定時調査と降雨時流出調査での全成分に対する粒子態成分の比の高い部分の大きさの違いや，項目による比の違いは明らかである[11]。市街地河川では降雨時流出で，田園地河川は定時調査の低流量側での分布のバラツキが大きい。これは，降雨時調査がそれぞれ1回のみの調査結果の表示であることに起因すると考えられる。

1年間で52回調査を流量の大きさで，大きい方から4分の1の13回分や，小さい方から13回分に分けて，全成分や粒子態成分の流出負荷量や流量荷重平均濃度の相違を年間52回の平均値とともに，霞ヶ浦流入3河川と涸沼川中流部について，表-11.2.1と表-11.2.2に示す。両表から，水質項目による相違が明らかである。さらに，この4河川での定時調査と同一降雨による3河川の降雨時流出

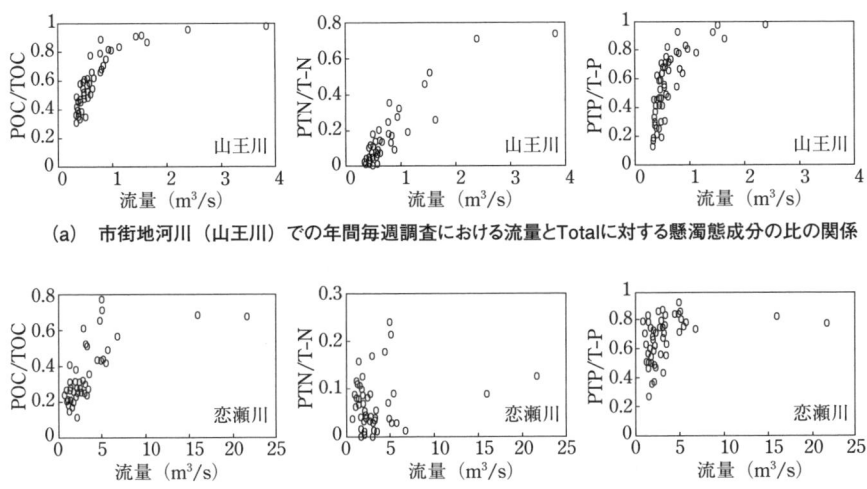

(a) 市街地河川（山王川）での年間毎週調査における流量とTotalに対する懸濁態成分の比の関係

(b) 田園地河川（恋瀬川）での年間毎週調査における流量とTotalに対する懸濁態成分の比の関係

図-11.2.5

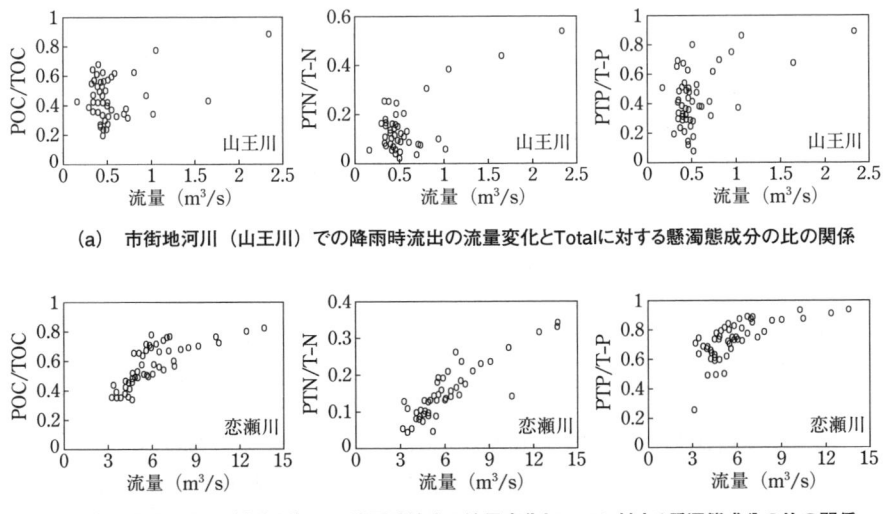

(a) 市街地河川（山王川）での降雨時流出の流量変化とTotalに対する懸濁態成分の比の関係

(b) 農耕地河川（恋瀬川）での降雨時流出の流量変化とTotalに対する懸濁態成分の比の関係

図-11.2.6

第11章 水質変化解析：統計解析と水質予測モデル

表-11.2.1 毎週定時で1年間の調査のTotalおよび懸濁成分負荷量
(負荷量：g/s, 流量：m³/s)

	流量区分	流量	SS	T-COD	P-COD	TOC	POC	T-N	PTN	T-P	PTP
山王川	年間平均(52回)	0.46	9.8	3.79	1.23	4.53	1.47	1.34	0.20	0.157	0.061
	高流量側(13回)	0.78	28.1	7.38	3.01	8.51	3.88	2.28	0.60	0.235	0.142
	低流量側(13回)	0.28	2.5	2.37	0.61	2.93	0.65	0.92	0.11	0.125	0.029
恋瀬川	年間平均(52回)	2.89	139	22.0	8.37	22.7	8.89	8.11	0.88	0.600	0.421
	高流量側(13回)	6.21	499	65.9	29.0	66.7	30.7	18.9	2.77	1.77	1.39
	低流量側(13回)	0.95	8.2	3.72	0.68	4.72	0.75	1.91	0.13	0.090	0.049
天の川	年間平均(52回)	0.84	29.4	6.78	2.26	6.68	2.41	3.95	0.29	0.188	0.122
	高流量側(13回)	1.93	106	20.5	8.06	19.8	8.53	9.44	0.86	0.601	0.417
	低流量側(13回)	0.26	2.7	1.29	0.19	1.65	0.20	0.93	0.05	0.031	0.015
涸沼川	年間平均(52回)	2.47	137	13.5	6.96	10.4	6.28	3.96	0.61	0.279	0.235
	高流量側(13回)	4.31	503	36.0	23.2	28.9	21.9	8.08	1.98	0.881	0.803
	低流量側(13回)	1.11	9.2	3.26	0.80	2.21	0.73	1.64	0.10	0.052	0.029

表-11.2.2 毎週定時で1年間の調査のTotalおよび懸濁態成分の流量荷重平均濃度
(濃度：mg/l, 流量：m³/s)

	流量区分	流量	SS	T-COD	P-COD	TOC	POC	T-N	PTN	T-P	PTP
山王川	年間平均(52回)	0.46	21.5	8.34	2.71	9.94	3.24	2.95	0.44	0.346	0.134
	高流量側(13回)	0.78	36.2	9.49	3.87	10.9	4.97	2.94	0.60	0.303	0.183
	低流量側(13回)	0.28	8.9	8.50	2.20	10.5	2.33	3.29	0.37	0.448	0.104
恋瀬川	年間平均(52回)	2.89	48.3	7.64	2.90	7.87	3.08	2.81	0.31	0.208	0.146
	高流量側(13回)	6.21	80.3	10.6	4.67	5.79	4.95	3.04	0.45	0.285	0.224
	低流量側(13回)	0.95	8.7	3.93	0.71	4.19	0.79	2.01	0.13	0.095	0.051
天の川	年間平均(52回)	0.84	34.8	8.03	2.68	7.90	2.85	4.68	0.34	0.223	0.144
	高流量側(13回)	1.93	54.9	10.6	4.19	10.3	4.43	4.90	0.45	0.312	0.216
	低流量側(13回)	0.26	10.3	4.88	0.70	6.23	0.76	3.50	0.17	0.116	0.056
涸沼川	年間平均(52回)	2.47	56.1	5.48	2.82	4.21	2.54	1.60	0.25	0.113	0.095
	高流量側(13回)	4.31	117	8.36	5.37	6.69	5.07	1.87	0.46	0.204	0.186
	低流量側(13回)	1.11	8.22	2.93	0.72	1.98	0.66	1.48	0.09	0.047	0.026

において，総流出負荷量の粒子態成分の比を示したのが表-11.2.3である．流量による相違，河川による相違，定時調査と降雨時流出調査の相対的な相違などがわかる[11]．なお，天の川も涸沼川も田園地河川である．

循環変動の周期変化の典型的な水質項目は水温変化であり，飽和濃度が水温変化に支配されるDOの濃度変化等でも見られる．市街地河川で毎時調査を晴天時

表-11.2.3 種々の流出時におかる懸濁物質の組成比

河川	山王川	恋瀬川	天の川	涸沼川
	SS：P-COD：POC：PTN：PTP	SS：P-COD：POC：PTN：PTP	SS：P-COD：POC：PTN：PTP	SS：P-COD：POC：PTN：PTP
年間平均(52回)	160：20：24：3.3：1	331：20：21：2.1：1	241：19：20：2.4：1	590：30：27：2.6：1
高流量側(13回)	198：21：27：4.2：1	172：21：22：2.0：1	253：19：20：2.1：1	627：29：27：2.5：1
低流量側(13回)	86：21：22：3.7：1	168：14：15：2.7：1	182：13：13：3.1：1	316：28：25：3.6：1
'84 23 mm Rain	170：27：28：5.5：1	425：26：24：3.0：1	342：23：21：4.6：1	－－－－－
'89 28 mm Rain	163：16：20：2.3：1	324：17：21：2.8：1	288：19：19：1.3：1	－－－－－

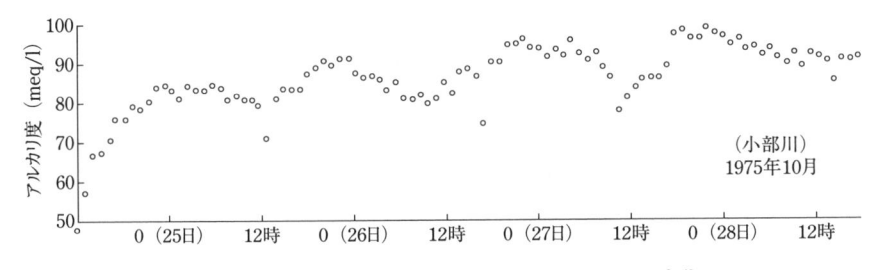

図-11.2.7 毎時連続調査によるアルカリ度の周日変化

に連続的に4日間継続して，豪雨により中止した調査結果で，24時間の日周期性などを確認する時系列解析のためのアルカリ度の4日間の時間変化を**図-11.2.7**に示す。これは神戸市北区の六甲山丘陵地の造成された鈴蘭台住宅団地内の石井川支流の小部川での毎時調査例である。小部川流域は住宅団地排水を受ける隣接する烏原川流域とは異なり，まだ開発が進められておらず，水田等の田園地が広がる比較的緩やかな流域河川で，河床に付着藻類が増殖・剥離を繰り返す小河川である。晴天継続により，付着藻類の光合成の影響を受けて，炭酸ガスの増減によりアルカリ度が，晴天継続に伴う長期変化と24時間の周期変化が明瞭に見られた調査例である[10]。

長期観測データで，長期傾向のないこと（あるいは，長期傾向を除去して）定常的な周期変化であることをF検定（有意水準5％か1％）で確認し，系列自己相関係数を求めてコレログラム（Correlogram）を描き，例えば12ヶ月あるは7日間周期などが卓越していることを確かめて，調和分析によって余弦曲線や正弦曲線とそれらの和で関数近似が行われる。

図-11.2.8に千刈貯水池の堰堤から1km上流地点で水深1mの無機態窒素濃

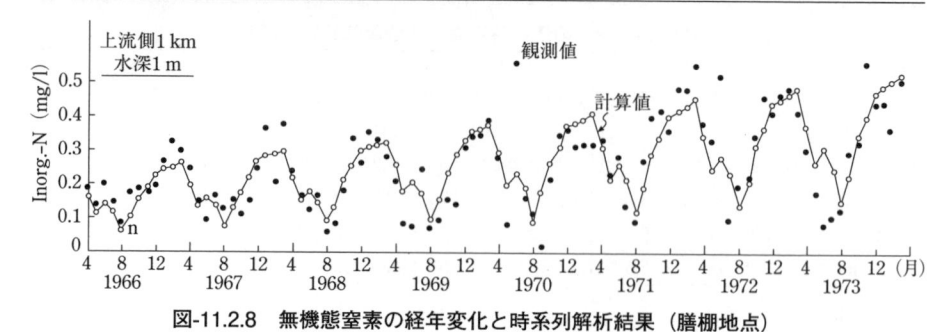

第11章 水質変化解析：統計解析と水質予測モデル

図-11.2.8 無機態窒素の経年変化と時系列解析結果（膳棚地点）

度8年間の経年変化の観測値と傾向直線と調和分析の結果を示した[12]。時系列解析で近似した無機態窒素 C_N（mg/l）の変化式の例は次式である。

$$C_N = (0.150 + 0.00231 \cdot t) + (0.071 + 0.00097 \cdot t) \cdot (0.958 \cdot \cos(\pi t/6) - 5.025)$$
(11.1)

ただし，$t = 0$ は1966年4月とする。

1年周期成分で48.3％の変化をカバーできたが，6ヶ月周期成分は0.2％，4ヶ月周期成分で3.2％，3ヶ月周期成分で2.0％の変動分をカバーできた。なお，傾向直線の月平均濃度の増加率（傾き）0.023 mg/l/月で，振幅の月平均増加率は0.00097 mg/l/月であった[13]。上流1km地点の水深0～5mでの各周期成分の構成内容を表-11.2.4にまとめて示しておく。表層躍層に近くなると，1年だけでなく他の周期成分も少なくなってしまう。なお，長期傾向がなく安定した変化パターンの水温では，調和分析だけで水深0～3mは90％以上，水深13mまでは80％以上，水深15～23mは1年周期成分がカバーできている[13]。

表-11.2.4 無機態窒素の時系列解析結果

地点		膳	棚	
水深（m）	0 m	1 m	3 m	5 m
$m(t)$ 切片	0.150	0.150	0.170	0.197
傾き	0.00225	0.00231	0.00248	0.00298
$\sigma(t)$ 切片	0.079	0.071	0.069	0.069
傾き	0.00083	0.00097	0.00105	0.00080
1年周期 振幅	1.000	0.958	0.578	0.303
位相角	5.029	5.025	5.235	0.134
分散比	51.5%	48.3%	17.6%	4.6%
半年周期 振幅	0.067	0.067	0.156	0.290
位相角	2.199	2.065	2.794	3.036
分散比	0.2%	0.2%	1.3%	4.3%
4ヶ月周期 振幅	0.195	0.248	0.372	0.202
位相角	4.158	4.043	3.968	3.754
分散比	2.0%	3.2%	7.3%	2.1%
3ヶ月周期 振幅	0.191	0.197	0.339	0.283
位相角	4.922	5.010	5.264	5.104
分散比	1.9%	2.0%	6.0%	4.0%

11.3 流出解析

　河川水質変化の主因は流量変化であり，流量変化の主因は降水量変化と人為的な流量（あるいは水位）制御である。過去の流量と水質濃度の観測データから水質負荷量算定式を求めておけば，流量を推定すれば水質負荷量の推定も可能となる。

　降水量を入力（Input）とする流域の出力（Output）応答としての流量変化と流出経路を追跡するモデルとしては，菅原のタンクモデル（直列貯留型）[14]と米国農務省農業研究局等によるSWATモデル（Soil & Water Assessmennt Tool）がある。どちらも長期的流出変化を評価するモデルであるが，タンクモデルは1つの降雨時流出に対する短期流出でも利用できる。SWATモデルは近年のGIS（地理情報）を利用した面源汚濁負荷流出評価を対象とした最近のモデルで，農地からの栄養塩やSS流出のパラメータ設定にはサブモデルでの対応や数年の実測データが必要とされる。いずれも，対象流域末端での流量の実測値に適合するようにパラメータヒッティングを行うモデルであり，対象流域での流量実測値と降水量観測値のあることが前提である。

　タンクモデルは，降水の入力に対して垂直に並べた4段（3段でもよい）のタンク（槽）の底と側壁に開けた孔からの流出で流域からの出力としての流出応答を推定する数理モデルで，各段からの表面流出，早い中間流出，遅い中間流出，地下水流出に見立てた物理モデルとして利用できる。**図-11.3.1**のような4段タンクが標準であるが[13]，比較的小規模な流域では3段タンクで，さらに，降雨時流出のように降雨時流出前の流量（地下水流出＋遅い中間流出）を除外して，表面流出や早い中間流出のみの短期流出の増加流量を推定するには2段でも対応できる。さらに，比較的大規模な流域でもそれぞれの小流域別に流量と降水量の実測値が揃ってさえいれば，おのおのタンクモデルで流出応答を推定し，各流域からの流下時間も推定して重ね

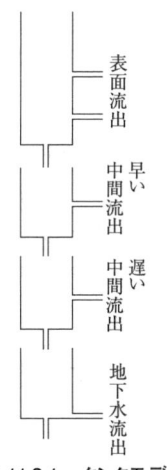

図-11.3.1　タンクモデル

第11章 水質変化解析：統計解析と水質予測モデル

合わせることで，全体の流域の流量変化を推定することもできる。

琵琶湖西岸流入河川の真野川での降雨時流出の水質負荷量変化を追跡するために，時間降水量からタンクモデルで流量変化をシミュレートした結果は **9.3** の**図-9.3.4** に示している。降雨時流出前の流量 Q_0 を除いて増水した流量を2段タンクモデルで短期間解析した結果である。その2つに分けた流出成分構成の経時変化を示している。同じ降雨について西側の大宮川でのタンクモデルでのシミュレーション結果を**図-11.3.2** に示しておく [15),16)]。

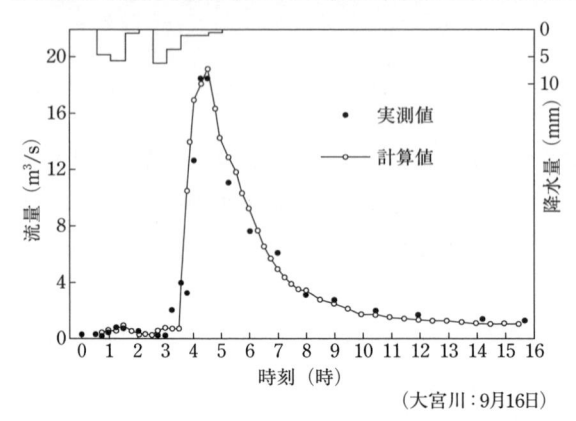

図-11.3.2 タンクモデルによる流量変化シミュレーション
（大宮川：9月16日）

降雨強度に従って変化する流出成分を，第1段タンクからの流出流量 Q_1 を表面流出成分，第2段タンクからの流出流量 Q_2 を中間流出成分と見立てると，それぞれの流量の流出成分とともに流出してきた水質成分 L_1 および L_2 は，流域地表面と表層土壌層等に対応させて，流出水質の排出源を対応させることができる。なお，基底流出に対応した水質負荷量は L_0 とする。

水質を溶存態成分と粒子態成分に分けて，流量の流出成分に対応した関数形を考慮する。溶存態成分は，流出前半期に一時的に高濃度を呈する場合もあるが，粒子態成分のように積み残し負荷や荷くずれ負荷の残存負荷量が少ないと推測されるので，各流量成分に線形な項の和として次式で表す [15)]。

$$L = a \cdot Q_1 + b \cdot Q_2 + L_0 \tag{11.2}$$

ここで，$L_0 = c \cdot Q_0$ であり，係数の a, b, c は一定の濃度とする。

粒子態成分については，表面流出成分では先行降雨以降の積み残し負荷や荷くずれ負荷の残存負荷量 S や，限界流量 Q_c を上回る流量成分が関係して，流量の2乗に比例して流出すると考えた。したがって，

$$L_1 = A \cdot S^m \cdot Q_1 \cdot (Q_1 - Q_c) \tag{11.3}$$

ここで，A と m は係数であり，水質項目によって異なる定数であり，$L_0 = c \cdot Q_0$

である。

また，中間流出成分では，残存負荷量や限界流量は関係せず，単純に流量の2乗のみに比例するとした次式を用いた。ただし，B は係数である。

$$L_2 = B \cdot Q_2^2 \tag{11.4}$$

これらを合わせて次式を用いた。

$$L = A \cdot S^m \cdot Q_1 \cdot (Q_1 - Q_c) + B \cdot Q_2^2 + L_0 \tag{11.5}$$

図-11.3.3 は，**図-9.3.4** と同じ真野川での降雨イベントで，COD_{Cr} の流出負荷量のうちの粒子態成分 P–COD_{Cr} について示している。粒子態成分の場合は，上記タンクモデルによるシミュレーション結果が実測値とよく一致している。**図-11.3.4** は COD_{Cr} の溶存態成分 P–COD_{Cr} についてタンクモデルと経験式の両方でシミュレートした結果である。溶存態成分の場合，単一流量ピークの単純な流出については，タンクモデルはもちろん実測値とよく一致するが，経験式でも良い一致を示すことが多い。しかし，流量ピークが2つ以上の流出についての経験式での実測値の一致度は悪くなる。

タンクモデルでの解析では，(1) 水質負荷量ピークの出現時とそのピーク値の一致，(2) 総流出負荷量ΣLの一致，(3) 流量逓減期での一致，に留意したが，(1) と (3) が良好な一致を示せば (2) はほとんど満たされる。(1) では A, S, m のいずれも影響が大きく，m は $m = 3$ の場合の一致度が良好であった。まず，B を定めて，総流出負荷量ΣLから S の大きさを推定して，m の試行計算

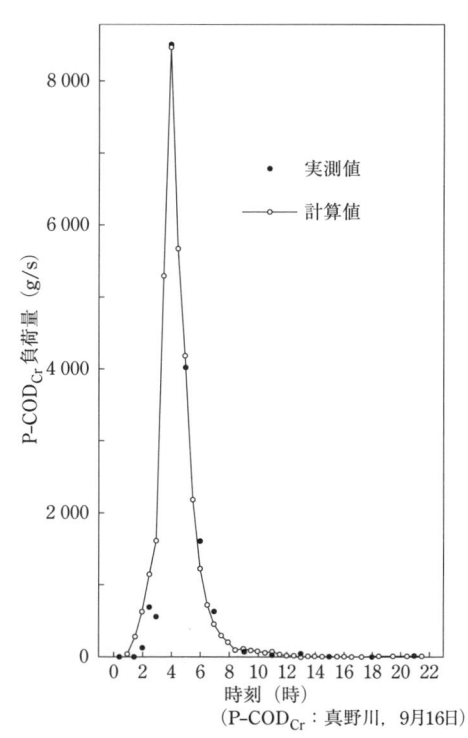

図-11.3.3 浮遊性物質負荷量変化シミュレーション結果

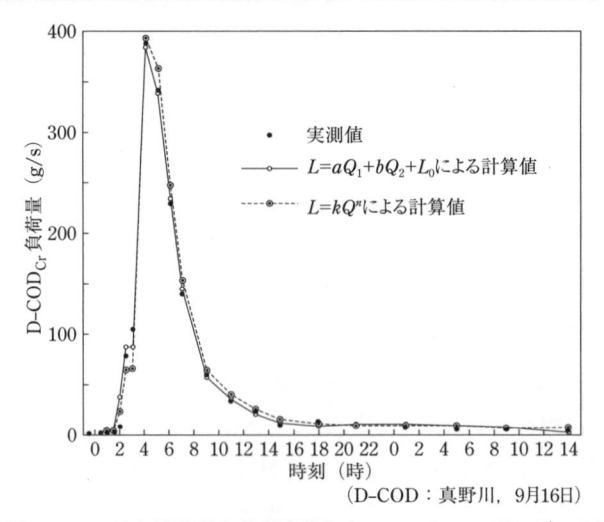

第11章　水質変化解析：統計解析と水質予測モデル

図-11.3.4　溶存態物質負荷量変化シミュレーション両モデルの比較
（D-COD：真野川，9月16日）

をし，ピーク値の一致から A を定めればよい。Q_c は河川ごとに異なるが，小河川では $Q_c = 0$ としても一致度への影響は少ない。

　溶存態成分の COD_{Cr}（D–COD_{Cr}）や NO_3^-–N では，通常の経験式 $L = k \cdot Q^n$ 式（k は係数）でもかなりの一致度が得られることが多い。真野川での3つの降雨ピー

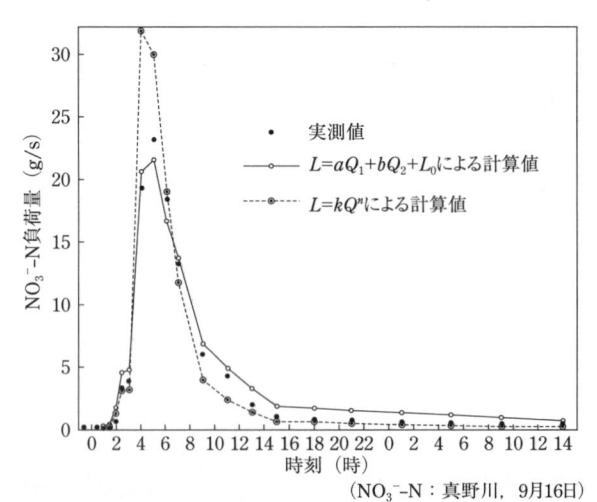

図-11.3.5　溶存態物質負荷量変化シミュレーション両モデルの比較
（NO_3^--N：真野川，9月16日）

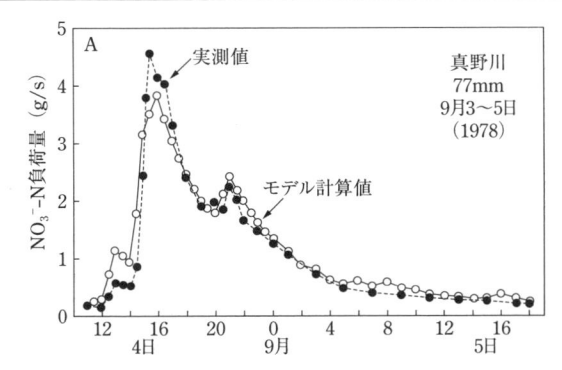

図-11.3.6　NO_3^--N 負荷量のシミュレーション結果と実測値の比較

クが見られた流出について，NO_3^--N 流出負荷量の変化をタンクモデルと経験式の両方を適用した結果を示したのが図-11.3.5である。流量変化が単一のピークの場合は経験式でもかなりの一致が見られるが，2つ以上の流量ピークになると図-11.3.6のようにタンクモデルの方の一致度が良い。

SWAT モデルも流域全体での流出解析を対象としており，日本の農地とくに水田土壌に適用できるように種々の改善が現在も進行中のモデルである。

11.4　降雨時流出水質負荷量の経時変化と重回帰式

河川の降雨時流出において，1時間間隔のような一定間隔でなく，流量の急激な変化に対応して10分，15分，20分，30分，45分のように短期の間隔も含めて臨機応変に，流量および水質の詳細な変化過程を追跡すれば，汚濁負荷の流出機構や流出構成の変化がさらに明らかになる。すなわち，降水の入力（Input）変化に対して，流域内での負荷の存在状態（ポテンシャル）での流れによる輸送の推進力（Driving Force）としての応答（Output）の詳細が明らかになる。

図-11.4.1(a)，(b)，(c)に市街地河川相模川のほぼ同じ規模の降雨時流出において，流量（m^3/s）を横軸に，SS 負荷量（g/s）を縦として両対数紙上に，両者の経時変化の関係を調査時刻順に点線の直線で結んだものである。いずれの図でも，前後の調査時刻を結ぶ直線の勾配は時々刻々変化している。すなわち，各調査時刻において $((\Delta L/L)/(\Delta Q/Q))$，すなわち，経験式の指数 n が変化していること

第11章　水質変化解析：統計解析と水質予測モデル

(a) 流量とSS負荷量の経時変化の関係（5月15日）

(b) 流量とSS負荷量の経時変化の関係（6月2日）

(c) 流量とSS負荷量の経時変化の関係（9月28日）

図-11.4.1

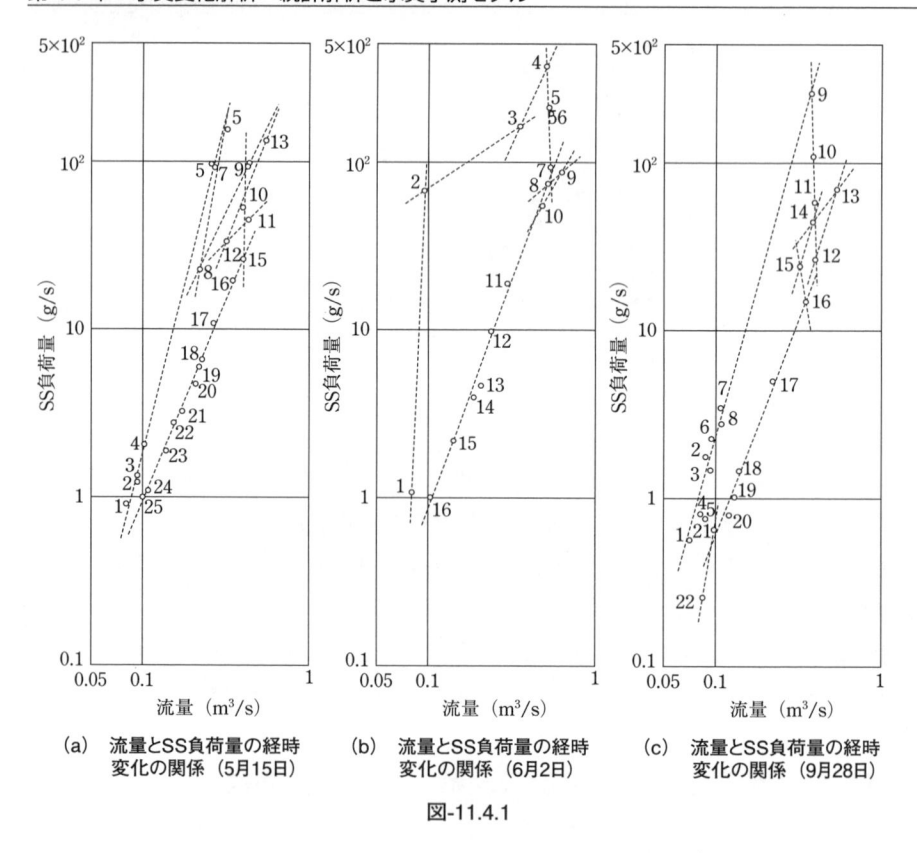

を示している[17]。一般に，降雨時流出のSSをはじめとして粒子態成分の水質濃度のピークは流量ピークとほぼ同時に出現したり，流量ピーク前に出現している。したがって，流量ピークより先にSS負荷量ピークが出現しており，調査時刻の順に点を結べば，すべて時計回りの順になり，点あるいは線の取り囲む形の横幅の広さは，すなわち，ループの幅の広さは降水量したがって流量の時間変化によって変ってくる。山1つの鋭い流量ピークの降雨時流出の場合は，ループの幅は狭く，ほぼ1本の直線でも近似できるような状況を呈する[17]。

いくつもの流量ピークが出現する場合は，ループの幅は広くなる傾向にある。このプロットした全点を，1本の回帰直線で表示したのが $L = k \cdot Q^n$ の回帰式で，経験式と呼ばれている。すなわち，前後の調査時刻の点を結んだ勾配の異なる直

11.4 降雨時流出水質負荷量の経時変化と重回帰式

線群を，近似的に1本の直線で代表させたものである。この回帰式の両対数紙上の直線勾配が n で，ループの幅が狭いと回帰係数が大きくなり，ループの幅が広いと回帰係数が小さくなる。

SSはこの回帰係数が大きくなる水質項目であり，全成分に対する粒子態成分の比率が高い場合，その粒子態成分では回帰係数が大きくなる傾向がある。他の水質項目では，通常，SSより回帰係数が小さいことが多い。経験式は，このようなバラツキを含んだ回帰式であることに留意が必要である。

田園地河川の真野川の降雨時流出の流量と $P-COD_{Cr}$ と NO_3^--N の負荷量の同様の経時変化を図-11.4.2(a), (b)に示す。粒子態成分の $P-COD_{Cr}$ の経時変化は時計回りであるが，NO_3^--N の方は反時計回りである。これは $P-COD_{Cr}$ の濃度ピークが流量ピークより前に出現しており，NO_3^--N 濃度ピークが流量ピークより遅れて出現したことによる[15]。

NO_3^--N は土壌層表層に保持や貯留されており，降水により，土壌層中の気体

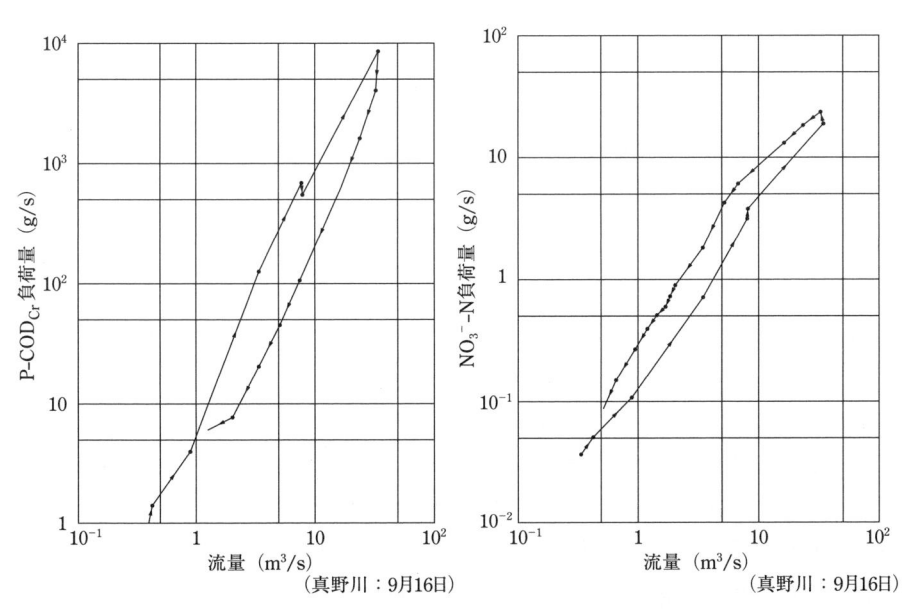

(a) 降雨流出時の流量変化に対する $P-COD_{Cr}$ 負荷量変化

(b) 降雨流出時の流量変化に対する NO_3^--N 負荷量変化

図-11.4.2

部が降水の侵入により圧力を受けて土壌水を押し出したり，浸透してきた降水が土壌水を押し出すことによって，高濃度の土壌水が多く流量ピークより遅れて流出するためである。すなわち，SS等粒子態物質や粒子態成分は，主として表面流出成分によって流出しやすい場所から流出し，NO_3^--Nは早い中間流出によって表層付近の土壌層から高濃度の土壌水が流出してくるからである。したがって，9.3の図-9.3.4に示したように降雨流出成分ごとの流出構成内容の経時変化を追跡することが可能である。

11.5　物質収支

　流下過程での自然浄化の定量を試みるには，流域の上流側と下流側の対象の流下区間上下での物質収支の負荷量調査だけでなく，途中からの流出入の負荷量調査も必要である。また，湿性沈着負荷量と乾性沈着負荷量を併せた全沈着負荷量に対する流出負荷量や，水田等の農地における肥料等の人為の投入負荷量や灌漑用水負荷量等も加えた負荷量の入力（Input）に対する対象流域での流出負荷量の出力（Output）の比あるいは流出率を求めるには，入力と出力の両方の負荷量を調査しなければならない。農薬の水田への施用量と水尻からの越流流出水だけでの農薬の物質収支は過小評価になる。土竜等細孔・亀裂などによる畦畔流出水や暗渠排水などを含めた評価が必要である。このような汚濁負荷の原単位調査は物質収支調査の一種である。農薬や栄養塩は，その水田に施用されなくても，上流側水田からの直接的な漏れや排出に加えて，灌漑用水にも上流側水田群から排出された農薬や栄養塩等が含まれた形で流入していることにも留意が必要である。

　流下過程での流達率，すなわち，見かけ上の自浄作用を評価する例は5.4や5.5で詳しく説明している。日本のように短い流下時間で，流下の途中から多くの支川の合流や，農業用水等の取水のある区間では，真の自浄作用による水質負荷量変化は小さく，流量測定の精度の方が問題になることが多いくらいである。しかし，粒子態物質や，有機物質の粒子態成分の沈殿・堆積作用や，Chl–aによって付着藻類の剥離流出量の増減などの定量は可能である。

　水道専用貯水池のように，貯水池内の水質分布，貯水池からの流出負荷量，貯水池への流入河川の流入負荷量が毎月調査によって明らかになっている場合は，

推定精度は粗いけれども，貯水池での沈殿・体積量，貯水池内での浮遊藻類の現存量の増減，栄養塩や有機物質の貯留量の増減などの月間変化の推定を貯水池の物質収支として推定できる。これらについては，ダム湖の水質変化の 6.3 で詳述している。

なお，各種の面源負荷や点源負荷の汚濁負荷量算定のための原単位調査は，それぞれの対象の物質収支調査であることは言うまでもない。

11.6 年間負荷量，周期変化，頻度分布

定時水質負荷量調査のみから年間総流出負荷量を推定しなければならないことがある。年間総流出負荷量は対象期間の水質負荷量変化の時間積分値であるから，調査の頻度を高くすればするほど，降雨時流出をとらえる機会が増えるため極端な過小評価は避けられる。高頻度の定時調査の実施が望ましいことは言うまでもないが，毎日定時の水質負荷量調査の実施には困難なことが多い。現在では，自動採水と水位観測による流量測定も可能であるが，長期間の試料水の現場留置による水質の変質や，水位計の出水やいたずらによる不調も起きうる。

大学研究施設の前を流れ琵琶湖に流入する市街地小河川で，マンパワーでの毎日 11 時の定時で半年間 186 回実施した。各回とも流水断面積の計測と流速測定で流量調査も行っている。人為汚濁起源の有機物質や塩化物イオンなどについて，時系列データの自己相関関数をフーリエ変換してパワースペクトルを求めるスペクトル解析をし，11.2 で詳述した。これらの週間変化特性は，下水道が部分的な普及段階で，有リンの合成洗剤が使用されていて生活雑排水の流出する状況下であったことから，理解できる[10]。

毎日の 186 個のデータによる水質濃度の頻度分布は，図-11.6.1(a) のように多くの項目で対数正規分布に近い分布形状になるが，Cl^- をはじめとして各種のイオン濃度は，正規分布に近い分布形状となる。それぞれの水質負荷量の頻度分布を図-11.6.1(b) に示す。水質負荷量では，ほとんどの水質項目で対数正規分布形状を呈する[10]。調査頻度は粗くなるが，霞ヶ浦流入 3 河川での毎週 1 回定時で 2 年間調査した流量と水質負荷量の頻度分布を図-11.6.2(a)〜(d) に示す[18]。

霞ヶ浦流入 3 河川の流量の累積頻度分布を正規確率紙に示したのが図-11.6.3

第11章　水質変化解析：統計解析と水質予測モデル

(a) 相模川での毎日調査による水質濃度の頻度分布

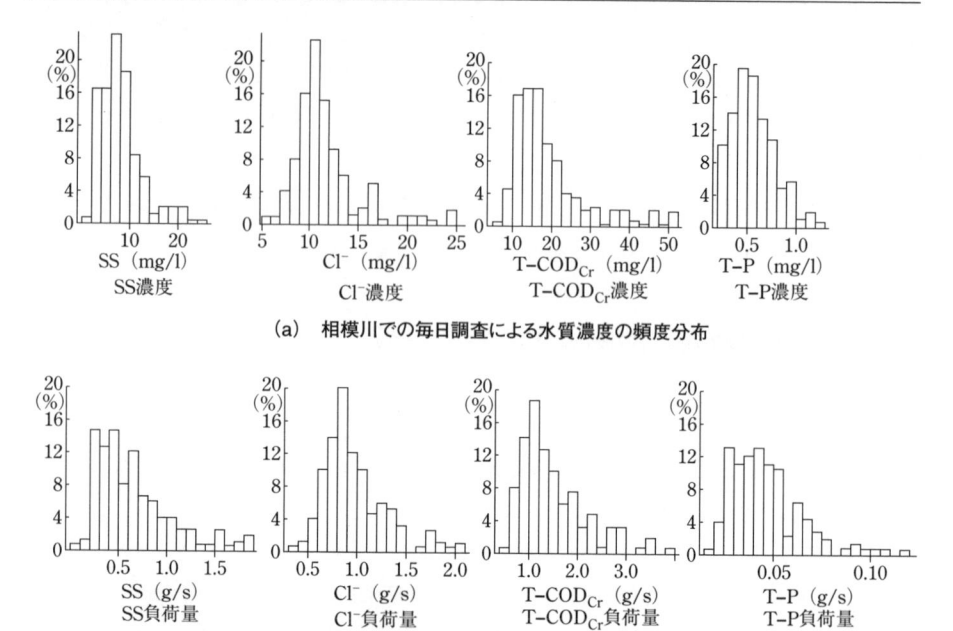

(b) 相模川での毎日調査による水質負荷量の頻度分布

図-11.6.1

である。80％前後から右上部に漸近するような分布パターンとなる。同じ累積頻度分布を対数正規確率紙に示したのが**図-11.6.4**である[4]。この図では，ほぼ直線に近い分布パターンとなる。このように，流量の累積頻度分布が対数正規分布を呈することがほとんどなので，流量と水質濃度の積の水質負荷量が対数正規分布形状になることは予測できることである。

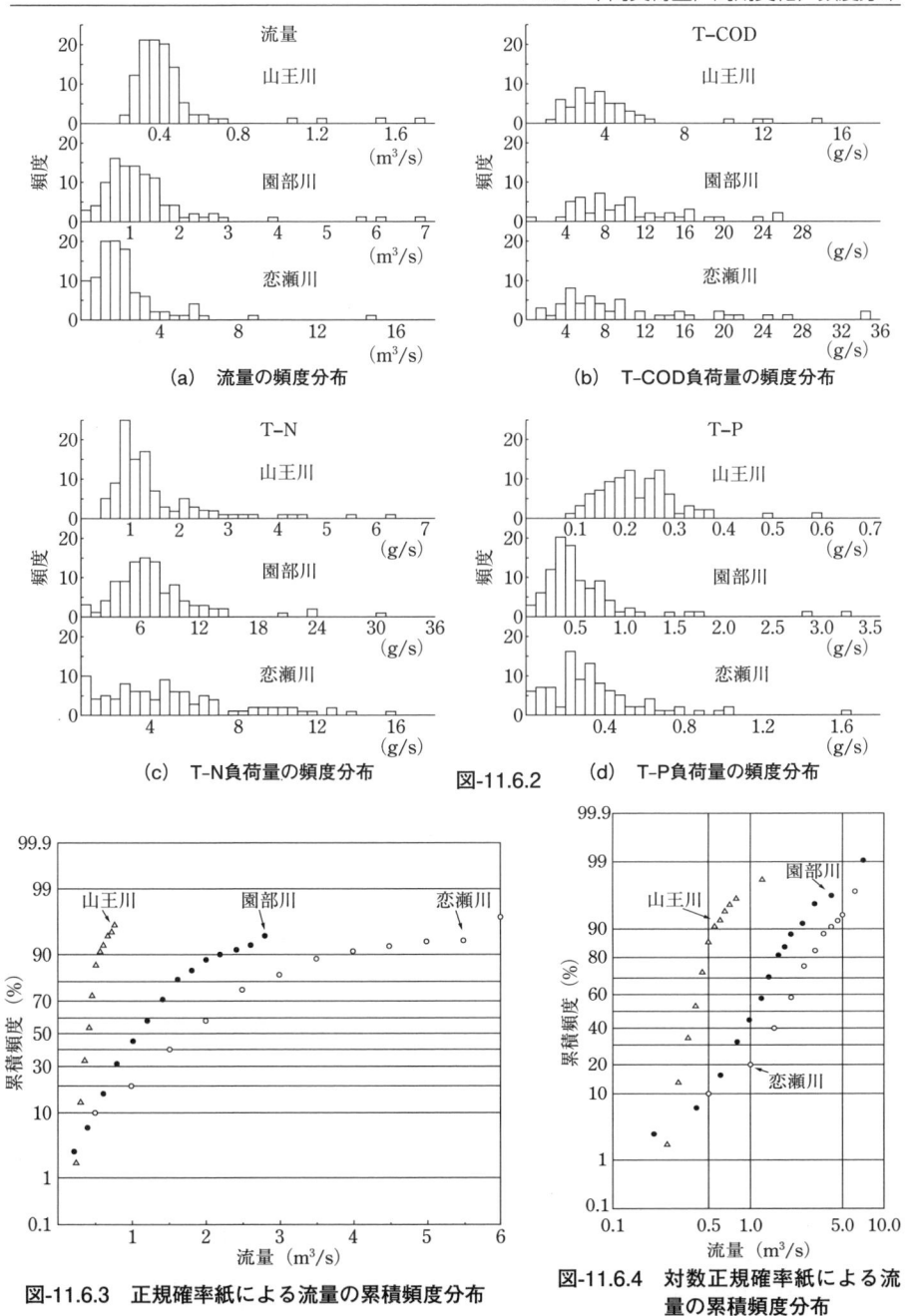

11.6 年間負荷量,周期変化,頻度分布

(a) 流量の頻度分布

(b) T-COD負荷量の頻度分布

(c) T-N負荷量の頻度分布

(d) T-P負荷量の頻度分布

図-11.6.2

図-11.6.3 正規確率紙による流量の累積頻度分布

図-11.6.4 対数正規確率紙による流量の累積頻度分布

11.7　降雨時総流出負荷量，汚濁負荷ポテンシャルモデル

　日本では，15 mm を超えるまとまったひと雨での降雨時流出では，短ければ 1 日で長くても数日間の増水期間に多種多様な汚濁物質が大量に流出し，平均的な晴天時流出の 1 日の数日分か数十日分の総流出負荷量になる。一定期間で，ひと雨降雨の増水期間を通じての総流出負荷量の規模と回数が増えれば，閉鎖性水域への影響は大きくなる。したがって，年間総流出負荷量は年間の降雨の規模や回数に大きく左右されるため，ひと雨ごとの降雨時総流出負荷量を算定するモデル解析が必要になる。

　たとえば，8 時間継続して降水量ゼロが続けば別の降水イベントとすれば，1 年間降水量が 1 500 mm 前後の降雪の少ない地域の多くでは年間 1 mm 以上のひと雨降雨は 90 回前後でほぼ 4 日に 1 度の頻度で約 17 mm の降雨イベントがあることになる。経験からも推測できるように，少ない降雨の頻度は高く，降雨量の大きな降雨は頻度が低い。このような降雨イベントの回数と規模で年間総流出負荷量の大小は支配される。規模の異なる多種多様な降雨イベントが含まれる 1 年間のような降雨構成に対しては，長期的な統計解析から平均的な降雨回数や規模構成も推定できる[19]。また，平年的な年間降水量のあった年をモデル年として，年間降雨の回数や規模を代用して，年間総流出負荷量の算定もできる。数年分の毎日定時の水質負荷量調査データがあれば，年間降水量との関係から予測すべき対象年について，予測年間降水量での年間総流出負荷量も推定できるが，そのような調査データの存在はほとんどない。はるかに調査頻度の粗いデータをもとに，それが大きな降雨時流出のデータを含んでいないか吟味して，例えば 15 mm 以上の降雨時流出の規模と回数に応じた流出総負荷量の算定値を加えて年間総流出負荷量とする推定法も有効である。この降雨時流出の総流出負荷量の算定モデルを説明する。

　規模の異なる降雨時流出負荷量調査を 5 回程度実施することが前提である。市街地河川では，山地河川や田園地河川に比べて周日変化が大きいが，流量の流出率が高いので，およそ 11 mm 程度を超える降雨イベントから降雨時流出とできる。一般に，31 mm を超えるひと雨降雨の降雨時流出を増水直前から流量ピーク後

の流量減水時の流量が増水直前流量のおよそ115％程度になった時点で降雨時流出調査を終えることができる。この判断は，図-11.7.1(a)，(b)のように調査期間の累加流量を横軸に，SS，T-P，T-COD のような粒子態物質やその成分の占める比率の高い水質負荷量の累加値を縦軸に，両対数紙上に経時変化をプロットして行けば，調査終了前のプロット点がある上限値に接近して行き，累加流量と累加水質負荷量は図上でごく微増で一定値への収束状況を呈する。この収束値を総累加流量と総累加水質負荷量の1データとして，降雨規模の異なる他の4つ前後のデータとともに，別の両対数紙上にプロットする。この5点が図-11.7.2のようなある狭い範囲内に入るので，この5点の回帰直線を求めて，降水量と先行晴天日数等から推定した流出率で総累加流量を予測すれば，それに対する総累加水質負荷量を回帰直線から求めることができる[19]。

調査した降雨イベントの降水量や先行晴天日数など水文条件が適当な範囲にあれば，この回帰直線による年間のひと雨降雨の構成に対して良い精度で，年間の降雨時流出による総降雨時流出負荷量が算定できる。

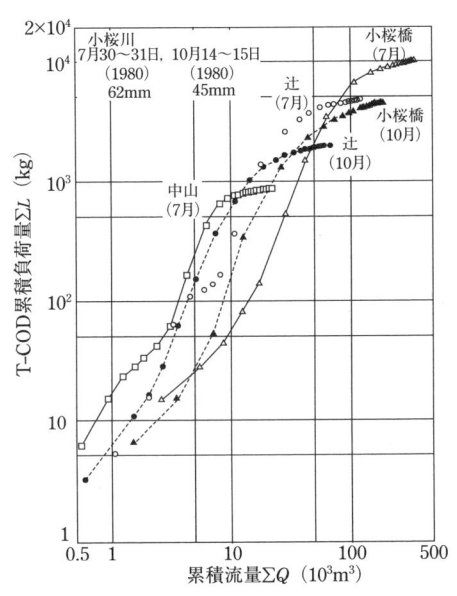

(a) T-COD累加流出負荷量と累加流出流量の関係

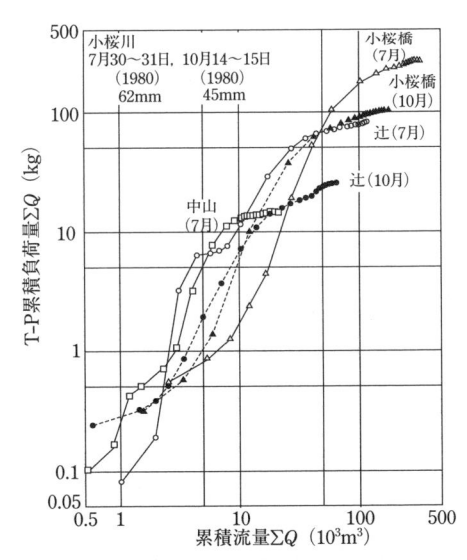

(b) T-P累加流出負荷量と累加流出流量の関係

図-11.7.1

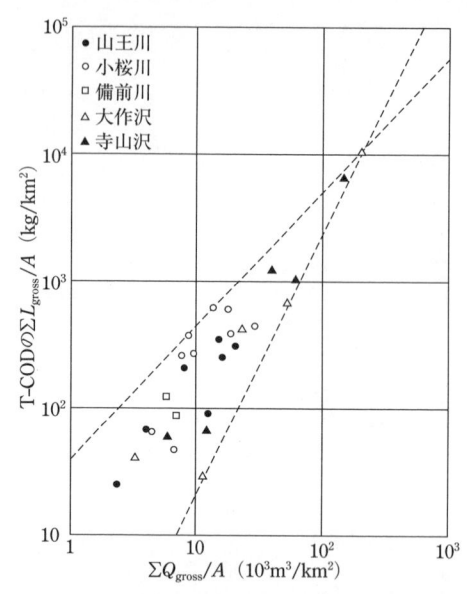

第 11 章　水質変化解析：統計解析と水質予測モデル

図-11.7.2　T-COD の比累加流出負荷量と比累加流量の関係

同じ河川あるいは同じ土地利用でない河川での調査結果を混ぜて回帰直線を得ることは可能であるが，その分布範囲は広くなり，回帰直線への回帰の精度は低くなることが多い。この場合，総累加流量と総累加水質負荷量をそれぞれの河川の流域面積で除して，流域の単位面積当たりの総累加流量（すなわち流出高；mm）に対する単位面積当たりの総累加水質負荷量（比負荷量）として算定すれば，相互の比較が簡潔になる。

ちなみに，霞ヶ浦流入河川の市街地河川，田園地河川および山地河川で**表-11.7.1** のような 7〜195 mm の降雨イベントの降雨時流出負荷量調査を実施している[20)]。

同様の回帰式手法を，毎週 1 回で年間の定時調査が数年分，あるいは，同年間

表-11.7.1　観測河川の流域特性と観測降雨

河川	観測地点	流域面積	人口密度	観測降雨の降水量					
山王川	日の出橋	12.4 km²	1 807 人/km²	58mm：	36mm：	7mm：			
	茨城台	8.3 km²	2 402 人/km²	58mm：	36mm：				
	杉の井橋	6.2 km²	487 人/km²	58mm：	36mm：				
備前川	小松橋	6.48 km²	2 235 人/km²	40mm：					
	上高津	2.36 km²	1 493 人/km²	40mm：					
小桜川	小桜橋	17.63 km²	87 人/km²				63mm：	38mm：	12mm：
	辻（朝日橋）	7.99 km²	37 人/km²	85mm：	73mm：	63mm：	38mm：	27mm：	
	中山	2.36 km²	49 人/km²			63mm：			
寺山沢	島田橋	6.31 km²	89 人/km²	195mm：	85mm：	73mm：	27mm：	17mm：	
大作沢	細内下橋	3.11 km²	126 人/km²	195mm：	85mm：	73mm：	27mm：	17mm：	

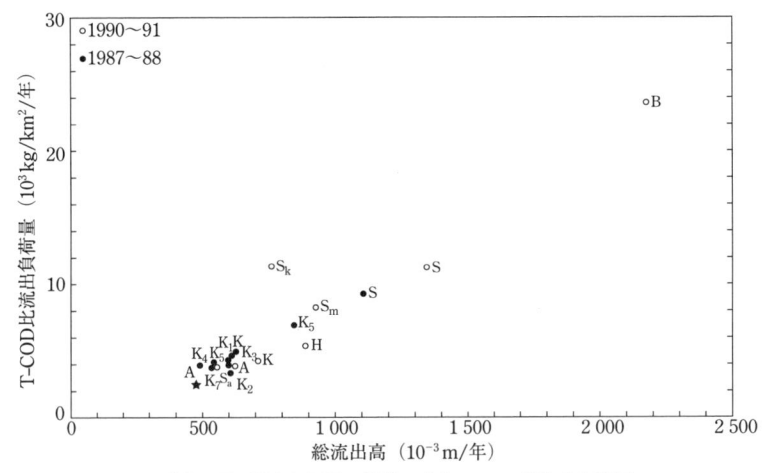

11.7 降雨時総流出負荷量，汚濁負荷ポテンシャルモデル

(a) 霞ヶ浦流入河川の総流出高とT-COD比流出負荷量

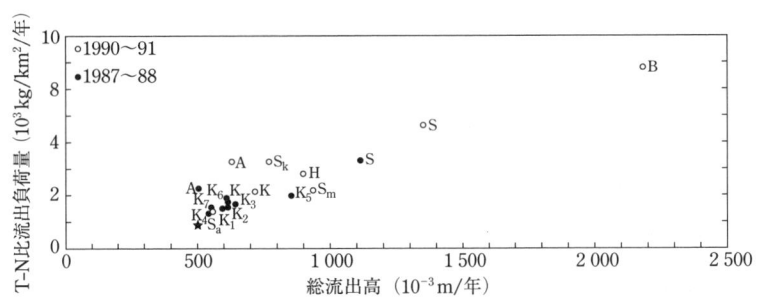

(b) 霞ヶ浦流入河川の総流出高とT-N比流出負荷量

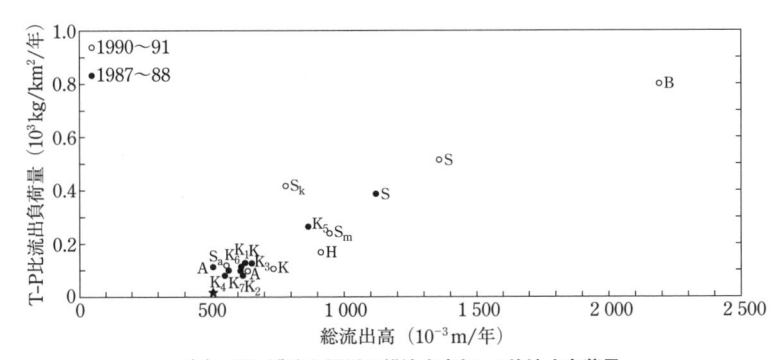

(c) 霞ヶ浦流入河川の総流出高とT-P比流出負荷量

図-11.7.3

第11章 水質変化解析：統計解析と水質予測モデル

で多数の河川での年間定時調査が行われている場合，これらの定時負荷量調査の年間平均値，あるいは，その年間総流量や年間総水質負荷量をそれぞれの流域面積で除して，単位面積当たりの総流量（流出高；mm）を片対数紙上の横軸（普通軸）に，単位面積当たりの総水質負荷量（比負荷量）を縦軸（対数軸）にプロットすれば，それらの点の回帰直線が求まり，数年あるいは数河川の総流出高に対して同じような水文条件での単位面積当たりの総水質負荷量が算定できる[21]。

図-11.7.3(a)，(b)，(c)に霞ヶ浦流域内で数多くの河川で1年間実施した定時調査について，流域面積当たり総流量（比流量）と，流域面積当たりの総水質負荷量（比負荷量）の関係を片対数紙上に示した。これは，実測値による汚濁負荷ポテンシャルを表す回帰モデルといえる。定時調査の頻度が低めで降雨時流出のとらえ方が不十分であれば，この回帰直線の右方で，すなわち，平均値よりはさらに大きい妥当な流出高に対して平均値よりはさらに大きい単位面積当たりの総水質負荷量が求まることになる。この図-11.7.3(a)，(b)，(c)を利用すれば，同程度の水文条件で，近隣の河川であれば，対象年の流出高を実測値や推定値で推測すれば，その年間総水質負荷量を推定できる[21]。

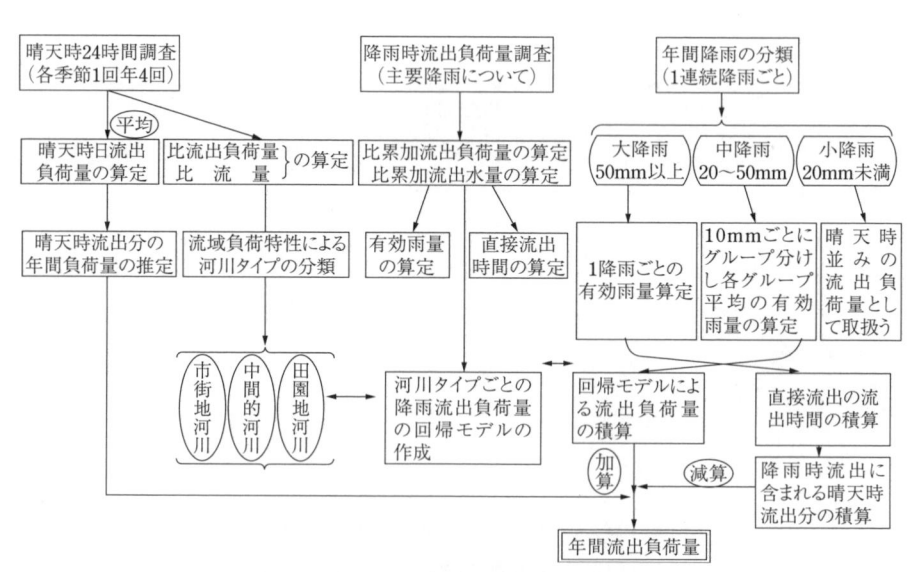

図-11.7.4　年間流出負荷量の算定フロー

調査結果に流域面積の異なる多くの河川や，流域の土地利用形態の異なる多くの河川が含まれていると，利用上都合が良い。一般に，調査河川数が増えると，流出高の小さな部分にバラツキが出ることが多い。閉鎖性水域に多数かつ多様な流入河川が流入する場合について，一般的な精度の高い総水質負荷量算定法の調査・解析の構成図を**図-11.7.4**に示しておく。

11.8　河床付着微生物膜の増殖と剥離

　河川の流水内の河床のレキ・石・砂・泥の表面には，ミズアカやミズワタなどと一般に言われる，藻類や細菌・原生動物・後生動物などの微生物からなる微生物膜が増殖する。流速が増大すると，したがって，流量が増大したときに一部あるいはほとんど全部が剥離して流出する。ただ，安定した流量状態で晴天が継続するとわずかな流速変動でも，増殖して古くかつ弱くなった部分から切れて流出する。付着微生物膜は，河床だけでなく水路床のほか，側壁や河道内の構造物にも付着して増殖する。この河床付着微生物膜の流出は，水質として粒子態物質としてのSSのほか藻類の葉緑素からChl-aでも測定できるし，有機物質として粒子態有機物質としてP–CODやPOCとしても測定することができる。

　河川・水路の流下過程において，無機栄養塩から光合成で増殖する独立栄養の付着藻類だけでなく，有機物質を摂取して増殖する細菌や原生動物・後生動物の従属栄養の微生物も混ざって存在する。とくに，大出水による河床材料の転動・滑動を伴う移動により，出水前の付着微生物膜のほとんどが流出した後や，新たに人工付着板などを敷き置くと，まず細菌が多く付着してから藻類の付着・増殖が盛んになる状況となる[7]。例えば，水質の汚濁とともに，ミズワタの主体となることの多い糸状菌の*Sphaerotilus sp.*は，タンポポの綿毛のような白くて小さな希薄な群体から，灰色でモップ状の密集した群体まで，同じ種とは見えないような状況を呈する。

　この付着微生物膜の現存量の増大は，流下過程での栄養塩・有機物質の摂取・形態変化として，また，付着微生物が流下する粒子態物質を付着や捕捉して抑留させる作用があるため，沈殿と同様に，流下過程での一時貯留となり，見かけ上の自浄効果をもたらす。したがって，付着微生物膜の増殖や現存量変化には水温

第11章　水質変化解析：統計解析と水質予測モデル

や照度の物理環境条件や栄養塩や有機物質の水質濃度条件のほか，流速や水深の水理条件が影響する。これら抑留物を含む付着微生物膜は，次の出水や人為的な流速変化によって一部またはほとんど全部が流出することになる[3]。これは，降雨流出での流出初期に大きく寄与する水質負荷量にもなることに注意が必要である。

　河床に河床面の高さを一致させて敷設した人工付着板（素焼きタイルやコンクリートブロック等）を主流部に約10個程度を用意して，設置後1日ごとに回収して河床面は平らになるように調整しておく。回収した人工付着板はバットに収容してクーラーボックスで持ち帰り，付着板上の付着生物膜を純水を掛けながらブラシで剥がし取って広口メスシリンダーに収容して回収検液量を測定した後，十分混合してSSやChl-a測定用のろ過をした後，全成分と溶存態成分（ろ液）を水質分析して，全成分から溶存態成分の差から粒子態成分の水質濃度を得る。

　茨城県笠間市の涸沼に流入する涸沼川の上流域で調査した場合は，流速が大きかったので，図-11.8.1のように正方形の素焼きタイルの四隅に孔を開けて針金でコンクリートブロックに6枚ずつ固定して河床を少し掘ってブロック部を河床に埋めるように設置した。同時に敷設した人工付着板は初期の増殖量にはバラツキが見られることがあるが，日数の経過とともに平均化して行くので，平均的な付着板を回収する。ろ過したSSのグラスファイバー上の粒子態物質をCNレコーダーで計測したTOC（純水とブラシで剥がし採取して試料水ではPOCである）での15日間の毎日の現存量変化を図-11.8.2に示す。途中での出水がなければ，通常ほぼ1～3週間で増殖と剥離がほぼ平衡状態と見られる最大現存量に達し，

1週間後　　　　　　　1ヶ月後

図-11.8.1　人工付着板の素焼きタイルと付着状態

11.8 河床付着微生物膜の増殖と剥離

その時間変化は**図-11.8.3**のようにロジスティック曲線で近似できる[22]。

付着微生物膜の増殖変化は，現存量濃度をCとすると，比増殖速度をμ(1/日)，Kを最大現存量（mg/cm^2），C_0を$t=0$のときのCの値とすると，次の式（11.6）となる。

$$dC/dt = \mu C \cdot (1 - C_0/K) \tag{11.6}$$

実際に，夏季の涸沼川の上下流で毎日調査を実施した結果は**図-11.8.3**のように，9～12日でTOC現存量で平衡状態に達していることがわかる。この現存量の時間変化は次の式（11.7）の曲線式で近似できる[23), 24)]。

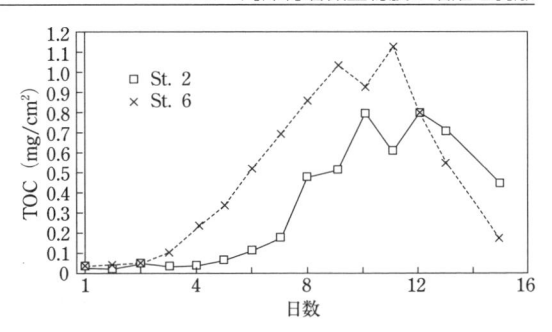

図-11.8.2 夏季毎日調査の付着微生物現存量の変化

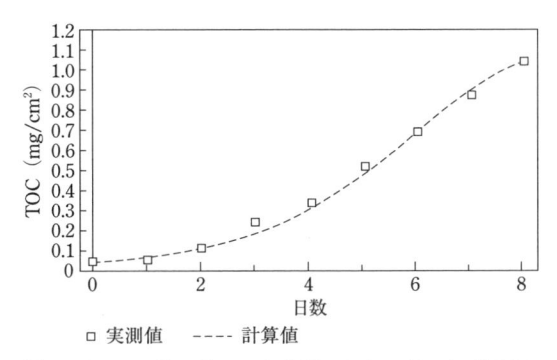

図-11.8.3 ロジスティック曲線へのヒッティングの例

$$C(t) = K/[1 + \{(K/C_0) - 1\} \cdot \exp(-\mu t)] \tag{11.7}$$

現存量には，COD，TON，TOP，Chl-a，乾燥重量（SS），強熱減量（VSS）などで，同様のロジスティック曲線を得ることができる。

汚濁の少なかった田園地河川の涸沼川と滋賀県大津市の下水道未整備状態の市街地河川の相模川での比増殖速度μと最大現存量を測定した例を**表-11.8.1**と**表-11.8.2**に示す。剥がして採取した付着微生物膜の水質項目での構成成分比は，C：N：P = 35～70：6～10：1であった。相模川では平均値として，COD$_{Cr}$：VSS：N：P = 67：48：3.5：1であった。また，Chl-a/Pはほぼ0.3～0.5の範囲にあったが，両河川でのN：Pの比の違いは大きかった。相模川での調査は有リン洗剤の時代の調査であり，涸沼川での調査は無リン洗剤の時代であったことが影響要因の1つと考えられる[7]。

表-11.8.1 比増殖速度 μ と最大現存量 K（涸沼川）

調査の種類	TOC		Chl-a	
	μ (1/日)	K (mg/cm^2)	μ (1/日)	K (mg/cm^2)
春季毎日調査	0.57	0.67	0.72	0.073
夏季毎日調査	0.77	0.79	1.22	0.094
春季毎週調査	0.29	0.67	0.37	0.073
夏季毎週調査	0.39	0.79	0.46	0.094

表-11.8.2 比増殖速度 μ と最大現存量 K（相模川）

調査地点	COD$_{Cr}$		Chl-a	
	μ (1/日)	K (mg/cm^2)	μ (1/日)	K (mg/cm^2)
上流部	0.23	3.0	0.31	0.017
中流部	0.33	9.0	0.35	0.055
下流部	0.63	6.0	0.44	0.037

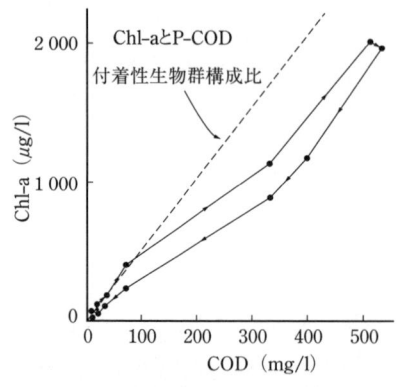

図-11.8.4 降雨時流出における水質構成比の経時変化（Chl-a と P-COD）

相模川での河床付着微生物膜調査は約半年間毎日定時の水質負荷量調査を実施していたほか，その間の多くの降雨時流出調査も併せて行った．その1つの降雨時調査におけるCODとChl-aの濃度変化の関係の流出履歴（hysteresis）を図-11.8.4に示した．図-11.8.4中の破線は調査期間中の人工付着板の付着微生物膜の成分構成比である．市街地河川の流出初期の河川水質の構成はこの破線に沿って変化して，その後この破線の右側のChl-a成分が少なく有機物質成分が多い領域内で変化することがわかる．

これは，降雨流出の初期にまず河道内の付着微生物膜や沈殿・堆積物質の流出が生じていることを示している[8]．このように，河道内に存在する付着微生物膜や沈殿・堆積物の汚濁物質は一時貯留物であり，見かけ上の自浄作用や流達率に影響していることも理解できる．

茨城県の田園地河川の涸沼川中流部で，井上が約3年間人工付着板河床に沈設して回収して現存量変化調査と河川水質調査結果から，付着生物膜の現存量変化

11.8 河床付着微生物膜の増殖と剥離

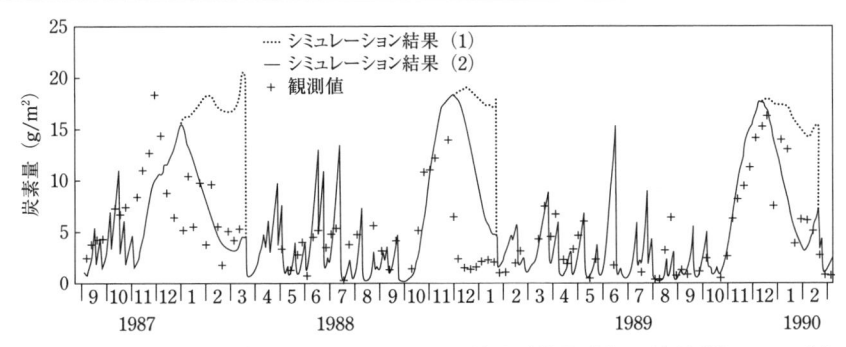

図-11.8.5 付着藻類現存量変化のシミュレーション結果（結果（1）は流量増加のみ，(2) は摂食動物や流量増加以外の剥離を考慮した）

のモデル化と解析を行っている．河床付着微生物膜の剥離限界の炭素量 C_c（g/m^2）は流量 Q（m^3/s）の関数として，$C_c = \beta \cdot Q^{-0.6}$ で表されることを明らかにした[25]．さらに，河床付着微生物膜の増殖が水温には線形比例式で，日照量，リン濃度および炭素濃度の飽和型の Mono の式を用い，呼吸による減少は水温に線形比例式でモデル化し，流量の関数の剥離式も入れ込んで，年間の炭素量での現存量変化をシミュレーションした．シミュレーション結果を**図-11.8.5** に示す．流量はタンクモデルで推定して用いているが，晴天が長期継続する冬季を除いて炭素量の変化を比較的よく再現できている[26]．

また，毎週定時で年間を通した水質負荷量調査と各季節ごとの毎日調査含む詳密調査結果をもとに，クロロフィルaの濃度や負荷量変化の特性を解析した．大きな規模の降雨のない流量安定時には，**図-11.8.6** のように水温が高くなると

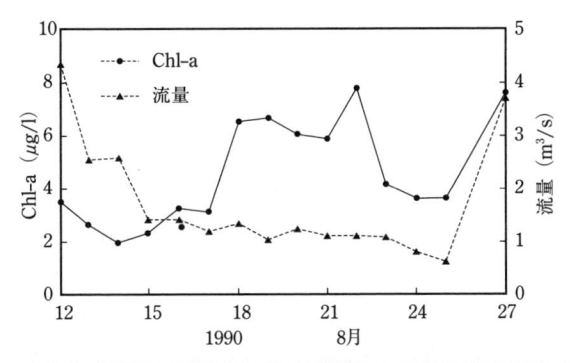

図-11.8.6 涸沼川 St.2 における詳密調査時の Chl-a 濃度と流量の変化

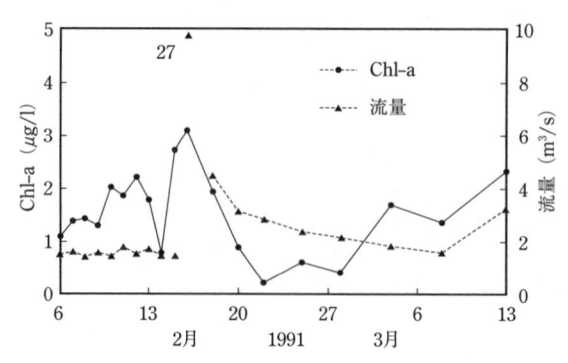

第 11 章　水質変化解析：統計解析と水質予測モデル

図-11.8.7　涸沼川 St.2 における詳密調査時の Chl-a 濃度と流量の変化

Chl–a 濃度が高くなり，20 mm 以上の降雨後では**図-11.8.7** のようにほぼ 10 日後以降に Chl–a 濃度が高くなることがわかる。毎回流量測定をした地点での流域面積（約 127 km^2）当たりの Chl–a の流出負荷量は，1 週間ごとの台形公式での推定値で 1.8 kg/km^2 であった。また，懸濁態の炭素，窒素およびリンの流出負荷量はそれぞれ 13 %，23 % および 7.8 % に相当し，全有機炭素，全窒素および全リンのそれぞれ 9.3 %，3.2 % および 6.5 % の大きさになった[26),27)]。

11.9　多変量解析による水質評価

　水質データは，時間変化はもとより，場所でも鉛直方向の水深や水平の横断方向でも異なった値となった分布状況を示すことが多い。多種類の水質項目のデータ，すなわち，多変量のデータから，水質の総合的な相対評価には統計解析の多変量解析が利用される。例えば，ダム貯水池や湖沼の水質は，時間的に，さらに水深方向や縦断方向などに分布を呈していることが多い。すなわち，水質汚濁や富栄養化では物理的，化学的および生物学的に多様で多面的な水質変化を見せるからである。統計解析であるため，その適用は観測頻度や観測密度などの観測精度とも関係するが，定量的な総合指標設定や環境影響評価，および因果関係の究明に利用される。

　空間的および時間的な水質状態の総合評価のために，ダム貯水池に多変量解析を適用した例を示す。解析対象のダム貯水池は第 6 章（**6.2 以降**）でも例示した

11.9 多変量解析による水質評価

神戸市の千刈貯水池で，主として 1973～1976 年のダム貯水池と 2 流入河川の毎月水質調査の結果を用いた。多くの水質項目から，pH, NO_3^--N, NH_4^+-N, $KMnO_4$ 消費量，DO 飽和度，アルカリ度を選定した。富栄養化の観点から pH と DO 飽和度，栄養塩の観点から NO_3^--N と NH_4^+-N，有機汚濁と底層での溶出に注目して $KMnO_4$ 消費量とアルカリ度を選んだ。NH_4^+-N と DO 飽和度とアルカリ度の間には，年間を通して 0.8 に近い比較的高い相関が見られた[27]。

夏季成層期（7～9月）の場合，水深 0, 1, 3m の表層では第 1 主成分 Z_1 の寄与率は 51% で，因子負荷量では pH と DO 飽和度が正で NO_3^--N が負でいずれも 0.5 前後で大きく，光合成活動の活発さを反映していたと考えられる。第 2 主成分の寄与率は 21% と小さくなった。第 1 および第 2 主成分の Z_1, Z_2 のスコア（得点）で表示したプロットを，夏季成層期の膳棚地点の表層の経年変化として**図-11.9.1**に示した。1970 年前後から 1975 年にかけて Z_1 軸の負の方向に向かって行く傾向が明らかである[28]。参考までに，1 年間全層と成層期を 4 層（表層，中層，下層，底層）に分けた場合の主成分分析結果を**表-11.9.1**と**表-11.9.2**に示しておく。

同様に，夏季成層期の膳棚地点の水深 25, 28, 30m の底層の第 1 主成分（寄与率 54%）Z_1 と第 2 主成分（寄与率 18%）Z_2 のスコアでプロットを，経年変化として**図-11.9.2**に示す。1968 年前後から 1975 年にかけて Z_1 軸の負の方向に向かって行く傾向が見られる。この富栄養化に伴う水質悪化傾向は，個々の水質

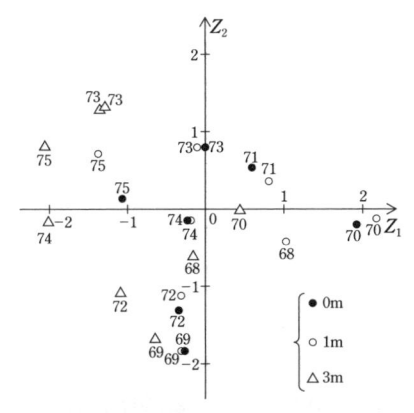

図-11.9.1　夏季成層期表層の Z_1, Z_2 の経年変化（膳棚地点）

第11章 水質変化解析：統計解析と水質予測モデル

表-11.9.1 1年間全層の主成分分析結果（全地点と各地点（1969年度））

	全地点		郡界		膳棚		堰堤前	
Z_i	Z_1	Z_2	Z_1	Z_2	Z_1	Z_2	Z_1	Z_2
pH	−0.120	−0.624	0.517	0.137	−0.549	−0.108	−0.106	−0.648
NO_3^-–N	−0.174	0.571	−0.251	−0.651	0.365	0.487	−0.210	0.567
NH_4^+–N	0.533	−0.039	−0.483	0.244	0.316	−0.485	0.512	−0.059
$KMnO_4$消費量	0.516	−0.211	0.233	0.424	−0.200	−0.531	0.521	−0.158
Do sat.	−0.320	−0.489	0.583	−0.179	−0.579	0.080	−0.340	−0.479
アルカリ度	0.551	−0.004	−0.207	0.535	0.300	0.477	0.544	−0.001
λ	2.896	1.953	2.496	1.670	2.349	2.314	3.140	1.863
累積寄与率	48%	81%	42%	69%	42%	78%	52%	83%

注）郡界：2.8 km 上流，膳棚：1 km 上流，C：堰堤前

表-11.9.2 成層期主成分分析結果（表層，中層，下層，底層）

	表層			中層			下層		底層		
Z_i	Z_1	Z_2	Z_3	Z_1	Z_2	Z_3	Z_1	Z_2	Z_1	Z_2	Z_3
Ph	0.542	0.105	0.089	−0.311	−0.308	−0.743	−0.328	−0.603	−0.382	−0.240	−0.355
NO_3^-–N	−0.505	0.192	−0.060	0.175	0.504	−0.484	0.388	0.355	0.034	−0.937	0.090
NH_4^+–N	−0.286	0.471	0.614	−0.543	−0.105	0.333	−0.475	−0.041	−0.488	0.235	−0.111
$KMnO_4$消費量	0.308	0.588	0.283	−0.453	−0.300	0.052	−0.385	0.331	−0.508	−0.030	−0.061
DO sat.	0.517	−0.118	0.144	0.281	−0.649	−0.225	0.328	−0.642	0.262	−0.022	−0.921
アルカリ度	0.097	0.610	−0.715	−0.541	−0.359	−0.224	−0.511	0.019	0.537	−0.086	−0.032
λ	3.033	1.299	0.885	2.320	1.602	0.993	3.268	1.105	3.247	1.073	0.860
累積寄与率	51%	72%	87%	39%	65%	82%	54%	73%	54%	72%	86%

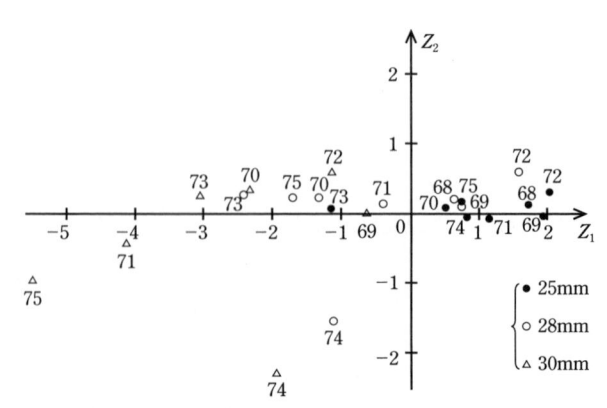

図-11.9.2 夏季成層期表層の Z_1, Z_2 の経年変化（膳棚地点）

11.9 多変量解析による水質評価

項目時系列データの経年変化のトレンドとしても指摘できるが，6つの水質項目から抽出した主成分によっても総合的な評価として明らかにできる[28]。

なお，河川水質の毎月調査による主成分分析は，さらに項目を増やして10項目で始めて，5項目や4項目に絞って主成分分析を行った。10項目の場合，有機汚濁の水質項目と無機栄養塩の項目が中心になった。2流入河川を5つと4つの流域ブロックに分けて9地点で主成分分析を行った結果を示す。なお，2流入河川の18の全調査地点で同様の解析を行ったが，サンプル数が増えても同じような結果となった[28]。

10水質項目の場合で寄与率の大きい Z_1（寄与率40 %），Z_2 主成分（寄与率23 %）に対する基準化をした後の因子負荷量の分布を示したのが，**図-11.9.3** である。この図から，電気伝導度，Cl^-，アルカリ度の溶存態因子群，BOD_5，TOC，$KMnO_4$ 消費量，NH_4^+–N，PO_4^{3-} の人為的汚濁因子群，DO飽和度，NO_3^-–N の独立した因子群の3グループにわかれることが明らかになった。Z_1 は人為的汚濁の項目，Z_2 は流量変化の影響を大きく受ける項目で，第3主成分（寄与率13%）は NO_3^-–N 濃度を反映する項目と考えられる。ダム貯水池の水質項目との対応から5水質項目での主成分分析では，Z_1，Z_2 の寄与率などは10水質項目の解析結果と大きな違いは見られなかった。NH_4^+–N，NO_3^-–N，PO_4^{3-} および $KMnO_4$ 消費量の4水質項目による主成分分析では Z_1 の寄与率が56 %，Z_2 の寄与率が29 %となり，10水質項目の Z_1 と Z_2 の意味づけがさらに明確となる結果となった[28]。

多変量解析ではこれらの水質項目を絞って重回帰分析によって，水質変化をシミュレートされることも多い。また，地点や水塊ごとのグループに似たもの同士の関係を距離で評価して，グループ分けして特徴を見るクラスター分析がなされることもある。

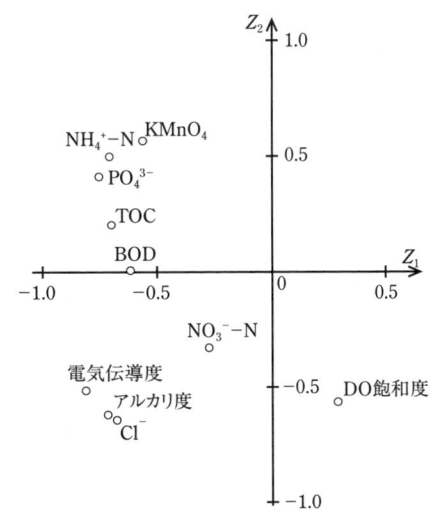

図-11.9.3 Z_1, Z_2 に対する因子負荷量の分布

11.10 調査頻度と総流出負荷量評価

　河川での定期的な水質調査は，行政では公共用水域の水質モニタリングとして，環境基準水質項目を対象に，河川では毎月調査として実施されている。ほかに，1級河川や水利用上で重要な河川には，水質自動監視装置が設置されていて，電気的に計測できる主要な項目が測定されているが，そのデータ利用は進んでいない。上水道の水源として取水される河川水等の原水は，水質の汚濁状況によって測定項目と測定頻度が異なり，1ヶ月に1回以上，3ヶ月に1回以上，1年に1回以上，3年に1回以上のような水質試験が実施されている。ただ，大規模な浄水場の原水は，電気的に計測可能ないくつかの水質項目を常時自動監視（モニタリング）して，異変に備えている。

　研究所や大学で実施される河川の定期水質調査は，特定の水質項目を対象とした短期間の集中的調査が多い。水質汚濁や富栄養化を主目的にした多項目の水質を対象にして1年間を通して実施された定期調査は，国立環境研究所の霞ヶ浦流入河川を対象として断続的に数年間実施された毎週調査で，流量測定も併せて実施された珍しい水質負荷量の調査例である[29,30,31]。

　これらのように，多くの水質観測は多くても1ヶ月に1回が通常であり，同時に流量観測がされていないことが多い。したがって，水質負荷量としての観測データにはできない。また，一般に，公共用水域では水質汚濁の現況把握を主目的にしているため，晴天継続時の通常の流況の流動状態での調査を原則としている。しかし，閉鎖水域への流入河川の総流入負荷量の推定や，汚濁負荷削減対策のための人為汚濁負荷量の推定を行うには，晴天時流出の調査ばかりでは十分とは言えない。

　水質汚濁の排出源には点源負荷と面源負荷が存在し，面源負荷の多くは降雨を介しての流出量のウエイトが高い。点源負荷や面源負荷には，荷くずれ負荷や積み残し負荷が存在して，排出源やその流下経路からのさらなる流出の多くは流速や流量が増大する降雨時流出で流出するものが多い。この降雨時流出を十分捉えるには，頻度の高い定時負荷量調査や，降雨時流出負荷量調査が必要である。

　水質濃度だけでなく流量も併せての水質負荷量調査を実施してはじめて，総流

11.10　調査頻度と総流出負荷量評価

出負荷量の推定や汚濁負荷量の流出構成内容が明らかにできる。これまでの，琵琶湖流入河川，霞ヶ浦流入河川および淀川支川における水質負荷量調査は，最大でも流域面積が 300 km² 程度の大きさであり，年間降水量が平年値で 1 300 〜 1 700 mm の流域を調査対象としており，調査時には流水中に立ち入り採水するとともに，流水断面を 0.5 〜 2 m 幅で分割して断面形状測定とそれぞれの断面中央での流速測定から流量を実測した。増水時には，岸から 10 〜 20 m の流下距離を流下する浮子や浮流物の流下時間（左側・中央・右岸側と横断方向に 3 分割して 2 回ずつ）による表面流速を測定し，水位標での水位測定から流水断面を増水後に推定して平均流速を算定した。

しかし，淀川や桂川・宇治川・木津川では流水水深が大きく，流水幅も 60 〜 230 m もあるため，国土交通省から流量観測値の提供を受けた。国土交通省は，水文水質データベースして，大河川のリアルタイム 10 分水位表をネットで公開している。このリアルタイムの水位変化は出水時の調査時刻や調査間隔の決定に有効に利用できる。したがって，大規模流域河川では，流量観測地点を考慮して調査地点の選定を行う必要がある。もちろん，採水は橋上からロープ付きバケツで採水している。

一般的に，流量と水質濃度の変動は小規模流域河川では大きく，しかも河川ごとの違いも大きい。これに対して，大規模流域河川ほどこれらの変動は小さくて安定していることが多い。したがって，瀬戸内海への最大流域河川の淀川中流部の淀川新橋地点（7 216 km²）において，3 日に 1 度定時の高頻度で実施した水質負荷量調査データをもとに，調査頻度の違いによる調査期間総流出負荷量の推定値の差違を検討した。対象とした調査期間は 2005 年 4 月下旬から 11 月末の 7 ヶ月で，75 回の調査回数で 2 回の大きな出水が見られたのみの渇水年の例を図-11.10.1 に示した[32]。3 日に 1 度の調査データ数を最大限に活用するために，調査頻度を粗くする場合の調査開始日も 3 日に 1 度の 1 回目の調査日に合わせて推定した。6 日に 1 度は毎週調査，9 日に 1 度は毎旬調査，15 日に 1 度は半月調査，30 日に 1 度は毎月調査での位置づけを対応させている。有機汚濁指標の T–COD や TOC，その溶存態成分 D–COD や DOC の総流出負荷量は，たまたま出水時が調査日となったため 30 日に 1 度の場合は 3 日に 1 度の場合に比べておよそ 1.5 〜 2 倍の過大評価になることが明らかになった。出水時のピーク流量前後から調

第11章 水質変化解析：統計解析と水質予測モデル

査日がはずれて遠のくと，明らかに過小評価となる。調査期間の前後の12月から4月の期間は，通常，淀川は流量が少なく，流量と水質濃度の変化も乏しい期間である。ちなみに，淀川2003〜2005年は珍しく平水年，豊水年，渇水年と続いた時期で，淀川新橋での3日1度の調査結果で平均流出負荷量の違いを図-11.10.2に示しておく[32]。

また，とくに農薬ついても同様に，調査頻度と総流出負荷量の算定値の差違を検討した。農薬では多くの農薬成分が検出された中で，最も頻繁に検出されるPyroquilon, Bromobutide, Simetrynの中から，Pyroquilonを例として図-11.10.3

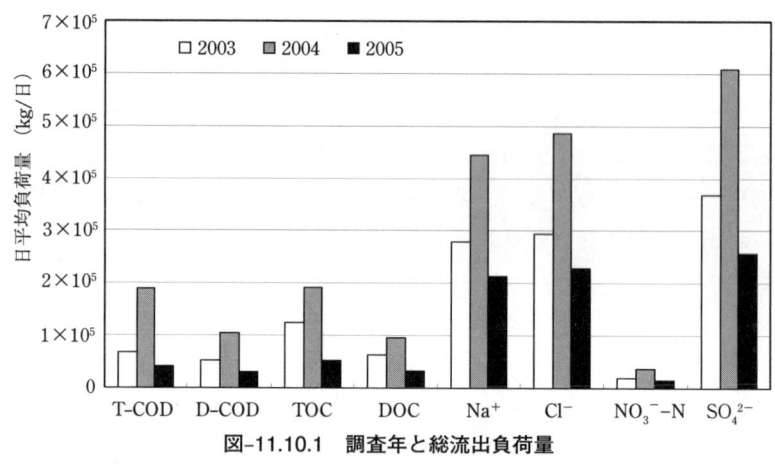

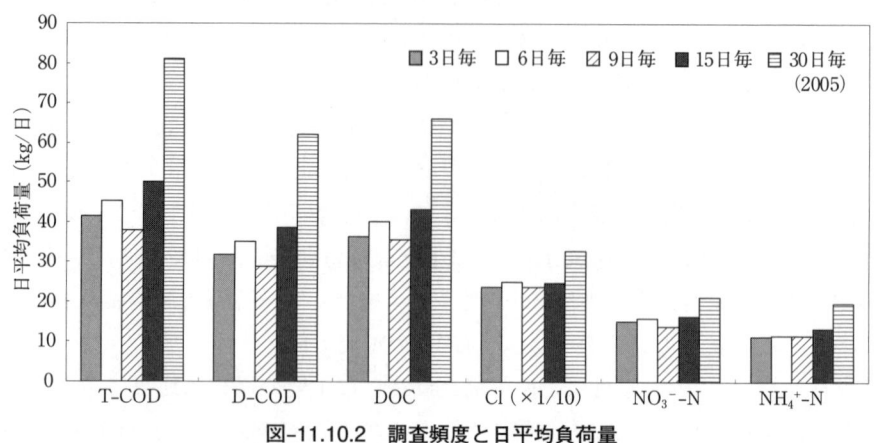

図-11.10.1　調査年と総流出負荷量

図-11.10.2　調査頻度と日平均負荷量

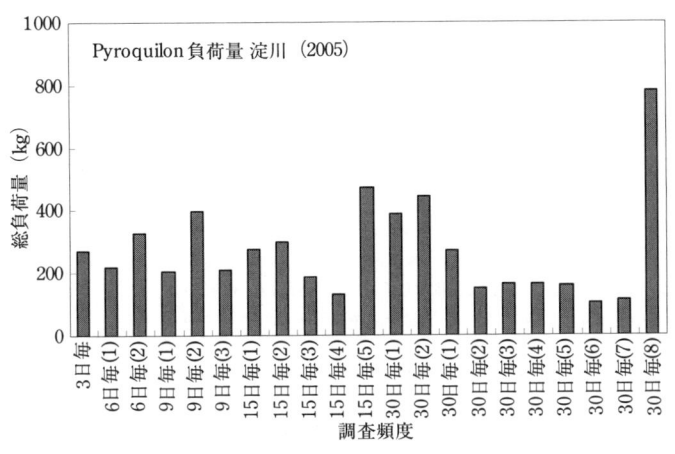

図-11.10.3　調査頻度と殺菌剤 pyroquilon 総流出負荷量

に示す．ただし，3日に1度の調査データをもとに調査頻度を粗くした場合の総流出負荷量の比較をするとき，6日に1度以降の調査頻度の第1回目の調査日の選定でケース数が多くなってゆくことを考慮して，すべてのケースについて示してある[33]．この場合は，当然のことながら，過小評価や過大評価の両方が見られることになる．大規模流域河川の淀川では，2004年の豊水年の pyroquilon の総流出負荷量では3日に1度の調査と比べて，毎月調査の推定値で 40～325 ％と大きな差になることが明らかになった．

◎文　献

1) 海老瀬潜一（1983）：水質汚濁現象の数理モデル（3）負荷発生と流出・流達モデル，水質汚濁研究，6，125-133．
2) 海老瀬潜一，村岡浩爾，大坪国順（1980）：小河川における総流出負荷量の観測と評価，第24回水理講演会論文集（土木学会），26，161-166．
3) 海老瀬潜一，大楽尚史，宗宮功（1978）：市街地河川流達負荷量変化と河床付着微生物群（1），用水と廃水，20，1447-1459．
4) 海老瀬潜一（1985）：河川水質変化と調査データ，第1回環境データ処理研究会報告書，国立公害研究所環境情報部資料，第15号，1-17．
5) 海老瀬潜一，宗宮功，大楽尚史（1978）：市街地小河川の水質および負荷量の変動特性，第12回水質汚濁研究に関するシンポジウム講演集（日本水質汚濁研究会），12，111-116．
6) 海老瀬潜一（2009）：桂・宇治・木津川と淀川本川の塩化物イオン収支の一考察，水環境学会誌，32，441-449．

7) 海老瀬潜一（1993）：河川浄化作用における付着生物の評価，―河川における河床付着微生物の増殖速度と河川水質変化への寄与―，環境微生物工学研究法（土木学会衛生工学研究委員会編，p.417），313-316，技報堂出版．
8) 海老瀬潜一，大楽尚史，宗宮功（1978）：市街地河川流達負荷量変化と河床付着微生物群（1），用水と廃水，20，1447-1459．
9) 海老瀬潜一，宗宮功，平野良雄，安達伸光（1979）：降雨流出過程における流出物質の挙動，第7回環境問題シンポジウム講演論文集，124-131．
10) 海老瀬潜一，宗宮功，大楽尚史（1978）：市街地小河川の水質および負荷量の変動特性，第12回水質汚濁研究に関するシンポジウム講演集，12，111-116．
11) 海老瀬潜一，井上隆信（1993）：河川における懸濁物質，水環境学会誌，16，469-473．
12) 海老瀬潜一（1977）：ダム貯水池の水質変化過程とその特性，第21回水理講演会論文集（土木学会），21，51-56．
13) 合田健，海老瀬潜一，大島高志（1977）：ダム貯水池の水質変化と富栄養化，土木学会論文報告集，260，59-73．
14) 菅原正巳（1972）：流出解析法，p.257，共立出版．
15) 海老瀬潜一，宗宮功，平野良雄（1979）：タンクモデルを用いた降雨時流出負荷量解析，用水と廃水，21，46-56．
16) Ebise S. (1984): Separation of runoff components by NO_3–N loading and estimation of runoff loading by each component, Hydrochemical balances of freshwater systems (edited by Erik Eriksson, p.428), IAHS Publication No. 150, 393-405．
17) 海老瀬潜一，宗宮功，大楽尚史（1978）：市街地河川における降雨時流出負荷量の変化特性，水質汚濁研究，2，33-44．
18) 海老瀬潜一（1981）：霞ヶ浦流入河川の流出負荷量変化とその評価，陸水域の富栄養化に関する総合研究（Ⅴ），国立公害研究所研究報告，21，p.130．
19) 海老瀬潜一（1983）：降雨時流出負荷量算定のための回帰モデル，第20回衛生工学研究論文集，20，57-63．
20) 海老瀬潜一（1984）：降雨時流出負荷量の算定モデル，陸水域の富栄養化防止に関する総合研究（Ⅰ），国立公害研究所研究報告，50，59-88．
21) 海老瀬潜一（1992）：河川の流出負荷量ポテンシャルモデルと汚濁負荷構造，水環境学会誌，12，887-901．
22) 井上隆信，海老瀬潜一（1990）：河川調査による河床付着生物膜剥離量の評価，衛生工学研究討論会講演集，26，16-18．
23) 海老瀬潜一，大楽尚史，宗宮功（1979）：市街地河川流達負荷量変化と河床付着微生物群（2），用水と廃水，21，183-191．
24) 井上隆信，海老瀬潜一（1993）：河川調査による河床付着生物膜増殖量の評価，衛生工学研究討論会講演集，27，31-33．
25) 井上隆信，海老瀬潜一（1993）：河床付着生物膜現存量の周年変化と降雨に伴う剥離量の評価，水環境学会誌，16，507-515．
26) 井上隆信，海老瀬潜一（1998）：河床付着生物膜現存量の周年変化シュミレーション，水環境学会誌，17，169-177．
27) 井上隆信，海老瀬潜一（1998）：農地河川におけるChl-a流出負荷量の評価，土木学会論文集，594/Ⅶ-7，11-29．
28) 海老瀬潜一，勝部利之（1978）：多変量解析による貯水池水質の評価，土木学会論文報告集，269，

81-94。

29) 海老瀬潜一(1981)霞ヶ浦流入河川の流出負荷量変化とその評価,陸水域の富栄養化に関する総合研究(V),国立公害研究所研究報告,21,p.130。
30) 海老瀬潜一(1984)霞ヶ浦流入負荷量の算定とその評価,陸水域の富栄養化防止に関する総合研究(I),国立公害研究所研究報告,50,p.41-58。
31) 海老瀬潜一(1993)汚濁負荷ポテンシャルモデルによる流域管理,環境容量から見た水域の機能評価と管理手法に関する研究,国立環境研究所特別研究報告,11,p.40-49。
32) Ebise S, and H. Kawamura (2008): Frequency of routine and flooding-stage observations for precise annual total pollutant loads and their estimating method in the Yodo River, J. of Water & Environ.mental Technology, 6, 93-101。
33) Kawamura H. and S. Ebise (2014): Hig-frequency observations of pesticides runoff characteristics in the Yodo River with references to three major tributaries, J. of Water & Environ.mental Technology, 15。

索　引

■あ行

アルキルベンゼンスルホン酸塩　78, 80
安定同位体　134

磯焼け　128
因子負荷量　207

ウォッシュアウト　1
ウラニン　129

栄養塩　2

遅い中間流出成分　4
汚濁負荷ポテンシャル　198
温度成層状態　67
温度密度流　71

■か行

海塩　2, 19, 21
緩衝能　9
乾性降下物　1
乾性沈着物　1, 13, 16, 21

季節変動　176

傾向変動　176

減水深　26
原単位法　86

降下浸透　4, 14, 122
コレログラム　80, 176, 181

■さ行

酸性雨　2
酸性雪　2

時間遅れ　14
時系列解析　80
糸状菌　199
自浄係数　52
湿性降下物　1
湿性沈着物　1, 13, 16, 21
重回帰分析　207
樹幹流　3
主成分分析　207
出水時　111
主躍層　69, 71, 73
循環変動　176
新生負荷量　41

スペクトル解析　177

先行降雨　137

索　引

先行晴天期間　　137

総括的自浄係数　　52
総括的な自浄係数　　59
総量規制　　103
総累加水質負荷量　　96, 195
総累加流量　　96, 195
側方浸透　　14, 122

■た行

濁度密度流　　72
脱酸素係数　　50
淡塩水密度流　　71

地下水流出成分　　4, 135
窒素飽和　　2, 16
中間流出成分　　135
調和分析　　80
直接降水　　3
直接負荷　　5

積み残し負荷　　37
積み残し負荷量　　41

点源負荷　　36

特定汚染源　　36
土地利用形態　　87
トラップ効果　　97
トラップ作戦　　97

■な行

内部生産　　68
難分解性有機物質　　16

荷くずれ負荷　　37, 41

農事暦　　27

■は行

排出原単位　　80
バックグラウンド負荷　　5, 7
早い中間流出成分　　4

微生物膜　　57
非特定汚染源　　36
比負荷量　　196
表層躍層　　69, 71, 73
表面流出成分　　3, 4, 135

ファーストフラッシュ　　37, 39
ファーストフラッシュ現象　　29
不規則変動　　176
付着生物膜　　41
フラッシュ効果　　68

閉鎖度指標　　103
ベース負荷　　5, 6, 7

■ま行

ミズアカ　　199
ミズワタ　　199

面源負荷　　36, 86

■や行

有機物質除去係数　　50
有効雨量　　90

溶出　　153

索　引

■ら行

リターフォール　　16
流出高　　196
流出履歴　　202
流達率　　54, 55
林外雨　　3
林内雨　　3

レインアウト　　1

ローダミンB　　129

■英字

AMeDAS　　138

LAS　　46, 47

Sphaerotilus sp.　　199

著者略歴

海老瀬　潜一（えびせ　せんいち）

1967年	京都大学工学部衛生工学科卒業
1971年	京都大学大学院工学研究科博士課程退学
1971年	京都大学工学部衛生工学科助手
1976年	京都大学工学博士
1979年	国立公害研究所水質土壌環境部水質環境計画研究室研究員
1986年	同上　室長
1990年	国立環境研究所水土壌圏環境部水環境工学研究室室長
1995年	摂南大学工学部土木工学科教授
2010年	摂南大学理工学部都市環境工学科教授

現在に至る

著書　「河川汚濁のモデル解析」分担執筆（技報堂出版）
　　　「環境流体汚染」分担執筆（森北出版）
　　　「地球の危機的状況」（共訳）（森北出版）

水質流出解析

2014年2月25日　1版1刷発行

定価はカバーに表示してあります。
ISBN 978-4-7655-3462-8 C3051

著　者	海　老　瀬　潜　一
発行者	長　　　滋　彦
発行所	技報堂出版株式会社

〒101-0051　東京都千代田区神田神保町1-2-5
電　話　　営　業　（03）（5217）0885
　　　　　編　集　（03）（5217）0881
Ｆ　Ａ　Ｘ　（03）（5217）0886
振替口座　00140-4-10
Ｕ　Ｒ　Ｌ　http://gihodobooks.jp/

日本書籍出版協会会員
自然科学書協会会員
工学書協会会員
土木・建築書協会会員
Printed in Japan

装丁　ジンキッズ
印刷・製本　昭和情報プロセス

© Senichi Ebise, 2014

落丁・乱丁はお取り替えいたします。
本書の無断複写は、著作権法上での例外を除き、禁じられています。